Palaeontology and
Rare Fossil Biotas
in Hubei Province

VOL.2

湖北省地质调查院 ● 组编

湖北省古生物
与珍稀古生物群落

第 二 卷

腔肠、苔藓、
腕足动物

Coelenterata，Bryozoa，Brachiopoda

王淑敏　刘贵兴 ◎ 主编

长江出版传媒
Changjiang Publishing & Media

湖北科学技术出版社
HUBEI SCIENCE & TECHNOLOGY PRESS

图书在版编目（ＣＩＰ）数据

湖北省古生物与珍稀古生物群落.第二卷,腔肠、苔藓、腕足动物/王淑敏,刘贵兴主编.—武汉:湖北科学技术出版社,2020.5

ISBN 978-7-5706-0845-4

Ⅰ.①湖… Ⅱ.①王… ②刘… Ⅲ.①古生物—研究—湖北②古动物—腔肠动物—研究—湖北③古动物—苔藓动物—研究—湖北④古动物—腕足动物—研究—湖北 Ⅳ.① Q911.726.3

中国版本图书馆 CIP 数据核字 (2019) 第 299205 号

HUBEI SHENG GUSHENGWU YU ZHENXI GUSHENGWU QUNLUO
DI-ER JUAN QIANGCHANG TAIXIAN WANZU DONGWU

策　　　划：李慎谦　高诚毅　宋志阳		责任校对：王　梅	
责任编辑：秦　艺		封面设计：喻　杨	

出版发行：湖北科学技术出版社　　　　　　　　　　　电话：027-87679468
地　　址：武汉市雄楚大街 268 号
　　　　　（湖北出版文化城 B 座 13-14 层）　　　　　邮编：430070
网　　址：http://www.hbstp.com.cn
印　　刷：湖北金港彩印有限公司　　　　　　　　　　邮编：430023

787×1092　　1/16　　　　　　　　21.25 印张　　1 插页　　440 千字
2020 年 5 月第 1 版　　　　　　　　2020 年 5 月第 1 次印刷

定价：220.00 元

《湖北省古生物与珍稀古生物群落》编委会

主　　编　朱厚伦　马　元
副 主 编　汪啸风　钟　伟　胡正祥
编写人员（以姓氏笔画排序）
　　　　　王传尚　王保忠　王淑敏　毛新武
　　　　　邓乾忠　田望学　刘贵兴　孙振华
　　　　　何仁亮　张汉金　陈公信　陈孝红
　　　　　陈志强　陈　超　宗　维　徐家荣
　　　　　黎作骢

前　言

　　湖北省地层古生物调查研究始于20世纪20年代,近一个世纪以来,形成了大量极具参考价值的文献、专著,其中,由原湖北省区域地质测量队完成并于1984年在湖北科学技术出版社出版的《湖北省古生物图册》就是其中的代表作之一。该专著系统、全面地总结了湖北省古生物资料,涉及16个门类、872个属、2130个种,并附有130余幅插图及说明、270余幅图版及图版说明,较为客观地反映了湖北省各个地质时期的古生物群面貌。长期以来,《湖北省古生物图册》为湖北省及其相关地质调查研究提供了丰富翔实的资料,在科研、教学部门得到了广泛应用,即便在今天,仍有着较高的学术参考价值。

　　然而,随着湖北省地质工作不断推进,本书长时间未更新,已不能很好地满足新时代地学工作者的需要。首先,湖北省地层分区和部分地层划分、时代归属等基础地质问题不断完善,而《湖北省古生物图册》是在20世纪80年代地质调查背景下编写的,书中涉及地质背景方面的表述与当前认识存在出入,使得现今读者难以全面深入地理解一些古生物化石对应的地层产出层位。其次,在过去的几十年,湖北省一些行政区划及地名不断发生更改、合并、分解等变化,书中的某些地名在现有的地图上无法找寻,导致读者不能准确获得某些古生物化石的现今产地。此外,使用过程中在原“图册”中发现了一些欠规范、欠合理的表述,影响了其应有的价值。有鉴于此,为使本书更大限度地发挥其科学价值,特进行此次修编。

　　新版修编主要在原版基础上进行,保留原“图册”的体例设置、门类、属种及描述、插图、图版及说明。本次修编主要在化石产出层位、产出时代、产出地点和规范描述、查漏补缺等方面进行修正。具体体现在以下几个方面:(1)参考2014年中国地层表,“图册”中的部分地质年代单位、年代地层单位发生改变,如:将原“早寒武世”分解为“纽芬兰世、第二世”,寒武系四分为纽芬兰统、第二统、第三统、芙蓉统;类似的志留系、二叠系等也做了修订。(2)地层分区、地层单位的资料参考了由湖北省地质调查院2017年完成的新一代《湖北省区域地质志》,对部分地层单位进行了更新,如:临湘组并入宝塔组,分乡组并入南津关组,崇阳组改成柳林岗组等;对部分地层时代进行了修正,如:宝塔组时代由晚奥陶世改为中—晚奥陶世,大湾组时代由早奥陶世改为早—中奥陶世,坟头组时代由中志留世改为志留纪兰多弗里世等。(3)对古生物化石产出地点行政单位名称进行了调整,如:蒲圻县改为赤壁市、襄樊市改为襄阳市、广济县改为武穴市等。对原“图册”进行了严格的图文对应,部分图片说明缺失之处做了补充,对一些古生物化石的描述术语进行了统一规范化,对文中的一些漏字、多字、错别字现象分别进行了修改,在此不一一示例。

　　本次修编工作由湖北省地质局主持,湖北省地质调查院具体承担修编任务,湖北科学技术出版社在文字、体例等方面做了系统修改。中国地质调查局武汉地质调查中心汪啸风研究员、陈孝红研究员参加了本次修编工作的申报、审定工作。在此,对所有参加修编的单位和个人,表示衷心的感谢。

1984年原"图册"出版以来,国际、国内以及湖北古生物研究方面有了许多新发现、新进展,据此做了修编工作,但主要是以室内工作为主,未能全面系统地反映最新的进展和有关成果,请予谅解。且受修编者水平限制,难免存在错误及遗漏之处,欢迎广大读者批评、指正。

湖北省地质调查院

2019年2月

目　录

一、化石描述 ·· 1

（一）腔肠动物门　Coelenterata ··· 3

水螅纲　Hydrozoa Owen，1843 ·· 3

层孔虫目　Stromatoporoidea Nicholson et Murie，1878 ····························· 3

方格层孔虫科　Clathrodictyidea Kuhn，1939 ······································ 4

珊瑚纲　Anthozoa ··· 4

皱纹珊瑚目　Rugosa Edwards et Haime，1850 ······································· 5

石珊瑚科　Petraiidae de Koninck，1872 ··· 5

多腔珊瑚科　Polycoeliidae Roemer，1883 ··· 8

包珊瑚科　Amplexidae Chapman，1893 ··· 9

顶轴珊瑚科　Lophophyllidiidae Moore et Jeffords，1945 ···················· 10

表珊瑚科　Hapsiphyllidae Grabau，1928 ··· 11

赫尔珊瑚科　Halliidae Chapman，1893 ··· 12

蛛珊瑚科　Arachnophyllidae Dybowski，1873 ··································· 12

分珊瑚科　Disphyllidae Hill，1939 ··· 13

犬齿珊瑚科　Caniniidae Hill，1938 ··· 13

古剑珊瑚科　Palaeosmiliidae Hill，1940 ··· 14

乌拉珊瑚科　Uraliniidae Dobrolyubova，1962，emend. Yü，1965 ········· 15

十字珊瑚科　Stauriidae Edwards et Haime，1850 ······························ 15

蜂巢星珊瑚科　Favistellidae Chapman，1893 ····································· 16

卷心珊瑚科　Dinophyllidae Iwanovsky，1963 ····································· 16

顶饰珊瑚科　Lophophyllidae Grabau，1928 ·· 17

石柱珊瑚科　Lithostrotionidae d'Orbigny，1851 ································· 18

小石柱珊瑚科　Lithostrotionellidae Shrock et Twenhofel，1953 ············ 18

杏仁珊瑚科　Amygdalophylldae Grabau in Chi，1935 ························· 19

柱管珊瑚科　Aulophyllidae Dybowski，1873 ······································ 20

郎士德珊瑚科　Lonsdaleiidae Chapman，1893 ···································· 21

卫根珊瑚科　Waagenophyllidae Wang，1950 ······································ 25

刺隔壁珊瑚科　Tryplasmatidae Etheridge，1907 ································· 27

泡沫珊瑚科　Cystiphyllidae Edwards et Haime，1850 ·························· 27

方锥珊瑚科　Goniophyllidae Dybowski，1873 ·······················28

床板珊瑚亚纲　Tabulata Edwards et Haime，emend．Sokolov，1950 ·········29

具连接构造类　Tabulata Communicata ······························29

蜂巢珊瑚目　Favositida Wedekind，1937，emend．Sokolov，1950 ·······29

蜂巢珊瑚科　Favositidae Dana，1846 ·······················29

米氏珊瑚科　Micheliniidae Waagen et Wentzel，1886，

emend．Sokolov，1950 ····················34

多管珊瑚科　Multisoleniidae Fritz，1950 ·······················37

笛巢珊瑚科　Syringolitidae Waagen et Wentzel，1886 ·······37

通孔珊瑚科　Thamnoporidae Sokolov，1950 ·················37

共槽珊瑚科　Coenitidae Sardeson，1896 ·····················38

笛管珊瑚目　Syringoporida Sokolov，1949 ······················38

笛管珊瑚科　Syringoporidae Fromental，1861，emend．Sokolov，1950 ···38

方管珊瑚科　Tetraporellidae Sokolov，1950 ·················39

链珊瑚目　Halysitacea Sokolov，1950 ·························41

链珊瑚科　Halysitidae Edwards et Haime，1950，emend．Fromenta，1861 ···41

无连接构造类　Tabulata Incommunicata ·······················42

喇叭孔珊瑚目　Auloporaida Sokolov，1950 ······················42

中国喇叭孔珊瑚科　Sinoporidae Sokolov，1955 ···················42

日射珊瑚亚纲　Heliolitoidea ·····································43

日射珊瑚目　Heliolitida Abel，1920 ·····························43

日射珊瑚科　Heliolitidae Lindström，1873 ······················43

刺毛虫类　Chaetetida Sokolov，1939 ······························46

刺毛虫科　Chaetetetidae Edwards Hamie，1850 ·····················46

（二）苔藓动物门　Bryozoa ·······································46

窄唇纲　Stenolaemata Borg，1926 ·································47

泡孔目　Cystoporata Astrova，1965 ·······························47

笛苔藓虫科　Fistuliporidae Ulrich，1882 ·························47

变口目　Trepostomata Ulrich，1882 ·······························49

异苔藓虫科　Heterotrypidae Nicholson，1890 ·····················49

变壁苔藓虫科　Atactotoechidae Duncan，1939 ····················51

小攀苔藓虫科　Batostomellidae Miller，1889 ·····················52

窄管苔藓虫科　Stenoporidae Waagen et Wentzel，1886 ·············52

洞苔藓虫科　Trematoporidae Miller，1889 ·······················55

隐口目　Cryptostomata Vine，1883 ································56

窗格苔藓虫科　Fenestellidae King，1850 ·························56

刺板苔藓虫科　Acanthocladiidae Zittel, 1880 ················58

杆苔藓虫科　Rhabdomesidae Vine, 1883 ················58

（三）腕足动物门　Brachiopoda ················59

无铰纲　Inarticulata Huxley, 1869 ················65

舌形贝目　Lingulida Waagen, 1885 ················65

舌形贝超科　Lingulacea Menke, 1828 ················65

舌形贝科　Lingulidae Menke, 1828 ················65

圆货贝超科　Obolacea Schuchert, 1896 ················65

圆货贝科　Obolidae King, 1846 ················65

髑髅壳贝科　Craniopsidae Williams, 1963 ················67

三分贝超科　Trimerellacea Davidson et King, 1872 ················67

三分贝科　Trimerellidae Davidson et King, 1872 ················67

乳孔贝目　Acrotretida Kuhn, 1949 ················68

乳孔贝亚目　Acrotretidina Kuhn, 1949 ················68

乳孔贝超科　Acrotretacea Schuchert, 1893 ················68

乳孔贝科　Acrotretidae Schuchert, 1893 ················68

博特斯佛贝科　Botsfordiidae Schindewolf, 1955 ················69

平圆贝超科　Discinacea Gray, 1840 ················69

平圆贝科　Discinidae Gray, 1840 ················69

管洞贝超科　Siphonotretacea Kutorga, 1848 ················70

管洞贝科　Siphonotretidae Kutorga, 1848 ················70

小圆货贝目　Obolellida Rowell, 1965 ················70

小圆货贝超科　Obolellacea Walcott et Schuchert, 1908 ················70

小圆货贝科　Obolellidae Walcott et Schuchert, 1908 ················70

有铰纲　Articulata Huxley, 1869 ················71

正形贝目　Orthida Schuchert et Cooper, 1932 ················71

正形贝亚目　Orthidina Schuchert et Cooper, 1932 ················71

正形贝超科　Orthacea, Woodward, 1852 ················71

始正形贝科　Eoorthidae Walcott, 1908 ················71

正形贝科　Orthidae Woodward, 1852 ················71

欺正形贝科　Dolerorthidae Öpik, 1934 ················75

褶正形贝科　Plectorthidae Schuchert et Le Vene, 1929 ················78

帐幕贝科　Skenidiidae Kozlowski, 1929 ················79

全形贝超科　Enteletacea Waagen, 1884 ················79

全形贝科　Enteletidae Waagen, 1884 ················79

小正形贝科　Paurorthidae Öpik, 1933 ················84

德姆贝科　Dalmanellidae Schuchert,1913 ················85

哈克艾贝科　Harknessellidae Bancroft,1928 ···········86

扇房贝科　Rhipidomellidae Schuchert,1913 ···········87

倾脊贝亚目　Clitambonitidina Öpik,1934 ················87

倾脊贝超科　Clitambonitacea Winchell et Schuchert,1893········87

多房贝科　Polytoetchiidae Öpik,1934 ···········87

三重贝亚目　Triplesiidina Moore,1952 ················91

三重贝超科　Triplesiacea Schuchert,1913 ··········91

三重贝科　Triplesiidae Schuchert,1913 ··········91

扭月贝目　Strophomenida Öpik,1934 ················93

扭月贝亚目　Strophomenina Öpik,1934 ················93

褶脊贝超科　Plectambonitacea Jones,1928 ··········93

褶脊贝科　Plectambonitidae Jones,1928 ··········93

准小薄贝科　Leptellinidae Ulrich et Cooper,1936 ·········94

扭月贝超科　Strophomenacea King,1846 ···········100

扭月贝科　Strophomenidae King,1846 ···········100

圣主贝科　Christianiidae Williams,1953 ···········102

薄皱贝科　Leptaenidae Hall et Clarke,1894 ·········103

齿扭贝科　Stropheodontidae Caster,1939 ·········105

戴维逊贝超科　Davidsoniacea King,1850 ·········107

米克贝科　Meekellidae Stehli,1954 ···········107

直形贝科　Orthotetidae Waagen,1884 ···········108

舒克贝科　Schuchertellidae Williams,1953 ···········110

戟贝亚目　Chonetidina Muir-Wood,1955 ················111

戟贝超科　Chonetacea Bronr,1862 ···········111

戟贝科　Chonetidae Bronr,1862 ···········111

小戴维斯贝科　Daviesiellidae Sokolskaya,1960 ·········114

长身贝亚目　Productidina Waagen,1883 ················115

扭面贝超科　Strophalosiacea Schuchert,1913 ·········115

扭面贝科　Strophalosiidae Schuchert,1913 ·········115

管盖贝科　Aulostegidae Muir-Wood et Cooper,1960·······116

小戟贝科　Chonetellidae Licharew,1960 ·········117

浆骨贝科　Spyridiophoridae Muir-Wood et Cooper,1960 ·······119

车尔尼雪夫贝科　Tschernyschewiidae Muir-Wood et Cooper,1960·······120

李希霍芬贝超科　Richthofeniacea Waagen,1885 ·········120

李希霍芬贝科　Richthofeniidae Waagen,1885·········120

长身贝超科　Productacea Gray,1840 ·· 120

小长身贝科　Productellidae Schuchert et Le Vene,1929 ······················· 120

光秃长身贝科　Leioproductidae Muir-Wood,1960 ································· 122

欧尔通贝科　Overtoniidae Muir-Wood et Cooper,1960 ······················· 122

围脊贝科　Marginiferidae Stehli,1954 ·· 124

轮刺贝科　Echinoconchidae Stehli,1954 ··· 127

波斯通贝科　Buxtoniidae Muir-Wood et Cooper,1960 ························· 128

网格长身贝科　Dictyoclostidae Stehli,1954 ······································ 129

线纹长身贝科　Linoproductidae Stehli,1954 ······································ 132

大长身贝科　Gigantoproductidae Muir-Wood et Cooper,1960 ············· 137

欧姆贝亚目　Oldhamindina Williams,1953 ··· 137

蕉叶贝超科　Lyttoniacea Waagen,1883 ··· 137

蕉叶贝科　Lyttoniidae Waagen,1883 ··· 137

目未定　Order Uncertain ··· 139

艾希沃德贝科　Eichwaldiidae Schuchert,1893 ······························· 139

五房贝目　Pentamerida Schuchert et Cooper,1931 ······························· 140

共凸贝亚目　Syntrophiidina Ulrich et Cooper,1936 ······························· 140

洞脊贝超科　Porambonitacea Davidson,1853 ····································· 140

始扭贝科　Eostrophiidae Ulrich et Cooper,1936 ······························· 140

四叶贝科　Tetralobulidae Ulrich et Cooper,1936 ······························· 140

克拉克贝科　Clarkellidae Schuchert et Cooper,1931 ························· 142

拟共凸贝科　Syntrophopsidae Ulrich et Cooper,1936 ························· 144

五房贝亚目　Pentameridina Schuchert et Cooper,1931 ························· 145

五房贝超科　Pentameracea M'Coy,1844 ··· 145

斯特克兰贝科　Stricklandiidae Schuchert et Cooper,1931 ··················· 145

五房贝科　Pentameridae M'Coy,1844 ··· 147

小嘴贝目　Rhynchonellida Kuhn,1949 ··· 149

小嘴贝超科　Rhynchonellacea Gray,1848 ·· 149

三角小嘴贝科　Trigonirhynchiidae Mclaren,1965 ······························· 149

钩形贝科　Uncinulidae Rzonsnitskaya,1956 ······································ 150

狮鼻贝科　Pugnacidae Rzhonsnitskaya,1956 ····································· 150

云南贝科　Yunnanellidae Rzhonsnitskaya,1959 ································· 151

准无窗贝超科　Athyrisinacea Grabau,1931 ··· 152

准无窗贝科　Athyrisinidae Grabau,1931 ··· 152

石燕目　Spiriferida Waagen,1883 ·· 153

无洞贝亚目　Atrypidina Moore,1952 ··· 153

无洞贝超科　Atrypacea Gill，1871 ……………………………………………… 153

　无洞贝科　Atrypidae Gill，1871 ………………………………………… 153

　光无洞贝科　Lissatrypidae Twenhofel，1914 ……………………………… 156

莱采贝亚目　Retziidina Boucot，Johnson et Staton，1964 ………………… 157

　莱采贝超科　Retziacea Waagen，1883 ……………………………………… 157

　　莱采贝科　Retziidae Waagen，1883 ……………………………………… 157

无窗贝亚目　Athyridina Boucot，Johnson et Staton，1964 ………………… 157

　无窗贝超科　Athyridacea M'Coy，1844 …………………………………… 157

　　小双分贝科　Meristellidae Waagen，1883 ……………………………… 157

　　无窗贝科　Athyrididae M'Coy，1844 …………………………………… 158

　　核螺贝科　Nucleospiridae Davidson，1881 ……………………………… 163

　　罗城贝科　Lochengidae Ching et Yang，1977 …………………………… 163

石燕亚目　Spiriferidina Waagen，1883 ……………………………………… 164

　穹石燕超科　Cyrtiacea Fredericks，1919 …………………………………… 164

　　穹石燕科　Cyrtiidae Fredericks，1919（1924）………………………… 164

　　双腔贝科　Ambocoeliidae George，1931 ………………………………… 168

　　弓石燕科　Cyrtospiriferidae H．Termier et G．Termier，1949 ………… 170

　　石燕科　Spiriferidae King，1846 ………………………………………… 173

　　腕孔贝科　Brachythyrididae Fredericks，1919（1924）………………… 174

　　准石燕科　Spiriferinidae Davidson，1884 ……………………………… 175

　　爱莉莎贝科　Elythidae Fredericks，1919 ……………………………… 176

　　马丁贝科　Martiniidae Waagen，1883 …………………………………… 178

穿孔贝目　Terebratulida Waagen，1883 ……………………………………… 180

穿孔贝亚目　Terebratulina Waagen，1883 ……………………………………… 180

　两板贝超科　Dielasmatacea Schuchert，1913 ……………………………… 180

　　两板贝科　Dielasmatidae Schuchert，1913 ……………………………… 180

　　背孔贝科　Notothyrididae Likharev，1960 ……………………………… 181

　　异板贝科　Heterelasminidae Likharev，1956 …………………………… 182

二、属种拉丁名、中文名对照索引 ……………………………………………………… 185

三、图版说明 ……………………………………………………………………………… 215

四、图版 …………………………………………………………………………………… 257

附录　湖北省岩石地层序列表 ………………………………………………………… 329

一、化石描述

（一）腔肠动物门　Coelenterata

水螅纲　Hydrozoa Owen，1843

层孔虫目　Stromatoporoidea Nicholson et Murie，1878

层孔虫是一种已经绝灭了的海洋底栖生物。最早发现于寒武纪，到白垩纪绝灭，其间以志留纪和泥盆纪最为繁盛，至石炭纪、二叠纪即趋向衰退。层孔虫硬体基本构造见图1。

乳头状突起

星根构造

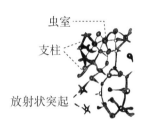
弦切面

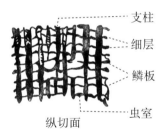
纵切面

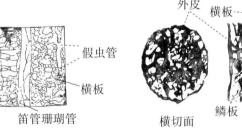
笛管珊瑚管

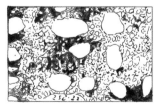
斑点型微细组织

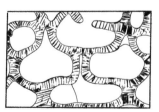
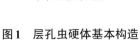
纤维型微细组织

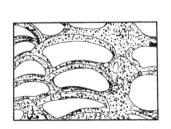
致密型微细组织

图1　层孔虫硬体基本构造

方格层孔虫科　Clathrodictyidea Kuhn, 1939

方格层孔虫属　*Clathrodictyon* Nicholson et Murie, 1878

硬体层状、块状或半圆球状。骨骼由褶皱的细层和短支柱组成。支柱不穿透细层,简单,呈圆形,主要由细层向下回转而成。星根可有可无。微细组织致密型或纤维型。

分布与时代　亚洲、欧洲、北美洲,澳大利亚;奥陶纪至泥盆纪。

变异方格层孔虫　*Clathrodictyon variolare* (von Rosen) Nicholson
（图版1,3）

硬体块状或半圆球状。含褶皱的细层和不完全的支柱。星根小而不明显。

产地层位　宜昌市夷陵区分乡大中坝;志留系兰多弗里统罗惹坪组。

泡沫方格层孔虫　*Clathrodictyon vesiculosum* Nicholson et Murie
（图版1,1、2）

硬体块状。细层排列很密,2mm内有16～20层。支柱分布规则,横切面呈圆形。星根小而清楚,彼此相距4mm。

产地层位　宜昌市夷陵区分乡大中坝;志留系兰多弗里统罗惹坪组。

珊瑚纲　**Anthozoa**

珊瑚是比较高等的腔肠动物。皱纹(四射)珊瑚是一种早已绝灭了的海洋底栖生物,分布时代自奥陶纪至二叠纪。其主要骨骼构造呈纵向排列的有隔壁、中轴、轴管,称纵列构造;横向排列的有横板、鳞板和泡沫板等,称横列构造。根据各部构造互相配合的情形,可分为几种类型:除隔壁外,仅有横板的称单带型;兼有横板和鳞板或泡沫板的称双带型;具有横板、鳞板和中轴或复中柱的称三带型;体腔全部充满泡沫板者为泡沫型。

隔壁有主隔壁、对隔壁、侧隔壁(2个)和对侧隔壁(2个)共6个原生隔壁。与其相应位置的凹沟,叫主内沟、对内沟、侧内沟。按生长顺序又分一级(长)、二级(短或次级)、三级、四级隔壁。泡沫珊瑚有隔壁锥。与隔壁壁面斜交,平行隔壁延伸方向或微斜列分布的小板称水平脊板(凸板),与隔壁壁面垂直,在其壁面上呈弧形分布的小板称脊板(旧称棘板)。隔壁的微细构造有层状、羽榍和羽层状组织(图2～图4)。

鳞板和泡沫板位于个体边部。鳞板为介于两个相邻隔壁间的球状、半球状、半椭球状小板,泡沫板是切断隔壁外端的泡沫状小板。隔壁两侧与其平行的小板叫侧鳞板。呈平列的水平小板称水平鳞板。鳞板上凸呈马蹄状,其两端覆于下伏的同一鳞板之上的称马蹄形鳞板。

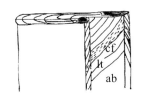 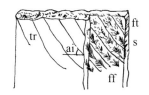 

cf.钙质薄片；lt.层状骨骼； tr.羽楣；ai.倾角；ft.羽状骨骼；

ab.暗色条带 s.羽楣接合线；ff.羽簇

图2 隔壁的层状组织 **图3 隔壁的羽状组织** **图4 隔壁的羽层状组织**

横板（床板）是位于个体体腔内呈水平、下凹、上凸的板。完整横板跨越个体中央腔；不完整横板由两个以上小板组成。位于横板带边部的小板称侧横板（边板）或斜横板。

轴部构造是位于个体中心的构造。中轴（单中柱）为坚实的纺锤状、圆柱状或板状的灰质轴；复中柱由中板、斜板（轴床板或内斜板）和辐板组成，或仅由辐板和斜板组成。（图5）

异形珊瑚除在个体外壁分节地生长在隔壁位置上呈小牛角形的空管称节管外，其余与皱纹珊瑚的内部构造相同。

床板珊瑚绝大多数是群体，以个体间或有或无连接构造分为两类。连接构造有连接孔（壁孔、角孔、孔管）、连接管和连接板。隔壁构造呈板状、刺状。横板有水平有倾斜，呈漏斗状或泡沫状。有的属具有边缘泡沫板。（图6）

日射珊瑚在两个相邻个体间有共骨组织中间管，中间管中的小横板叫横隔板。无连接构造。其他与床板珊瑚相同。

刺毛虫类个体间无连接构造，以假隔壁突起管分裂繁殖。另有横板构造。

皱纹珊瑚目 Rugosa Edwards et Haime，1850

石珊瑚科 Petraiidae de Koninck，1872

拟包珊瑚属 *Amplexoides* Wang，1947

圆柱状或角锥状单体。隔壁薄，由层状组织构成。边缘厚结带窄。一级隔壁呈矮棱状突起于横板面上，二级隔壁发育不全。横板完整，水平。无鳞板。

分布与时代 中国；志留纪兰多弗里世至文洛克世。欧亚大陆；志留纪。

赵氏拟包珊瑚？ *Amplexoides*? *chaoi*（Grabau）

（图版11，1）

单体，直径24mm。隔壁薄，由层状组织构成。一级隔壁长度为半径的1/2；二级隔壁呈短脊状，隔壁总数为36×2个。横板不完整，中央不完整横板稍呈泡沫状，在5mm内有10个，边部向外下垂。

产地层位 宜昌市夷陵区分乡大中坝；志留系兰多弗里统罗惹坪组。

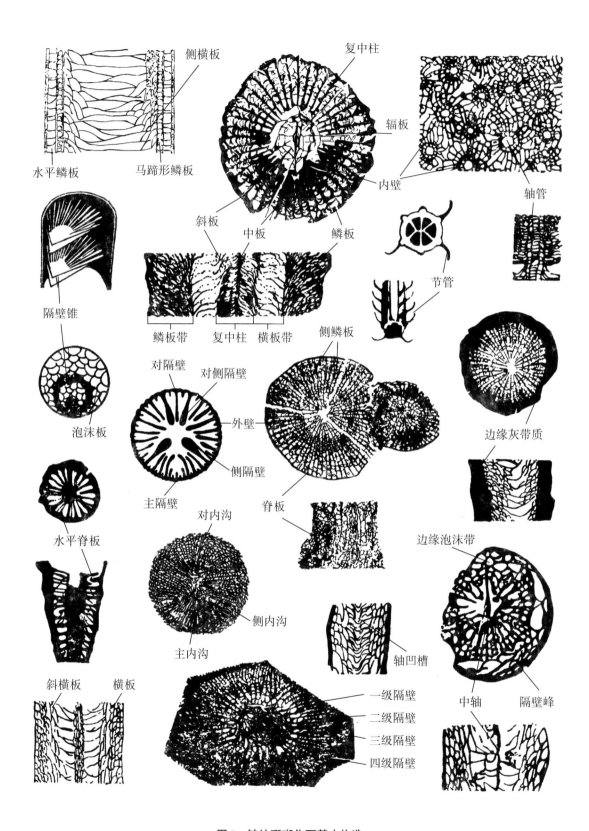

图5 皱纹珊瑚化石基本构造

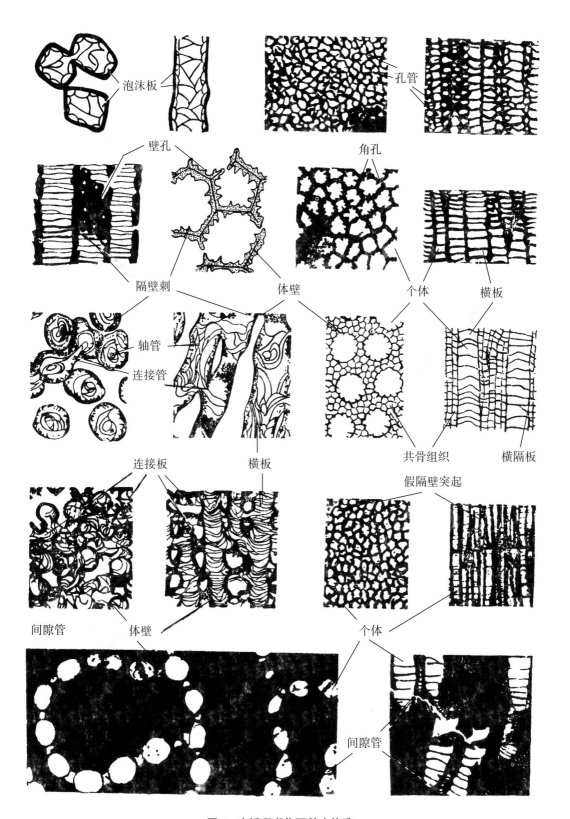

图6 床板珊瑚化石基本构造

林德斯却姆拟包珊瑚　*Amplexoides lindstroemi*（Wang）

（图版12,5）

圆柱状单体,隔壁外端厚,侧方相连形成宽2.5mm的边缘灰质带,向内渐薄。一级隔壁长者可达个体轴部,一般不及个体半径的1/2;二级隔壁短;隔壁总数为35×2个。横板完整,水平,偶夹不完整横板,在5mm内有4～5个。无鳞板。

产地层位　宣恩县三家店;志留系兰多弗里统罗惹坪组。

多腔珊瑚科　Polycoeliidae Roemer,1883
速壁珊瑚属　*Tachylasma* Grabau,1922

圆锥状单体。2个侧隔壁和2个对侧隔壁较其余的隔壁特别厚长。主隔壁短。主部的一级隔壁常呈羽状排列;对部的隔壁发育较快。二级隔壁一般较短。主内沟明显。无鳞板。横板完整,上穹。

分布与时代　亚洲、欧洲、大洋洲;石炭纪至二叠纪。

不对称速壁珊瑚　*Tachylasma asymmetros* Chen et Huang

（图版15,1）

单体较小,2个侧隔壁和2个对侧隔壁粗长,加厚显著。对隔壁薄,长度为对侧隔壁的3/5。主隔壁长达3mm。主内沟尚清楚。在主部和对部各有2对较长而厚的一级隔壁。对部和主部一级隔壁的发育速度近相等。但主、对两侧的隔壁数目不对称。次级隔壁细而长。纵切面横板不完整,呈马鞍形。

产地层位　秭归县新滩;二叠系阳新统茅口组。

大型速壁珊瑚　*Tachylasma magnum* Grabau

（图版15,2）

圆锥状单体。对侧隔壁和侧隔壁最长,形如棒槌。主隔壁很短。对部的一级隔壁有21个,长度不等,主部有6对,长短不同;二级隔壁很短。主内沟明显。老年期隔壁变短,占半径的1/2。早年期一级隔壁在对部有12个,主部有4对。横板完整,近水平状。

产地层位　兴山县、恩施市;二叠系阳新统。

正速壁珊瑚　*Tachylasma rectum* Wu

（图版15,3）

单体较小,横切面直径约12mm。对隔壁薄,长达对侧隔壁的3/4。主隔壁长度近2mm。主内沟显著。对部有一级隔壁6对,主部有5对,其末端常弯曲相连。次级隔壁甚短,长度不超过1mm。纵切面横板比较完整,形似马鞍。横板平均间距1mm。

产地层位 秭归县新滩;二叠系阳新统茅口组。

规则速壁珊瑚 *Tachylasma regulare* Xu

（图版15,4）

圆锥状单体。成年期直径12mm,隔壁总数为24×2个。侧隔壁和对侧隔壁都均匀加厚,前者长达半径的4/5。主隔壁和对隔壁细短。主内沟明显。主部的一级隔壁有4对,对部有5对,长短近等,呈规则对称排列。二级隔壁呈短脊状。无鳞板。横板完整,上穹,互相间距0.8～1.2mm。

产地层位 兴山县建阳坪;二叠系乐平统吴家坪组。

宜都速壁珊瑚 *Tachylasma yiduense* Xu

（图版15,5）

角锥状单体。成年期直径13mm,隔壁从中心退缩。2个侧隔壁和对侧隔壁呈粗棒状。主隔壁粗短。主内沟明显。一级隔壁在主部的有5对,对部有7对。二级隔壁细长,占一级隔壁的2/3～4/5。横板较完整,平凸,间夹短小的泡沫状横板,在5mm内有4～5个。

产地层位 宜都市;二叠系阳新统茅口组。

包珊瑚科 Amplexidae Chapman,1893
拟犬齿珊瑚属 *Paracaninia* Chi,1937

尖锥状或圆柱状单体。幼年期一级隔壁几乎伸达中心;成年期变短,呈包珊瑚型。二级隔壁短。无鳞板。横板完整,平凸,两侧向下倾。主内沟明显。

分布与时代 中国、苏联;二叠纪。北美洲;石炭纪。

厚壁型拟犬齿珊瑚 *Paracaninia crassoseptata* Chen et Huang

（图版15,6）

在直径20mm的横切面上,一级隔壁数达38个。主隔壁、对隔壁发育速度几乎相等。主部隔壁微呈羽状排列,末端尖细。对部隔壁末端加厚,微呈棒槌状,并向对隔壁一方弯折,彼此几乎相连。次级隔壁短。主内沟明显。横板中部水平,两侧向外陡倾,其间距1.0～1.5mm。

产地层位 秭归县新滩;二叠系阳新统茅口组。

梁山拟犬齿珊瑚 *Paracaninia liangshanensis*（Huang）

（图版15,8）

单体,在直径25mm的横切面上,一级隔壁数约43个。主部隔壁微呈羽状排列,其发育速度小于对部。次级隔壁短,长度1.2～1.7mm。主内沟明显。横板完整或不完整,疏密不一,间距1.5～3.0mm,中部呈水平状或微上拱,两侧外倾。

产地层位 秭归县新滩;二叠系阳新统茅口组。

小型拟犬齿珊瑚 *Paracaninia minor* Wu
（图版15,9）

体径较小,直径12mm。一般隔壁数达28个,其长度约为体径的1/3。外壁较厚。隔壁在边缘加厚,向中心则逐渐变薄。次级隔壁长度不一,为长者的1/4或更长一些。主内沟清晰。

产地层位 秭归县新滩;二叠系阳新统茅口组。

紫江拟犬齿珊瑚 *Paracaninia tzuchiangensis*（Huang）
（图版16,1、2）

单体较大,呈弯圆柱状,始端呈锥状。幼年期一级隔壁几乎伸达中心,较厚。尤以对部明显。成年期一级隔壁均薄且缩短,其长度不及半径的1/2;二级隔壁长约2mm。主内沟明显。纵切面上横板较完整,横板间距不一,在5mm内平均约4条。

产地层位 秭归县新滩;二叠系阳新统茅口组。

顶轴珊瑚科 Lophophyllidiidae Moore et Jeffords,1945
顶轴珊瑚属 *Lophophyllidium* Grabau,1928

小型角锥状或锥柱状单体。对隔壁伸达中心加厚,形成粗大的灰质中轴。一级隔壁长,内端常加厚,成年期隔壁缩短;二级隔壁短或无。横板向中轴升起。无鳞板。主内沟明显。

分布与时代 亚洲、欧洲、北美洲;石炭纪至二叠纪。

多隔壁顶轴珊瑚 *Lophophyllidium multiseptum*（Grabau）
（图版15,7）

单体,直径7.2～8.4mm,隔壁总数为24×2个。对隔壁伸至中心加厚,形成粗大的板条状中轴,主隔壁细长。一级隔壁几乎伸达中轴,内端加厚相连成内壁;二级隔壁长度为一级隔壁的1/3～1/2。无鳞板。

产地层位 阳新县;二叠系阳新统栖霞组。

脊板顶轴珊瑚属 *Lophocarinophyllum* Grabau,1922

小型角锥状单体。隔壁具平行或斜列的脊板。一级隔壁在幼年期伸达中轴,成年期短缩,但对隔壁仍常与粗大的灰质中轴相连。二级隔壁短。主内沟明显。无鳞板。横板向中轴上升。

分布与时代 中国,北美洲、欧洲;晚石炭世至二叠纪。苏联;晚石炭世至二叠纪船山世。

卡宾斯基脊板顶轴珊瑚 *Lophocarinophyllum karpinskyi* Fomitchev

（图版15,11）

小型角锥状单体。成年期直径9.5mm,一级隔壁有22个,灰质加厚,长达中轴,其内端弯曲相连;二级隔壁长度为一级隔壁的1/4,水平脊板发育。卵形的灰质中轴由粗厚的对隔壁伸至中心加厚形成。主隔壁短。主内沟明显。横板完整,细薄,向中轴升起,间距0.5～1.0mm。

产地层位 恩施市罗针田;二叠系乐平统吴家坪组。

顶轴珊瑚状脊板顶轴珊瑚 *Lophocarinophyllum lophophyllidum* Liao et Xu

（图版15,10）

小型单体,隔壁总数为19×2个。一级隔壁长达中轴,内端加厚相连,外端加厚形成灰质外壁;二级隔壁长度大于边缘灰质带的宽度。对隔壁粗壮,伸达中心形成较大的圆形灰质中轴,长度为个体直径的1/3。主隔壁略短。水平脊板特别发育;横板细弯,完整,在5mm内有7～9个。

产地层位 建始县磺厂坪、长阳县等;二叠系乐平统吴家坪组。

表珊瑚科 Hapsiphyllidae Grabau,1928
奇壁珊瑚属 *Allotropiophyllum* Grabau,1928

小型角锥状单体。对部隔壁较主部隔壁发育快且短。一级隔壁数为主部隔壁数的2～4倍,内端弯曲相连形成半圆形或不规则状的内壁。成年后期的一级隔壁短缩,呈放射状;二级隔壁很短。主内沟深。横板完整,上凸。无鳞板。

分布与时代 中国;早石炭世和二叠纪船山世。苏联;石炭纪至二叠纪。欧洲西部;早石炭世。

湖北奇壁珊瑚 *Allotropiophyllum hubeiense* Xu

（图版15,12）

角锥状单体。成年期直径15.5mm,隔壁总数为37×2个,其中对部有12个。一级隔壁内端弯曲相连成不规则的内壁;二级隔壁很短。2个侧隔壁粗长。主隔壁细短。主内沟明显,侧内沟深达中心。横板完整,上穹,间距1mm左右。

产地层位 宣恩县长潭河;二叠系阳新统茅口组。

中国奇壁珊瑚异隔壁变种 *Allotropiophyllum sinense* var. *heteroseptatum* Grabau

（图版16,3）

小型单体,外壁厚。成年期直径8mm,对部有7对一级隔壁,仅左侧6对内端连成内壁。

主隔壁变长,长度为半径的4/5。主部仍为3对一级隔壁;二级隔壁短。

产地层位 阳新县;二叠系阳新统。

赫尔珊瑚科 Halliidae Chapman,1893
爪珊瑚属 *Onychophyllum* Smith,1930

小型单体。幼年期,主隔壁长,与短的对隔壁相连。成年期,对部隔壁短,增厚,侧方相连。主部隔壁长、薄,轴端向对隔壁弯曲成爪状。二级隔壁缺失。无鳞板。

分布与时代 中国、英国;志留纪兰多弗里世。

普林格爪珊瑚 *Onychophyllum pringlei* Smith
（图版11,2）

小型角锥状单体,直径11mm。幼年期,主隔壁和对隔壁相连。成年期,主部隔壁薄,较长,轴端向对部微弯曲,数目为19个,主隔壁较其他隔壁长。对部隔壁短而粗,侧方相连,数目有13个。无二级隔壁。个体主部横板两侧上拱,中央下凹;对部的被灰质带所掩。

产地层位 宜昌市夷陵区分乡大中坝;志留系兰多弗里统罗惹坪组。

蛛珊瑚科 Arachnophyllidae Dybowski,1873
全珊瑚属 *Entelophyllum* Wedekind,1927

单体或微弱群体。隔壁长,一级隔壁几乎伸达个体中心;二级隔壁长达一级隔壁的1/3～1/2。隔壁由纤细的羽榍构成,有的呈曲折状弯曲。鳞板带宽,由多列球状鳞板组成。横板平台状,其轴部水平,边部下凹。

分布与时代 中国;志留纪兰多弗里世至文洛克世。欧亚大陆、大洋洲、北美洲;志留纪文洛克世至拉德洛世。

中国全珊瑚 *Entelophyllum zhongguoense* Wu
（图版11,3）

圆柱状单体,直径12mm。隔壁外端微增厚,向内渐薄。一级隔壁几乎伸达个体中心,轴端稍膨胀;二级隔壁较一级隔壁薄,长度为一级隔壁的1/3～1/2,总数为36×2个。鳞板带宽度大于半径的1/2。横板带宽度大于直径的1/3,横板不完整,轴部横板平凸,在5mm内有24个,侧横板下凹。

产地层位 房县瓦屋湾;志留系兰多弗里统罗惹坪组。

陕西珊瑚属 *Shensiphyllum* Yü et Ge,1974

复体丛状。个体圆柱状。一级隔壁长达中心,在鳞板带内显著增厚,甚至密接,组成边缘厚结带,隔壁两侧具脊板状突起。鳞板多列,发育1列马蹄形鳞板。横板分异成两个部分,轴部横板平凸,边缘横板下凹或向内倾斜。

分布与时代 陕南、湖北;志留纪文洛克世。

湖北陕西珊瑚 *Shensiphyllum hubeiense*(Wu)

(图版11,7)

丛状群体。个体圆柱形。隔壁外端增厚,向内渐薄。一级隔壁几乎伸达中心。二级隔壁薄,长度为一级隔壁的1/3。鳞板带宽度为半径的1/2。外部1列外倾鳞板,中间1列马蹄形鳞板,内部有2~4列内倾的小型球状鳞板。横板带宽度为直径的1/2;侧横板下凹。

产地层位 长阳县平洛;志留系兰多弗里统罗惹坪组。

分珊瑚科 Disphyllidae Hill,1939
岩珊瑚属 *Petrozium* Smith,1930

丛状群体。个体圆柱形,多排列成链。隔壁薄,外端或中部微增厚。一级隔壁长达轴部,二级隔壁长度为一级隔壁的1/2。鳞板带由数列球状、半球状鳞板组成。横板带由不完整横板组成。轴部横板平凸,侧横板下凹或微外倾。

分布与时代 中国;志留纪至泥盆纪。英国;志留纪兰多弗里世。

中国岩珊瑚 *Petrozium zhongguoense* Jia

(图版16,8)

丛状群体。隔壁中部增厚。一级隔壁长达个体中心;二级隔壁止于灰质带内缘,其长度为一级隔壁的1/3~1/2,隔壁总数为(17~19)×2个。鳞板带宽度为半径的1/3,由2~3列球状、半球状鳞板组成。横板带宽度为直径的2/3;轴部横板呈穹隆状,宽度为横板带的1/3~1/2,在5mm内有15个,侧横板下凹。

产地层位 宣恩县长潭河;上泥盆统下部。

犬齿珊瑚科 Caniniidae Hill,1938
雪尔珊瑚属 *Gshelia* Stuckenberg,1888

锥柱状单体。一级隔壁长几乎伸达中心,在横板带内强烈加厚;二级隔壁甚短。青年期具有厚的板状中轴,常与对隔壁相连,至成年期中轴消失。鳞板带很窄;横板稀少,上凸。具有主内沟。

分布与时代 中国、苏联、德国;晚石炭世。

通山雪尔珊瑚 *Gshelia tongshanensis* Xu

(图版16,5)

圆锥状单体。一级隔壁数达38个,均在横板带内强烈加厚,长度为半径的2/3,少数延伸至中心；二级隔壁呈小刺状。主隔壁粗短。主内沟窄小。中轴衰退，很细薄。鳞板带很窄，由1～3列小型鳞板组成。横板完整，在5mm中有3～4个。

产地层位　通山县高桥；上石炭统黄龙组。

古剑珊瑚科　Palaeosmiliidae Hill，1940
异犬齿珊瑚属　*Heterocaninia* Yabe et Hayasaka，1920

大型角锥状单体。一级隔壁很多，部分长达中心；二级隔壁极短或缺失。主部的隔壁常显著地加厚。鳞板在隔壁间呈"人"字形或同心状排列，鳞板带宽。横板不完整，向中心上升。主内沟明显。

分布与时代　中国；早石炭世维宪期。

大河坡异犬齿珊瑚　*Heterocaninia tahopoensis* Yü
（图版17，3）

弯角锥状单体。外壁很薄。直径27mm。一级隔壁数达78个，部分汇集中心；主部于横板带内强烈加厚，内端变薄。二级隔壁长度为0.6～2.7mm。主内沟发育。鳞板带宽度为半径的1/7～1/6，有3～5列鳞板，呈同心状或"人"字形排列。横板呈泡沫状，由轴部向边缘倾斜甚陡。

产地层位　松滋市刘家场三溪口；下石炭统维宪阶。

贵州珊瑚属　*Kueichouphyllum* Yü，1931

大型锥柱状单体。一般隔壁很多，部分汇集中心；二级隔壁特别发育。横板不完整，短小，略向轴部升起。鳞板带宽；鳞板常呈同心状，列数多，或呈半球状。主内沟明显。

分布与时代　中国、日本、苏联、澳大利亚；早石炭世维宪期。

黑石关贵州珊瑚　*Kueichouphyllum heishihkuanense* Yü
（图版16，6、7）

大型弯锥柱状单体。隔壁总数为83×2个。一级隔壁细薄，仅在主部横板区内轻微加厚，部分长达中心，微扭曲；二级隔壁长度与鳞板带的宽度几乎相等。主隔壁延伸至中心。主内沟深。鳞板呈同心状，排列规则，有12～15列；鳞板带宽度为半径的1/3。横板呈泡沫状，缓向中心上升。

产地层位　松滋市刘家场朱家沟；下石炭统维宪阶。

平缓横板贵州珊瑚　*Kueichouphyllum planotabulatum* Wu
（图版16，4）

大型单体，最大直径35mm。一级隔壁数达80个，均在横板带内加厚，部分汇集中心相连,其中以对隔壁最长;二级隔壁长度为半径的 1/3～2/5。主内沟宽深。鳞板带窄,等于或小于半径的 1/3,鳞板呈规则同心状排列,大小较一致,倾斜陡,凸度大。横板平缓,微向中心上升。

产地层位 松滋市刘家场三溪口;下石炭统维宪阶。

中国贵州珊瑚 *Kueichouphyllum sinense* Yü

（图版 17,7）

大型锥柱状单体。一级隔壁有 118 个,部分延伸达中心交结,在横板区内加厚,主部特别强烈,两端细薄。二级隔壁长度为一级隔壁的 1/2。鳞板带宽度为半径的 1/2;鳞板呈同心状,排列规则。横板呈泡沫状,缓向中心上升。主内沟狭长。

产地层位 松滋市谢家坪老屋场（湖北各地均有分布）;下石炭统维宪阶。

乌拉珊瑚科 Uraliniidae Dobrolyubova,1962,emend. Yü,1965
假乌拉珊瑚属 *Pseudouralinia* Yü,1931

锥柱状单体。对部的一级隔壁长,常超过中心。主部的隔壁短厚。二级隔壁发育微弱或缺失。隔壁不达外壁。泡沫带发育,外缘有 1 列或数列特小型泡沫板。横板不完整。主内沟位于个体的凸面。

分布与时代 中国、苏联;早石炭世杜内期。

大型假乌拉珊瑚 *Pseudouralinia gigantea* Yü

（图版 17,1、2）

大型锥柱状单体。外壁薄。最大直径 46mm。一级隔壁长度不到外壁,主部的隔壁于横板带内加厚衔接,对部的隔壁细长,屈曲状,常断续地越过轴心,与主部的隔壁相遇。二级隔壁缺失。泡沫带宽度不等;泡沫板有 5～7 列,外缘有 1～2 列细小的泡沫板。横板带宽。

产地层位 松滋市刘家场朱家沟;下石炭统维宪阶。

不规则假乌拉珊瑚 *Pseudouralinia irregularis* Yü

（图版 17,5）

大型单体。主部隔壁短而厚,直抵外壁。对部隔壁长而薄,伸达主部,与主部隔壁相遇,始端未达外壁,被边缘泡沫带所阻。泡沫板大小不一,呈不规则状。

产地层位 松滋市刘家场;下石炭统维宪阶。

十字珊瑚科 Stauriidae Edwards et Haime,1850
角星珊瑚属 *Ceriaster* Lindstrom,1883

块状或丛状群体。一级隔壁长达个体轴部,其中有 5 个或 5 个以上于中心交会;二级隔壁短。横板上凸,边部下垂。无鳞板。营壁内分芽繁殖。

分布与时代 贵州、四川、湖北;志留纪兰多弗里世。

湖北角星珊瑚 *Ceriaster hubeiensis* Wu

（图版11,4）

分枝状群体。个体圆柱形,彼此间距0.5～3.5mm,个体直径1.7～2.0mm。隔壁外端稍厚,向内渐薄。一级隔壁长,多数于个体中心交会;二级隔壁较一级隔壁薄,其长度为一级隔壁的1/2;总数为（10～12）×2个。横板完整,上凸,轴部横板平凸或上穹,在5mm内有10个,侧横板下凹。无鳞板。

产地层位 长阳县平洛;志留系兰多弗里统罗惹坪组。

蜂巢星珊瑚科 Favistellidae Chapman,1893
古珊瑚属 *Palaeophyllum* Billings,1858

丛状群体。个体圆柱形。隔壁外端稍厚,形成不厚的边缘灰质带,向内变薄。一级隔壁达轴部;二级隔壁短。横板水平或微凸。无鳞板。

分布与时代 亚洲;中奥陶世至志留纪兰多弗里世。欧洲、北美洲;中至晚奥陶世。

湖北古珊瑚 *Palaeophyllum hubeiense* Yü et Ge

（图版11,5）

丛状群体。个体圆柱形,彼此间距3.5～10.0mm,个体直径6.1～7.8mm。隔壁薄,稍弯曲。一级隔壁长度为半径的1/3;二级隔壁呈短脊状,数目为20×2个。横板较完整,中部宽,微凹,两侧近外壁处下倾,在5mm内有6个。

产地层位 宜昌市夷陵区分乡大中坝;志留系兰多弗里统罗惹坪组。

卷心珊瑚科 Dinophyllidae Iwanovsky,1963
卷心珊瑚属 *Dinophyllum* Lindström,1882

小型或中等的尖锥状或阔锥状单体。一级隔壁长达轴部,末端常卷曲;次级隔壁短。具边缘厚结带,由隔壁羽榍在边缘膨大和层状组织包围加厚形成。成年期主内沟显著。横板完整,平凸,有时具有小横板。无鳞板。

分布与时代 欧亚大陆;志留纪兰多弗里世至文洛克世。

云南卷心珊瑚 *Dinophyllum yunnanense* Wang

（图版11,6）

小型圆锥形单体,直径9.5～11.0mm。二级隔壁短,不超出厚结带。隔壁总数为（28～29）×2个。横板间距均匀,约为0.5mm。

产地层位 宜昌市夷陵区分乡大中坝;志留系兰多弗里统。

顶饰珊瑚科 Lophophyllidae Grabau,1928
袁氏珊瑚属 *Yuanophyllum* Yü,1931

圆锥至圆柱状单体。对隔壁伸达轴部形成中轴;少年期的中轴粗壮,至成年期衰退,变薄或弯曲。一级隔壁较长,二级隔壁短。主内沟明显。鳞板带宽,鳞板呈"人"字形或同心状排列。

分布与时代 中国、日本、苏联;早石炭世维宪期。

湖北袁氏珊瑚 *Yuanophyllum hubeiense* Xu
（图版17,4）

弯角锥状单体。成年期隔壁数为55×2个;一级隔壁长度为半径的4/5。中轴长板状。鳞板为不规则角圆形排列,多为5列或6列,大小不等。横板呈长大的泡沫状,向外倾斜,在中轴近旁的陡密,两侧的横板在5mm内有4～5个。

产地层位 松滋市刘家场老屋场;下石炭统维宪阶。

康宁珊瑚属 *Koninckophyllum* Thomson et Nicholson,1876

锥柱状单体或丛状群体。具有中轴,但常不稳定。横板不甚完整,向中轴升起;当中轴缺失时,横板较完整,呈水平状。一级隔壁长,二级隔壁或长或短。鳞板带宽,呈"人"字形,同心状排列或具有侧鳞板,排列较复杂。主内沟明显。

分布与时代 亚洲、欧洲、北美洲、南美洲;石炭纪。

独山康宁珊瑚(相似种) *Koninckophyllum* cf. *tushanense* Chi
（图版17,6）

单体,在直径9mm的横切面上。一级隔壁有27个,对隔壁伸达中央形成叶状中轴,其余隔壁长度为珊瑚体半径的3/4,均未伸达中央。次级隔壁不甚发育。鳞板带窄,由排列较疏松几乎呈"人"字形的鳞板组成。

产地层位 武汉市江夏区乌龙泉;上石炭统。

爱克伐斯珊瑚属 *Ekvasophyllum* Parks,1951,emend. Sutherland,1958

圆锥状单体。中轴呈粗棒状或肾状。青年期无鳞板,成年期的鳞板带很窄。一级隔壁多,长达中心,主部的呈羽状排列;二级隔壁很短。横板不完整,向中轴上升。主内沟位于个体的凸侧。

分布与时代 中国、美国、加拿大;早石炭世。

爱克伐斯珊瑚（未定种） *Ekvasophyllum* sp.
（图版17,8）

圆锥状单体。一级隔壁多,长达中心,主部的呈羽状排列;二级隔壁短。鳞板带在青年期无,成年期很窄。主内沟位于个体的凸侧。

产地层位　武汉市洪山区花山;下石炭统和州组。

石柱珊瑚科　Lithostrotionidae d'Orbigny,1851
棚星珊瑚属　*Arachnastraea* Yabe et Hayasaka,1916

星射状或互通状群体,残存有很微弱的外壁。一级隔壁长达中心形成细薄的中轴,二级隔壁发育。横板向中轴上升。鳞板呈同心状排列,体积小。

分布与时代　中国;早石炭世至晚石炭世早期。苏联;晚石炭世。

亚洲棚星珊瑚　*Arachnastraea asiatica*（Lee et Yü）
（图版17,9）

块状复体,个体之间由隔壁相连接,相邻两个体中心之间距离常为5～7mm。一级隔壁数为11～12个。次级隔壁与之轮生,部分一级隔壁伸达中心,且相互交接形成中轴。鳞板带宽,其内缘2～3列鳞板排列甚规则,相互连接形成灰质内壁。鳞板排列规则,呈同心状或微呈角状。

产地层位　武汉市江夏区龙泉山;上石炭统。

小石柱珊瑚科　Lithostrotionellidae Shrock et Twenhofel,1953
小石柱珊瑚属　*Lithostrotionella* Yabe et Hayasaka,1915

角柱状群体。具有稳定的板状中轴。边缘泡沫带发育,由大型泡沫板组成。隔壁两级相间,不达外壁。横板完整,向中轴上升,或近水平排列。

分布与时代　中国;早石炭世至晚石炭世早期。亚洲、欧洲;石炭纪。北美洲;石炭纪至二叠纪船山世。

丁氏小石柱珊瑚　*Lithostrotionella tingi* Chi
（图版17,11）

块状复体,个体常呈六边形。大小不一,外壁薄。一级隔壁数为15～16个,细而微弯曲,始端未达外壁,被边缘泡沫带所阻,长度为体径的1/4;次级隔壁的长度则为前者的1/3。中轴呈长板状,微加厚,稍弯曲。泡沫板大而不规则。

产地层位　武汉市江夏区龙泉山;上石炭统。

泡沫柱珊瑚属 *Thysanophyllum* Nicholson et Thomson,1876,emend. Yü,1962

角柱状或丛状群体。中轴不稳定或缺失。边缘泡沫带发育。一级隔壁短,不达外壁;二级隔壁甚短或缺失。横板完整,水平或上凸,当遇有中轴时,则向上升起,两侧外倾。泡沫板大型,列数少。

分布与时代 亚洲、欧洲;早石炭世。苏联、美国;二叠纪船山世。

环泡沫状泡沫柱珊瑚 *Thysanophyllum circulocysticum* Chu,emend. Yü
（图版18,1）

丛状群体。个体直径10～12mm。一级隔壁有28～29个,细短,不达外壁,被泡沫板所阻。二级隔壁极短。对隔壁延伸至中心加厚形成中轴。泡沫带仅由1列环形泡沫板组成。横板完整,不规则,缓向中轴上升,间距1～3mm。

产地层位 松滋市刘家场朱家沟;下石炭统维宪阶。

杏仁珊瑚科 Amygdalophylldae Grabau in Chi,1935
似杏仁珊瑚属 *Amygdalophylloides* Dobrolyubova et Kabakovich,1948

狭锥状单体。具有粗厚的灰质中轴。鳞板发育微弱;鳞板带窄。横板不甚完整,向中轴倾斜,下凹。一级隔壁长,少数达中轴;二级隔壁发育,有的较短或缺失。

分布与时代 中国;晚石炭世早期。苏联;晚石炭世。

中国似杏仁珊瑚 *Amygdalophylloides zhongguoensis* Xu
（图版17,10）

狭锥状单体。隔壁数为21×2个,外端灰质加厚连成窄的边缘灰质带。一级隔壁长几乎到达中心,少数与中轴相连;二级隔壁长短不等,为一级隔壁的1/3～1/2。对隔壁伸至中心,加厚形成短纺锤状中轴。横板完整。鳞板呈同心状排列。

产地层位 建始县高坪马脚迹;上石炭统黄龙组。

拟卡拉瑟斯珊瑚属 *Paracarruthersella* Yoh,1960

小型筒状单体和丛状群体。具有窄的边缘泡沫带和边缘灰质带。轴部构造呈苔藓状,为不规则和比较松散的灰质加厚,仅中板可辨,辐板和斜板则杂乱难分。隔壁两级,灰质加厚。横板呈倒锥状,一致内斜。泡沫板大小不均。

分布与时代 中国、日本、苏联;早至晚石炭世。

湖北拟卡拉瑟斯珊瑚 *Paracarruthersella hubeiensis* Wu

（图版18,4）

锥柱状单体。具有边缘灰质带及泡沫带。泡沫板呈狭长形。隔壁于横板带内显著增厚，形成内壁。一级隔壁有21个。对隔壁与中板相连。二级隔壁长度为一级隔壁的1/2。轴部构造灰质加厚，中板明显。横板带宽，斜横板呈拉长的泡沫状，向内陡斜，横板短小为水平状。

产地层位 宣恩县长潭河；上石炭统。

柱管珊瑚科 Aulophyllidae Dybowski,1873
蛛网珊瑚属 *Clisiophyllum* Dana,1846

圆锥状或锥柱状单体。一级隔壁延伸至轴部扭曲，形成辐板；二级隔壁短。复中柱呈疏松的蛛网状，中板短小。横板不完整，向中板上升，与斜板互为过渡。鳞板呈同心状排列，鳞板带窄。

分布与时代 亚洲、欧洲、北美洲、南美洲；早石炭世。苏联；石炭纪。

库肯蛛网珊瑚湖北亚种 *Clisiophyllum curkenense hubeiense* Wu

（图版18,2）

锥柱状单体。隔壁数为59×2个，于横板带内显著加厚，两端变薄。部分一级隔壁达中心朝一方旋转，组成轴板；二级隔壁约为半径的1/5。复中柱呈大的疏松蛛网状，中板短粗。横板不完整，近水平排列。鳞板带窄，鳞板为小半球状，排列甚陡，列较少。

产地层位 松滋市刘家场朱家沟；下石炭统维宪阶。

亚曾珊瑚属 *Yatsengia* Huang,1932,emend. Xu,1977

丛状群体。隔壁很少，一级隔壁常为20个左右，二级隔壁短或缺失。复中柱由中板、辐板和斜板组成。中板细薄。辐板可与或不与一级隔壁相连。横板向中板上升，与斜板互为过渡或两者界线分明。鳞板带窄，有1～2列。

分布与时代 中国、日本、伊朗；二叠纪船山世。

湖北亚曾珊瑚 *Yatsengia hupeiensis*（Yabe et Hayasaka）

（图版18,5）

丛状群体。一级隔壁有15～16个，外端加厚，向内渐薄，部分达中心形成辐板；二级隔壁甚短。复中柱由泡沫状斜板、辐板和中板构成不规则的蛛网状。鳞板带窄；鳞板小，有1列。横板带宽；横板完整的微下凹，不完整的呈交错排列，在5mm内有10～11个。

产地层位 宣恩县川箭河、武汉市江夏区；二叠系阳新统栖霞组。

亚洲亚曾珊瑚 *Yatsengia asiatica* Huang

（图版18,7）

丛状复体,个体为小的圆柱状,间距大。隔壁少,基部稍有加厚,一级隔壁有13～15个,向内变薄延伸至复中柱。次级隔壁甚短。复中柱大,由碟状的斜板、部分一级隔壁伸至中心成的辐板和中板等组成,复中柱多呈蛛网状,中板明显。鳞板带窄,具1列。横板带宽。

产地层位 秭归县新滩;二叠系阳新统栖霞组下部。

江苏亚曾珊瑚马渊变种 *Yatsengia kiangsuensis* var. *mabutii* Minato

（图版18,3）

丛状群体,个体圆柱状。隔壁数为（11～14）×2个。一级隔壁长,略弯曲,伸达中心形成辐板,其始端微加厚,向末端逐渐变薄。二级隔壁甚短。复中柱为直径的1/4,由不规则疏松的斜板、辐板组成。中板不显著,横板带宽,横板不完整。在2mm垂直间距有4～5条。鳞板带窄,有1～2列。

产地层位 崇阳县路口;二叠系阳新统栖霞组。

江苏亚曾珊瑚 *Yatsengia kiangsuensis* Yoh

（图版18,6）

丛状复体,外壁薄,隔壁末端伸达复中柱内,约13×2个。一级隔壁常在中部加厚,伸向中心侧变薄。末端伸向复中柱成为辐板。次级隔壁甚短,微加厚。复中柱宽大,由许多辐板以及泡沫状斜板组成,中板不显著。横板带约为个体直径的1/2。

产地层位 京山市义和;二叠系阳新统。

郎士德珊瑚科 Lonsdaleiidae Chapman,1893
拟文采尔珊瑚属 *Wentzellophyllum* Hudson,1958,emend. Yü,1962

角柱状群体。复中柱呈蛛网状,由中板、辐板及斜板构成。边缘泡沫带的宽度不等。隔壁外端参差不齐地断续延伸到泡沫带内。一级隔壁长达或几乎伸达复中柱,二级隔壁长。泡沫板小。横板向中心倾斜,向下凹或水平状,常发育斜横板。

分布与时代 中国;早石炭世(?)至二叠纪船山世。亚洲;二叠纪船山世。

服尔兹拟文采尔珊瑚 *Wentzellophyllum volzi*（Yabe et Hayasaka）

（图版19,1）

块状群体。隔壁数为（20～22）×2个,于横板带内加厚。一级隔壁长,二级隔壁长约为一级隔壁的2/3。复中柱由陡密的叠锥状斜板、12～16个辐板及中板组成,呈蛛网状。横板完整,少数不完整,向中心倾斜。泡沫带较窄,隔壁间鳞板呈不规则同心状排列。

产地层位 阳新县骆家湾；二叠系阳新统栖霞组。

贵州拟文采尔珊瑚 *Wentzellophyllum kueichowense*（Huang）

（图版18,8）

角柱状群体。个体呈5～7边柱形。一级隔壁有18～23个，长达复中柱；二级隔壁长为一级隔壁的2/3。复中柱由粗直的中板、6～8个辐板及倒锥状斜板组成。斜横板呈泡沫状，向中心倾斜。横板不完整，微下凹。鳞板带宽度为半径的1/2。

产地层位 松滋市刘家场；二叠系阳新统栖霞组。

多壁珊瑚属 *Polythecalis* Yabe et Hayasaka,1916

块状群体。个体呈不规则多边柱形，外壁部分消失，个体间以泡沫板相连。隔壁长短两级，外端常被边缘泡沫带所限。复中柱由中板、辐板和斜板组成蛛网状。泡沫带宽，泡沫板体积不匀。横板向轴心倾斜，下凹或水平排列。

分布与时代 中国、伊朗、日本；二叠纪船山世。苏联；晚石炭世。

少斜板多壁珊瑚 *Polythecalis raritabellata* Wu

（图版20,3）

块状群体。外壁厚，具齿状突起，极少部分缺失。复中柱小，中板粗壮，辐板6～10个，斜板1～2列。一级隔壁有13～14个，限于内壁内；二级隔壁一般呈短脊状。泡沫带宽，泡沫板大而不等，凸度小，有2～3列。横板完整，呈水平状，微凹或向狭锥状斜板倾斜。

产地层位 松滋市刘家场；二叠系阳新统栖霞组。

中国多壁珊瑚 *Polythecalis chinensis*（Girty）

（图版19,2）

块状复体。由许多不规则多角形个体组成。外壁部分消失。边缘泡沫带甚宽，泡沫板的表面常有小的隔壁峰。隔壁带呈圆形。一级隔壁数为15～17个，末端常伸达复中柱，在中部加厚。复中柱由不明显的中板和不规则的斜板、辐板所组成，形状如泡沫状，与隔壁带界线不明。

产地层位 咸丰县留鹤山；二叠系阳新统栖霞组。

中国多壁珊瑚贝塔异种 *Polythecalis chinensis* mut. *beta* Huang

（图版19,5）

块状群体。内壁直径3mm，隔壁总数为30个。二级隔壁较短，有的长度与一级隔壁近等。泡沫带宽度为个体直径的1/2；复中柱的形态及大小均不规则，呈泡沫状。与 *P. chinensis* 的主要区别，是外壁呈较规则的多边形，隔壁限于内壁内。

产地层位 咸丰县丁砦六合山；二叠系阳新统栖霞组。

荆门多壁珊瑚 *Polythecalis chinmenensis* Huang

（图版19,3）

块状群体。外壁厚齿状。泡沫带中等宽；泡沫板近于同心状排列，凸度大，隔壁峰几乎缺失。内壁直径约3.5mm。一级隔壁有13个，细而不规则；二级隔壁很短。复中柱厚，由许多陡斜的泡沫状斜板、不甚连续的辐板及不显著的中板组成。横板呈水平状或向中心倾斜。

产地层位 荆门市胡家集、宜都市；二叠系阳新统栖霞组。

双型多壁珊瑚 *Polythecalis dupliformis* Huang

（图版20,1）

块状复体，外壁具有强烈的齿状突起。泡沫带发育，泡沫板上有的具隔壁峰。隔壁数达35个。始端厚，伸向复中柱渐变薄。一级隔壁和次级隔壁几乎等长。复中柱强大，呈椭圆形，由较密的呈帐篷状的斜板和直的辐板组成，中板不甚清晰。

产地层位 蕲春县银水；二叠系阳新统。

气泡多壁珊瑚 *Polythecalis flatus* Huang

（图版19,4）

块状复体，个体小，外壁几乎完全消失。个体之间几乎全由泡沫组织相连。泡沫板一般平缓。隔壁数约27个，一级隔壁和次级隔壁长度几乎相等。始端厚，向中心延伸则变薄。复中柱强大，由密而规则的圆锥状斜板和辐板组成。中板不清楚。横板密集，缓向复中柱倾斜。

产地层位 京山市义和；二叠系阳新统。

和州多壁珊瑚 *Polythecalis hochowensis* Huang

（图版20,2）

块状复体。个体的外壁大部分消失，部分外壁两侧具不明显的齿状突起，且排列不规则。泡沫带显著，宽度不定，泡沫板不甚规则。隔壁带呈圆形，内壁不清楚。一级隔壁数为18～20个。始端常伸入泡沫带内。次级隔壁较长。复中柱微呈泡沫状。中板常不存在。

产地层位 蕲春县银山；二叠系阳新统。

扬子多壁珊瑚 *Polythecalis yangtzeensis* Huang

（图版21,1）

块状群体。一级隔壁数为15～17个，始端微加厚至末端变薄几乎伸达复中柱；二级隔壁长度为一级隔壁的1/2。复中柱直径1.0～1.3mm，由陡倾的斜板、较多的辐板及中板组成蛛网状。横板规则,大部分完整,在5mm垂直间距内计有16～18个,向中心微下凹。

产地层位 大冶市金山店;二叠系阳新统栖霞组。

费伯克珊瑚状多壁珊瑚 *Polythecalis verbeekielloides* Huang
（图版20,4）

块状复体,个体间由泡沫板相连。泡沫带发育,泡沫板凸度大,有显著的隔壁峰。隔壁粗而直,有34～38个,一级隔壁与次级隔壁长度相等。复中柱呈圆形的泡沫状。横板完整或交错,一般向复中柱倾斜或呈水平状。

产地层位 京山市义和;二叠系阳新统。

宣恩多壁珊瑚 *Polythecalis xuanenensis* Wu
（图版20,5;图版21,2）

块状群体。外壁少部分消失。一级隔壁有13～15个,二级隔壁长度为一级隔壁的1/2～2/3。复中柱简单,不规则状,由较少的辐板、斜板及中板组成。横板完整,少数不完整。泡沫带宽度为个体半径的1/2;泡沫板大小不均,部分呈同心状排列,有3～5列。

产地层位 蕲春县银山、宣恩县川箭河;二叠系阳新统栖霞组。

朱森珊瑚属 *Chusenophyllum* Tseng,1948

互嵌状群体。个体外壁完全消失,以泡沫板相互连接。复中柱小而简单,常由中板、辐板及斜板组成,少数缺失中板。一级隔壁几乎伸达复中柱,二级隔壁较长。横板水平或向中心倾斜、下凹。老年期的复中柱衰退,仅余中板。

分布与时代 中国;二叠纪船山世。

屯粮朱森珊瑚 *Chusenophyllum tunliangense*（Yü）
（图版21,3）

块状群体,外壁完全消失,呈互嵌状。个体中心间距9～12mm。内壁直径小于3mm。一级隔壁有12～15个,外端消失于泡沫带内;二级隔壁短。泡沫板不规则,大小不等,呈水平排列。复中柱小而简单,由辐板和斜板组成。横板完整,排列较密,向中心倾斜。

产地层位 南漳县屯粮寨;二叠系阳新统栖霞组。

假多壁珊瑚属 *Pseudopolythecalis* Xu,1977

块状群体。个体呈不规则多边柱形,外壁厚,锯齿状,部分消失。轴部构造极不稳定,变化甚大,多数个体内的中轴或复中柱缺失。边缘泡沫带发育,泡沫板不规则。斜横板发育,呈泡沫状;横板一般完整,呈水平状或微下凹;不完整的呈交错排列。

分布与时代 中国;二叠纪船山世晚期。

湖北假多壁珊瑚(新种) *Pseudopolythecalis hubeiensis* G. X. Liu(sp. nov.)

（图版21,5）

块状群体。个体呈不规则多边柱形,外壁厚齿状,缺失不多。个体中心间距7～11mm。隔壁数为(17～19)×2个,微加厚。一级隔壁不达中心。二级隔壁断续状,长度为一级隔壁的1/3～2/3。轴部构造变化很大,极少数的个体内有中板及泡沫状斜板组成小而简单的复中柱,但辐板不发育,有的个体内仅具有断续状中轴,大多数个体内缺失轴部构造。泡沫带发育,宽度不等,泡沫板不规则,大小不均,上覆有隔壁峰。隔壁间的鳞板呈短小的同心状;鳞板带由3～5列向内倾斜的鳞板组成。斜横板发育,呈拉长的泡沫状,向中心倾斜;横板变化较大,一般完整,下凹,不完整的呈交错排列;中轴与泡沫状斜板相连时,横板则向中心缓倾斜或近水平排列,横板间距不等,在5mm内有15～17个。

比较 新种与*Pseudopolythecalis intermedis* Xu的区别:新种外壁极少缺失,横板间距密。

产地层位 蕲春县银山;二叠系阳新统茅口组。

卫根珊瑚科 Waagenophyllidae Wang,1950
卫根珊瑚属 *Waagenophyllum* Hayasaka,1924

丛状群体。一级隔壁自外壁达轴部;二级隔壁发育。复中柱由辐板、斜板和中板组成蛛网状。斜横板呈长泡沫状,向中心倾斜,下凹;横板短小呈水平状或下凹。鳞板带窄,鳞板小,列数少。

分布与时代 亚洲、欧洲、大洋洲、北美洲;二叠纪。

脊板卫根珊瑚 *Waagenophyllum carinatum* Xu

（图版21,4）

丛状群体。隔壁数为(21～22)×2个,微加厚,具脊板,呈钩刺状。一级隔壁长达复中柱,二级隔壁长度为一级隔壁的1/2～2/3。鳞板呈不规则同心状排列。横板短小,排列较密。复中柱呈复杂的蛛网状,为个体直径的1/3;中板细长;辐板细弯,有10～16个;斜板有3～5列,较紧密。

产地层位 宜城市板桥店;二叠系乐平统吴家坪组。

印度卫根珊瑚厚隔壁变种 *Waagenophyllum indicum* var. *crassiseptatum* Wu

（图版22,1）

复体珊瑚,个体呈圆形或椭圆形,体径为4～6mm。一级隔壁数为21～24个,部分一级隔壁和复中柱相连。次级隔壁长度仅为一级隔壁的1/3,隔壁加厚强烈。特别在始端,向个体中心延伸则逐渐变薄。复中柱甚大,中板明显。

产地层位 崇阳县路口板桥坑；二叠系乐平统吴家坪组。

简单卫根珊瑚 *Waagenophyllum simplex* Wu

（图版 22，2）

丛状复体，个体近椭圆形，大小不一。一级隔壁数为 18～19 个，伸向个体中心，但未与复中柱接触。次级隔壁的长度约为一级隔壁的 2/3。隔壁厚，始端显著，向个体中心延伸，则逐渐变细。

产地层位 大冶市保安沙田煤矿；二叠系乐平统吴家坪组中部。

伊泼雪珊瑚属 *Ipciphyllum* Hudson, 1958

角柱状群体。个体的外壁完整，一级隔壁长，二级隔壁长度不定。复中柱由中板、辐板和斜板组成。横板带常由泡沫状斜横板及横板组成。横板向中心倾斜或近水平排列。鳞板带较宽，鳞板呈同心状排列，列数多。

分布与时代 亚洲、欧洲；二叠纪。

雅致伊泼雪珊瑚 *Ipciphyllum elegantum*（Huang）

（图版 22，4、5）

块状群体。个体直径 4～5mm。复中柱占个体直径的 1/4～1/3；中板不明显；辐板细短，有 4～8 条；斜板有 2～4 列。一级隔壁有 15～17 个，二级隔壁长度为一级隔壁的 1/3 左右。横板完整，向碟状的斜板倾斜，微下凹，在 5mm 内有 17～21 个。鳞板呈不规则的同心状排列，有 2～3 列，大小不等。

产地层位 远安县杨家堂、阳新县西畈、利川市、松滋市；二叠系阳新统茅口组、二叠系乐平统。

曲折状伊泼雪珊瑚 *Ipciphyllum flexuosa* Huang

（图版 22，3）

复中柱小，仅为体径的 1/4，邻近外壁的鳞板呈泡沫状。隔壁始端微弯曲和不连续。鳞板规则，未呈泡沫状。

产地层位 崇阳县白霓桥；二叠系阳新统栖霞组。

梁山珊瑚亚属 *Waagenophyllum*（*Liangshanophyllum*）Tseng, 1949

丛状复体，个体长圆柱状。一级隔壁始端常加厚，在边缘连接成厚结带。有时发育三级隔壁。复中柱小，简单，由中板、少数辐板和斜板组成；有时仅由中板代表。横板发育，呈水平状或下凹，少数微向复中柱倾斜。鳞板带窄，由 1～2 列疏松的鳞板组成。

分布与时代 中国南部；二叠纪。

卢氏梁山珊瑚 *Waagenophyllum*（*Liangshanophyllum*）*lui* Tseng
（图版22,6）

丛状复体,个体呈圆柱状。隔壁始端厚,末端尖细。一级隔壁数为18～20个,次级隔壁长度为前者的1/2～2/3。复中柱呈对称椭圆形;中板直而明显,与对隔壁相连;辐板短;斜板有2～3列。鳞板带宽度均一,常发育内壁。横板带宽,横板呈水平状或向中心倾斜,在5mm内有8～10个。

产地层位　秭归县新滩;二叠系乐平统吴家坪组。

刺隔壁珊瑚科 Tryplasmatidae Etheridge,1907
刺隔壁珊瑚属 *Tryplasma* Lonsdale,1845

丛状群体。隔壁两级,呈刺状,由在层状组织内彼此分离的筒状羽榍组成,在横切面内呈断续状。具有窄的边缘灰质带。横板完整,水平。无鳞板。

分布与时代　世界各地;志留纪至早泥盆世。

罗惹坪刺隔壁珊瑚 *Tryplasma lojopingense*（Grabau）
（图版12,6）

角锥状单体。外壁由层状组织构成,厚0.8～1.0mm。隔壁两级,由嵌于层状组织内彼此分离的羽榍组成,呈刺状,在横切面内呈断续状。一级隔壁最长达半径的1/2;二级隔壁仅超越个体外壁,数目为20×2个。横板完整,呈水平状或微凹状。无鳞板。

产地层位　宜昌市夷陵区分乡大中坝;志留系兰多弗里统罗惹坪组。

泡沫珊瑚科 Cystiphyllidae Edwards et Haime,1850
泡沫珊瑚属 *Cystiphyllum* Lonsdale,1839

阔锥状或角锥状单体。外壁由层状组织构成。体腔内充满泡沫组织。隔壁由嵌入层状组织内的羽榍构成,不仅分布在个体边部,而且分布在泡沫板上,呈隔壁峰状。

分布与时代　欧亚大陆、北美洲、南美洲;志留纪。

柱状泡沫珊瑚 *Cystiphyllum cylindricum* Lonsdale
（图版12,7）

角锥状单体。体腔内充满泡沫组织。刺状隔壁分别发育于个体边部及泡沫板上,由嵌入层状组织内的羽榍构成。边缘泡沫板有4～6列,陡内倾。横板带为平列状泡沫板。

产地层位　远安县双码头;志留系兰多弗里统罗惹坪组。

泡沫锥珊瑚属 *Cysticonophyllum* Zaprudskaja et Ivanovsky，1962

单体,内腔发育泡沫板和彼此分离的套锥状的隔壁锥,由管状羽榍散布于灰质层内构成。边部泡沫板细小,轴部泡沫板增大,均向内倾斜。

分布与时代 亚洲;志留纪兰多弗里世。

脐形泡沫锥珊瑚 *Cysticonophyllum omphymiforme*（Grabau）
（图版12,1）

珊瑚体呈宽锥状,个体直径15mm,体腔内充满泡沫组织,时而为灰质层加厚,形成杯形的互相叠积的宽锥体。隔壁短脊满布于灰质层上以及泡沫板上,个体边缘部分的长形泡沫板向轴部陡斜,中央部分的泡沫板则呈宽阔的平坦状。

产地层位 宜昌市夷陵区分乡王家冲;志留系兰多弗里统罗惹坪组。

厚型泡沫锥珊瑚 *Cysticonophyllum crassum* Yü et Ge
（图版12,3）

角锥状单体。灰质加厚层几乎充塞个体下部整个体腔,向上分裂成若干叠积的套锥体,间距不等的被泡沫板所分隔。管状羽榍多散布于灰质加厚层内,少许突出成隔壁脊突。个体边部的泡沫板较小,内倾,至个体中心增大,缓内倾。

产地层位 宜昌市夷陵区分乡大中坝;志留系兰多弗里统罗惹坪组。

方锥珊瑚科 Goniophyllidae Dybowski，1873
根珊瑚属 *Rhizophyllum* Lindstroem，1866

拖鞋状单体珊瑚,具半圆形的杯盖。隔壁短脊状,由筒状羽榍构成,分布于个体的平直边缘上。体内充满小型泡沫板。

分布与时代 欧亚大陆、北美洲,澳大利亚;志留纪文洛克世至中泥盆世。

小型根珊瑚 *Rhizophyllum minor*（Grabau）
（图版12,2）

外形近似拖鞋状,形体较小,个体上部扁平,两侧展长,顶面与底面之间的距离较短。隔壁组织仅发育于底面上,较长,但无法分辨一级隔壁和次级隔壁。

产地层位 宜昌市夷陵区分乡王家冲;志留系兰多弗里统罗惹坪组。

根珊瑚（未定种） *Rhizophyllum* sp.
（图版12,4）

单体珊瑚,外形呈拖鞋状。隔壁极多,发育于个体内部的周边部位。鳞板多。横板常分异成小型泡沫板,通常为灰质层所加厚。

产地层位 宜昌市夷陵区分乡王家冲;志留系兰多弗里统罗惹坪组。

床板珊瑚亚纲 Tabulata Edwards et Haime,emend. Sokolov,1950
具连接构造类 Tabulata Communicata
蜂巢珊瑚目 Favositida Wedekind,1937,emend. Sokolov,1950
蜂巢珊瑚科 Favositidae Dana,1846
古巢珊瑚属 *Palaeofavosites* Twenhofel,1914

块状群体,由多边棱柱形个体组成。体壁薄,中间缝明显。连接孔呈纵排分布于相邻个体的角棱上。横板完整,水平。隔壁刺状,有时缺失。

分布与时代 欧亚大陆;中奥陶世至志留纪拉德洛世。

波罗的海古巢珊瑚隔壁亚种 *Palaeofavosites balticus septosa* Sokolov
(图版4,2)

小型梨形块状复体珊瑚。床板很薄,完整;下凹、上凸、倾斜均有;可分疏密带,床板间距0.22~0.74mm,疏带在1mm内有2个床板,密带在1mm内有4个床板。体壁弯曲,厚约0.08mm。每个个体仅有4~5个壁刺,壁刺长而尖。角孔圆,孔径0.15~0.20mm,孔距0.15~0.30mm。

产地层位 宜昌市夷陵区分乡王家冲;志留系兰多弗里统罗惹坪组。

张氏古巢珊瑚 *Palaeofavosites changi* Chen
(图版4,3)

小型块状群体,外形呈半球状,直径约22mm。个体呈6~7边棱柱形,最大对角线1.4~1.5mm。连接孔分布在相邻个体的角棱上,直径0.18mm。横板多数完整,微弯曲;偶夹不完整横板,在5mm内有16~17个。隔壁刺缺失。

产地层位 宜恩县高罗;志留系兰多弗里统罗惹坪组。

分乡古巢珊瑚 *Palaeofavosites fenxiangensis* Gu
(图版4,4)

不规则块状复体。体壁薄、直。角孔发育,圆形。床板完整,水平或微上下弯曲,很薄,具有明显而规则的疏密带;床板间距,密带在5mm内有11~12个,疏带在5mm内有5~7个短粗的壁刺。

产地层位 宜昌市夷陵区分乡王家冲;志留系兰多弗里统罗惹坪组。

罗惹坪古巢珊瑚 *Palaeofavosites lojopingensis* Gu

（图版5,1、2）

不规则块状复体,个体较均匀,呈六边形、七边形、八边形。体壁薄。床板完整,水平,微上凸,分疏密带,分布规则,密带在间距5mm内有7～8个床板,疏带有3～4个床板。角孔小而圆,有壁刺,细小而尖。

产地层位 宜昌市夷陵区分乡王家冲;志留系兰多弗里统罗惹坪组。

小型古巢珊瑚中国亚种 *Palaeofavosites paulus* subsp. *sinensis* Chen

（图版5,3）

小型块状群体,外形为不规则的梨形。个体呈5～7边棱柱形,最大对角线1.1～1.4mm。连接孔为圆形,分布在个体的棱角上,直径0.15mm。横板完整,水平,在5mm内有11～13个。隔壁刺缺失。

产地层位 宜恩县高罗;志留系兰多弗里统罗惹坪组。

三峡古巢珊瑚 *Palaeofavosites sanxiaensis* Xiong

（图版5,4）

块状群体。体壁一般较薄。连接构造为角孔,形状为圆形或微椭圆形。床板薄,且具有疏密分带,以疏带为主。在疏带床板完整水平,分布较匀,在5mm内有2～3个床板;在密带床板完整,但多为曲折状,下凹或微凸,其密度几乎为疏带的5～7倍,在2mm内有6个床板。无壁刺。

产地层位 宜昌市夷陵区分乡王家冲;志留系兰多弗里统罗惹坪组。

宜昌古巢珊瑚 *Palaeofavosites yichangensis* Gu

（图版13,1）

块状复体,个体从中心向外呈放射状分布。个体为浑圆多角形。床板完整,水平,有疏密带之分。间距在1mm内密带有3～4个床板,在5mm内疏带有7～8个床板。壁刺较发育,呈长短不一的刺,角孔多。纵切面上偶见壁孔。

产地层位 宜昌市夷陵区分乡王家冲;志留系兰多弗里统罗惹坪组。

古巢珊瑚（未定种） *Palaeofavosites* sp.

（图版14,6、7）

块状群体,个体大多为六角形,只见少量角孔。横板水平,体壁薄为0.08～0.19mm。

产地层位 随县柳林镇文家嘴;志留系兰多弗里统。

中巢珊瑚属 *Mesofavosites* Sokolov,1951

块状群体,个体为多角棱柱形。连接孔既有角孔又有壁孔,呈纵排分布。横板完整,水平或微弯曲。隔壁刺状,时而存在时而缺失。

分布与时代 中国;志留纪兰多弗里世至文洛克世。苏联;志留纪。

湖北中巢珊瑚 *Mesofavosites hubeiensis* Jia
（图版3,4）

块状群体,外形呈结核状,由4～8边棱柱形个体组成。横板完整,水平,其间距均匀,在5mm内群体轴部有7～8个,边部有12～13个。隔壁刺不太发育,在群体边部呈极细小的刺状,稀疏分布。

产地层位 宣恩县高罗;志留系兰多弗里统罗惹坪组。

斜中巢珊瑚 *Mesofavosites obliquus* Sokolov
（图版3,3）

块状群体,个体为5～6边棱柱形。连接孔有角孔和壁孔,壁孔呈圆形或椭圆形,有1列;角孔为圆形。横板完整,水平或微弯曲,在5mm内有7～9个。隔壁刺很发育,呈长刺状,长达0.22mm,个别长达0.32mm,呈纵排分布,个体内有15～20列。

产地层位 宣恩县三家店;志留系兰多弗里统罗惹坪组。

宣恩中巢珊瑚 *Mesofavosites xuanenensis* Jia
（图版3,5）

块状群体,由7～10边棱柱形个体组成。成年个体的体壁微呈"之"字形弯曲,中间缝较明显,有壁孔和角孔,壁孔有1～2列,呈交错状分布于壁上。横板完整,水平或微弯曲,间距均匀,在5mm内有13～19个。隔壁刺较发育,呈极细小的刺状,纵排分布。

产地层位 宣恩县高罗;志留系兰多弗里统罗惹坪组。

玉门中巢珊瑚 *Mesofavosites yumenensis* Yü
（图版4,1）

块状群体,由7～8边棱柱形个体组成。连接孔有角孔和壁孔,壁孔有2列,其横切面呈圆形的,直径0.1mm;呈椭圆形的,短轴为0.10～0.11mm,长轴为0.15～0.16mm,间距0.4～0.8mm。隔壁刺缺失。横板完整,水平或微弯曲,在5mm内有8～10个。

产地层位 宣恩县高罗;志留系兰多弗里统罗惹坪组。

窄状中巢珊瑚 *Mesofavosites angustus* Yü

（图版14,1）

块状群体,由5～7边棱柱形个体组成。个体最大对角线1.1～1.4mm。体壁厚0.04～0.08mm,微弯曲。连接孔分布在角棱上和体壁上。壁孔有1～2列,直径为0.12～0.16mm。横板完整,水平,在5mm内有9～11个。隔壁刺发育。

产地层位　宣恩县三家店;志留系兰多弗里统罗惹坪组。

东方中巢珊瑚 *Mesofavosites orientalis* Yü

（图版14,4）

块状群体,个体呈6～7边棱柱形。个体最大对角线2.3～2.5mm,个别长达2.7mm。体壁厚度0.07～0.12mm。有角孔和壁孔。壁孔呈圆形,直径0.2mm,间距1～2mm,有1～2列。横板完整,水平或微弯曲,在5mm内有7～9个。隔壁刺较发育,分布不均匀。

产地层位　宣恩县三家店;志留系兰多弗里统罗惹坪组。

中巢珊瑚（未定种） *Mesofavosites* sp.

（图版14,2）

块状群体,个体大多为五边形、六边形。个体最大对角线1.0～1.7mm,一般为1mm,大小均一。具有角孔、壁孔。体壁厚为0.07mm。

产地层位　随县柳林镇文家嘴;志留系兰多弗里统。

蜂巢珊瑚属 *Favosites* Lamarck,1816

块状群体,个体呈多角棱柱形。体壁薄,可见中间缝。连接孔分布在个体体壁上,呈纵排分布。横板完整,水平,微弯曲。隔壁呈刺状和瘤状,纵排分布或缺失。

分布与时代　世界各地;志留纪至二叠纪。

阿姆卡达克蜂巢珊瑚分乡亚种 *Favosites amkardakensis fenxiangensis* Gu

（图版2,1）

块状复体,体壁厚0.10～0.18mm,中间缝清楚。床板完整,下凹,间距在5mm内有6～7个床板。壁孔有1～2列,孔径0.14～0.27mm。壁刺发育,每个个体有24～30个刺,长度为0.25～0.35mm,呈刺尖状。

产地层位　宜昌市夷陵区分乡王家冲;志留系兰多弗里统罗惹坪组。

网格蜂巢珊瑚型蜂巢珊瑚 *Favosites dictyofavositoides* Gu

（图版2,2）

块状复体,床板近边缘为密带。床板完整,微下凹,相当一部分分布在同一水平面上。间距在5mm内,密带有9～16个床板,疏带有5～7个床板。壁孔圆形或椭圆形,有1～3列,3列呈棋盘状排列。壁刺发育不太均匀,呈长刺状,长1～3mm。

产地层位 宜昌市夷陵区分乡王家冲;志留系兰多弗里统罗惹坪组。

哥特兰蜂巢珊瑚 *Favosites godlandicus* Lamarck

（图版2,3）

小型块状复体。个体大小均一,以六边形为主,少数五边形,最大对角线2.40～2.75mm。体壁薄,壁厚为0.04～0.09mm,中间缝清楚。床板完整,略下凹,在5mm内有5～7个床板。壁孔孔径约0.18mm。有稀小的短刺状壁刺。

产地层位 宜昌市夷陵区分乡王家冲;志留系兰多弗里统罗惹坪组。

柯古拉蜂巢珊瑚 *Favosites kokulaensis* Sokolov

（图版3,1）

小蕈状复体。体壁薄,弯曲,少数水平,在5mm内有5～9个床板。壁孔圆形,有1～2列,孔径0.14～0.36mm,孔距0.27～0.72mm。壁刺稀少,不发育。

产地层位 宜昌市夷陵区分乡王家冲;志留系兰多弗里统罗惹坪组。

南山蜂巢珊瑚 *Favosites nanshanensis* Yü

（图版10,3）

块状群体,壁孔发育,有2～3列,横切面呈圆形,直径0.18～0.22mm,间距0.7～1.4mm。横板完整,水平,分布有疏有密,在5mm内疏者有7个横板,密者有9～12个横板。隔壁刺较发育,细小。

产地层位 长阳县平洛;志留系兰多弗里统罗惹坪组。

亚哥特兰蜂巢珊瑚（亲近种） *Favosites* aff. *subgothlandcus* Sokolov

（图版2,4）

铁饼状复体,个体大小均匀,大多数为六边形。体壁厚薄不均,厚度为0.04～0.10mm。床板完整,水平或微弯曲,分布不均匀,在5mm内有5～10个。壁孔圆形,有1～2列,孔径0.14～0.28mm,孔距0.62～1.05mm。壁刺稀少。

产地层位 宜昌市夷陵区分乡王家冲;志留系兰多弗里统罗惹坪组。

宣恩蜂巢珊瑚 *Favosites xuanenensis* Jia

（图版 3,2）

树枝状群体。体壁厚度为 0.05～0.06mm。近群体边部体壁稍厚。连接孔分布在体壁上,横切面为圆形。横板完整,水平或微弯曲,在群体轴部 5mm 内有 11～13 个,在群体边部横板密集,间距 0.1mm。隔壁刺缺失。

产地层位 宣恩县高罗;志留系兰多弗里统罗惹坪组。

蜂巢珊瑚（未定种） *Favosites* sp.

（图版 14,5）

块状群体,个体以五角形为主,其次为六角形,也有四角形,个体差异较大,见壁孔。

产地层位 随县柳林镇文家嘴;志留系兰多弗里统。

米氏珊瑚科 Micheliniidae Waagen et Wentzel,1886,emend. Sokolov,1950
原米氏珊瑚属 *Protomichelinia* Yabe et Hayasaka,1915

块状群体,由许多多角棱柱形个体组成。体壁薄。连接孔发育,大小不一,形状和分布不规则。横板一般较完整,水平或微凸、凹,偶夹不完整横板。隔壁刺状,一般较发育,有的种缺失。

分布与时代 中国;泥盆纪至二叠纪。

多隔壁原米氏珊瑚 *Protomichelinia multisepta*（Huang）

（图版 22,7）

群体块状。个体大小较规则,横切面一般为六边形,体径不超过 3mm,体壁厚。壁孔大,为数不多,排列不规则。床板大部分完整,水平或稍弯曲,局部呈泡沫状和强烈上拱,排列较均匀。隔壁刺板发育,每个个体约有 30 个。一般长约 0.2mm。

产地层位 长阳县猫子山;二叠系阳新统栖霞组。

异常原米氏珊瑚 *Protomichelinia abnormis*（Huang）

（图版 23,1）

块状复体,由少数较大而长的个体组成。体径 2.5～4.0mm,体壁较厚,厚度为 0.3～0.5mm,中间缝明显。连接孔发育良好,分布不规则。横板细薄,一般完整,水平或略下凹,密度 5mm 内有 3 个。隔壁刺极少或缺失。

产地层位 秭归县新滩;二叠系阳新统茅口组。

贵州原米氏珊瑚 *Protomichelinia guizhouensis* Lin

（图版23,2、3）

块状复体，由许多多角柱形的个体组成，个体横切面为五边形、六边形、七边形、八边形，体径2.5～3.5mm。体壁比较厚，厚度约0.3mm。横板一般较完整，水平或上拱或弯曲。偶夹不完整横板，在5mm内有9～10个。连接孔发育，分布不规则，直径为0.15～0.20mm。隔壁刺细而多。

产地层位 秭归县新滩；二叠系阳新统茅口组。

微型原米氏珊瑚 *Protomichelinia microstoma*（Yabe et Hayasaka）

（图版24,1）

复体，个体横切面为五边形或六边形，大小较均一，体径2.0～2.5mm。体壁较厚，通常厚度约0.3mm。连接孔发育，呈圆形，直径0.15～0.20mm。横板一般较完整，水平或微上拱，偶有不完整横板，在5mm内有8～9个。隔壁刺较发育，短而粗。

产地层位 秭归县新滩；二叠系阳新统茅口组。

脑盘原米氏珊瑚（相似种） *Protomichelinia* cf. *placenta*（Waagen et Wentzel）

（图版24,2、3）

块状复体，由多角柱形个体组成，个体横切面多呈五边形或六边形，大小不一，体径4～5mm，最大可达6mm。体壁厚度中等，厚0.25～0.30mm。连接孔发育。横板一般较完整，上拱，偶夹少数不完整横板，在5mm内有5～7个。

产地层位 秭归县新滩；二叠系阳新统茅口组。

多横板原米氏珊瑚 *Protomichelinia multitabulata*（Yabe et Hayasaka）

（图版24,4）

块状复体，个体横切面一般呈五边形或六边形，大小较均一，体径3.5～4.0mm。体壁厚度0.20～0.25mm。连接孔发育，呈圆形，直径0.15～0.20mm。横板一般较完整，上拱，偶夹不完整横板，在5mm内有10～11个。隔壁刺发育，细而小。

产地层位 秭归县新滩；二叠系阳新统茅口组。

中国原米氏珊瑚 *Protomichelinia sinensis* Lin

（图版25,1）

块状复体。体壁厚度0.15～0.25mm。连接孔发育，分布在体壁或棱角上，呈圆形，直径约0.2mm，但也有呈椭圆形的。横板一般较完整，水平或略上拱，少数不完整横板呈交错状。在5mm内有6～8个。隔壁刺发育。

产地层位 秭归县新滩；二叠系阳新统茅口组。

次微型原米氏珊瑚 *Protomichelinia submicrostoma* Lin

（图版25,4）

块状复体，个体呈多角柱形。横切面最大对角线2mm。体壁较厚，为0.2～0.3mm。连接孔为圆形，直径0.15mm。横板大多数很完整，上拱、水平或弯曲，在5mm内有11～12个。隔壁刺很发育，细而长，其长度一般约0.2mm。

产地层位 秭归县新滩；二叠系阳新统茅口组。

米氏珊瑚属 *Michelinia* de Koninck, 1841

块状群体，由多角柱状个体组成。体壁一般较薄，有的则很厚。连接孔多，其大小、形状和分布都不规则。横板呈泡沫状。隔壁刺发育，细小，有些种缺失。

分布与时代 亚洲、欧洲、北美洲、南美洲、大洋洲；晚泥盆世至二叠纪船山世。

不等米氏珊瑚 *Michelinia aequalis* Chu

（图版24,5）

块状群体，个体规则，均呈六边形，大小均匀。体壁稍厚，为0.6～0.7mm。壁孔存在，呈不规则分布。床板密。隔壁脊发育不全，数量多，短而厚。

产地层位 松滋市刘家场朱家沟；下石炭统。

泡沫米氏珊瑚属 *Cystomichelinia* Lin, 1962

块状群体，由多角柱形个体组成。体壁厚度中等。连接孔的形状、大小、分布都不规则。在个体体腔边缘，沿体壁分布连续或断续的泡沫带。横板完整或不完整，呈交错状或泡沫状。隔壁构造刺状，一般很发育，有些种缺失。

分布与时代 中国、苏联；中泥盆世至二叠纪船山世。

新滩泡沫米氏珊瑚 *Cystomichelinia xintanensis* Xiong

（图版25,2）

块状复体，由五边形或六边形个体组成。泡沫带由形状和大小不同的泡沫组成。1～2排床板多数完整，呈水平或微斜上凸状。床板呈交互状，在5mm垂直距离内有5～6个。隔壁刺发育微弱，分布在体壁上，偶在泡沫板上可见到。

产地层位 秭归县新滩；二叠系阳新统栖霞组下部。

多管珊瑚科 Multisoleniidae Fritz, 1950

中管巢珊瑚属 *Mesosolenia* Mironova, 1960

块状群体,外形不规则。个体细小,横切面呈规则和不规则多边形。连接孔较大,发育成孔管,分布在个体的壁面上和角棱上。横板完整,水平或微凹,隔壁刺时而存在时而缺失。

分布与时代 中国;志留纪。苏联;志留纪文洛克世至拉德洛世。

湖北中管巢珊瑚 *Mesosolenia hubeiensis* Wu
(图版10,4)

块状群体,个体大小分异。壁孔为圆形,有1列,孔径0.2mm,角孔发育成孔管。横板完整,微凹,相邻个体内的横板大致排列在同一水平面上,分布疏密相间,在5mm内有横板14～16个。无隔壁刺。

产地层位 宜都市;志留系兰多弗里统罗惹坪组。

笛巢珊瑚科 Syringolitidae Waagen et Wentzel, 1886

始罗默巢珊瑚属 *Eoroemerolites* Yang, 1975

群体块状。个体横切面呈多边形或圆形。体壁薄。连接构造由壁孔和短的连接管组成。床板多数完整,水平或下凹。具有隔壁刺。群体繁殖方式为侧分芽和壁间分芽。

分布与时代 中国南部;志留纪兰多弗里世晚期。

罗惹坪始罗默巢珊瑚 *Eoroemerolites lojopingensis* Xiong
(图版13,2)

群体块状,体壁灰质加厚较明显。连接构造由连接孔、连接管组成。床板完整或不完整,前者呈微倾斜或微下凹,后者呈交互状。部分床板较强烈倾斜,下凹呈漏斗状。隔壁刺发育,分布于体壁上。

产地层位 宜昌市夷陵区分乡王家冲;志留系兰多弗里统罗惹坪组。

通孔珊瑚科 Thamnoporidae Sokolov, 1950

拟沟管珊瑚属 *Parastriatopora* Sokolov, 1949

树枝状群体,群体轴部的个体体壁很薄,边部的个体体壁因次生灰质增厚而突然变厚,以致灰质常充满个体体腔,形成边缘灰质带。连接孔分布在个体体壁和棱上。横板水平或倾斜。隔壁刺时而存在时而缺失。

分布与时代 中国、苏联;志留纪至中泥盆世早期。

宣恩拟沟管珊瑚 *Parastriatopora xuanenensis* Jia et Xu

（图版13,3）

树枝状群体，体壁厚为0.5～0.7mm。壁孔为圆形，直径0.10～0.15mm，有2～3列，分布密集，间距0.28～0.56mm。横板增厚为0.13～0.19mm，间距0.19～0.30mm。隔壁刺发育微弱，近边部呈细小刺状。

产地层位 宣恩县高罗；志留系兰多弗里统罗惹坪组。

共槽珊瑚科 Coenitidae Sardeson,1896
共槽珊瑚属 *Coenites* Eichwald,1861

树枝状群体，分枝轴部带的个体呈多角形。体壁很薄，随着个体的生长，体壁迅速而均匀地加厚。隔壁刺一般呈一排分布，位于萼的下面。连接孔很小。横板水平或倾斜。

分布与时代 世界各地；志留纪至泥盆纪。

湖北共槽珊瑚 *Coenites hubeiensis* Jia

（图版12,8）

树枝状群体，体壁厚度0.17～0.21mm，体腔呈弧状，其下缘有1列隔壁刺。壁孔有1列，呈椭圆形。横板完整，水平，稀疏。隔壁刺仅在分枝边部的个体体腔下缘发育，有1列，较长，长度为个体体腔直径的1/2左右。

产地层位 宣恩县高罗；志留系兰多弗里统罗惹坪组。

笛管珊瑚目 Syringoporida Sokolov,1949
笛管珊瑚科 Syringoporidae Fromental,1861,emend. Sokolov,1950
笛管珊瑚属 *Syringopora* Goldfuss,1826

丛状群体，由许多近乎平行的圆柱形个体组成。个体间由连接管连接。连接管一般不规则地分布，少数规则地纵排分布。横板呈漏斗状，有的具有轴管。体壁薄。隔壁刺存在或缺失。

分布与时代 中国；志留纪至石炭纪。世界各地；奥陶纪至二叠纪。

宣恩笛管珊瑚 *Syringopora xuanenensis* Jia

（图版6,2）

丛状群体，体壁厚度0.18～0.36mm。横板呈漏斗状，具有发育完整的轴管，其中有水平的或微弯曲的少量横板。隔壁刺发育，沿个体体壁呈纵排分布，一个个体有20～30排，横板上亦有分布，有的长达个体体腔半径的1/4。

产地层位 宣恩县高罗；志留系兰多弗里统罗惹坪组。

南山笛管珊瑚 *Syringopora nanshanensis* Yü

（图版 6，1）

丛枝状群体，由许多圆柱状个体组成。体壁厚 0.2～0.3mm。连接管稀少。床板为较简单的漏斗状，纵切面呈较稀的 1 列泡沫带，有发育较好的轴管，在 5mm 中有 5～8 个床板。隔壁刺发育，约有 25 列，但很短。

产地层位　京山市罗桥朱家湾；志留系兰多弗里统罗惹坪组。

贵州管珊瑚属 *Kueichowpora* Chi，1933

丛状群体，由近乎平行的圆柱形个体组成。个体间由连接管连接。体壁厚度中等。横板呈简单的漏斗状，具有很发育的轴管。隔壁刺发育或缺失。

分布与时代　中国；早石炭世。

独山贵州管珊瑚大型亚种 *Kueichowpora tushanensis major* Lin

（图版 25，3）

丛状群体，个体圆柱形，彼此近平行，间距 0.5～3.0mm，个体直径 1.5～2.0mm。体壁厚度 0.14～0.18mm。个体间由连接管连接，管径约 1mm。横板呈简单而规则的漏斗状，具有发育完好的轴管，其中有水平或微凹的小板。隔壁刺缺失。

产地层位　松滋市刘家场、卸甲坪；下石炭统下部。

方管珊瑚科 Tetraporellidae Sokolov，1950
拟方管珊瑚属 *Tetraporinus* Sokolov，1947

丛状群体，由多角柱形和圆柱形的个体组成。个体横切面呈四方形，部分是多角形和圆形。个体间有连接管连接。体壁薄。横板完整或不完整，互相交错，上凸或微凹，紧密分布。隔壁刺存在或缺失。

分布与时代　中国；二叠纪船山世。苏联；志留纪拉德洛世至早石炭世。

匀板拟方管珊瑚 *Tetraporinus aequitabulata*（Huang）

（图版 26，3）

丛状群体，由许多弯曲的圆柱形个体组成。个体排列紧密，其管径为 1.5mm。体壁薄。连接管发育。横板密集排列规则，大部分完整横板呈水平状，少数倾斜或交错，常向上拱，在 10mm 内有 20～23 个。隔壁刺缺失。

产地层位　阳新县骆家湾、荆门市胡家集；二叠系阳新统栖霞组。

安徽拟方管珊瑚 *Tetraporinus anhuiensis* Zhao et Chen

（图版26,1）

丛状群体。个体圆柱形,间距0～0.5mm。个体横切面呈圆形,直径0.9～1.1mm。体壁厚度0.1mm。连接管直径0.3～0.6mm,间距1.4mm。横板完整,水平或倾斜或微弯曲,在5mm内有横板10～12个。隔壁刺细小。

产地层位 宣恩县长潭河;二叠系阳新统栖霞组。

含山拟方管珊瑚 *Tetraporinus hanshanensis* Zhao et Chen

（图版26,5）

丛状群体,由许多平行或微弯曲的个体组成。相邻个体之间的距离由彼此相接到1.5mm。连接管一般发育。体壁厚度约0.1mm。床板大部分不完整,互相交错;少数完整,呈水平状或上拱。无隔壁刺,无泡沫板。

产地层位 安陆市牛角山;二叠系阳新统栖霞组。

早坂珊瑚属 *Hayasakaia* Lang,Smith et Thomas,emend. Sokolov,1947

丛状群体,由许多近乎平行的个体组成。个体彼此间有连接管连接,彼此相接时,发育有连接孔。沿个体体腔边缘有1列连续的或断续分布的泡沫板。横板一般较完整,呈上凸或倾斜;偶夹不完整的横板,彼此交错排列。隔壁刺存在或缺失。

分布与时代 中国;二叠纪船山世。

漏斗早坂珊瑚 *Hayasakaia infundibula* Zhao et Chen

（图版26,6）

丛状群体。个体横切面呈圆形及浑圆多角形,其间距0～1.3mm,最大对角线1.2～1.5mm。体壁厚度0.13～0.25mm。连接管直径0.45～0.60mm,间距1～2mm。个体相接处为1～2列连接孔。边缘泡沫板稀少。横板交错状排列。无隔壁刺。

产地层位 松滋市刘家场;二叠系阳新统栖霞组。

少泡沫早坂珊瑚 *Hayasakaia raricystata* Zhao et Chen

（图版26,2）

丛状群体。体壁厚度0.10～0.23mm。连接管为圆形,直径0.4～0.7mm,间距1.2～1.5mm。边缘泡沫板稀少,呈断续状分布。横板完整的呈水平或微弯曲;不完整的呈交错状排列,在5mm内有横板11～15个。无隔壁刺。

产地层位 大冶市金山店;二叠系阳新统栖霞组。

笛管型早坂珊瑚 *Hayasakaia syringoporoides*（Yoh）

（图版26,4）

丛状群体,由分布的扇形个体组成。个体横切面一般呈圆形,有时呈圆多角形,最大对角线1.0～1.5mm。个体分布不规则,群体下部靠近。体壁厚为0.2mm左右。床板完整或不完整,上拱或倾斜。无隔壁刺。

产地层位 赤壁市;二叠系阳新统。

链珊瑚目 Halysitacea Sokolov,1950

链珊瑚科 Halysitidae Edwards et Haime,1950,emend. Fromenta,1861

链珊瑚属 *Halysites* Fischer,von Waldheim,1828

圆柱形或椭圆柱形个体,排列成链,链又连成断面呈不规则的筛网状。个体间以长方形间隙管相连,三条链相接处的间隙管呈三边柱形或六边柱形。横板完整,水平。间隙管内横板完整,水平。个体内隔壁刺存在或缺失。

分布与时代 欧亚大陆、北美洲;中奥陶世至志留纪拉德洛世。

密枝链珊瑚矢部亚种 *Halysites pycnoblastoides yabei*（Hamada）

（图版6,3）

椭圆柱形个体,其间有长方形间隙管接连成链。数条链连成网状,网眼形状不规则。每条链有个体2～9个。个体壁厚0.1～0.5mm。隔壁刺状,每个个体有12列。横板完整,水平,在5mm内有横板15个。间隙管内横板较密集。

产地层位 长阳县平洛;志留系兰多弗里统罗惹坪组。

针链珊瑚亚属 *Halysites*（*Acanthohalysites*）Hamada,1957

发育壁刺的链珊瑚。

分布与时代 欧亚大陆、北美洲、南美洲,澳大利亚;志留纪。

密枝状针链珊瑚 *Halysites*（*Acanthohalysites*）*pycnoblastoides* Eth

（图版6,4）

链状复体,每条链由2～7个个体组成。体壁较薄。床板完整,在5mm内有7～10个。小管内横板间距0.3～0.6mm,在5mm内有横板13～14个。有12列壁刺,均有黑斑点。

产地层位 宜昌市夷陵区分乡王家冲;志留系兰多弗里统罗惹坪组。

密枝状针链珊瑚矢部亚种

Halysites (*Acanthohalysites*) *pycnoblastoides* subsp. *yabei* Hamada

（图版13,4）

链状复体。网眼较大,呈不规则的长条形或多边形。每条链常见有3～4个个体。大管呈椭圆形,体壁厚0.12～0.20mm。中管呈六边形,小管为方形。床板完整,微凸或微凹,在5mm内有床板9～10个。小管床板完整,在5mm内有13个。隔壁刺较发育。

产地层位 宜昌市夷陵区分乡王家冲;志留系兰多弗里统罗惹坪组。

镣珊瑚属 *Catenipora* Lamarck, 1816

个体近圆柱形和椭圆形,连接成链,链又连成不规则网状。个体间无间隙管。个体内横板完整,水平。隔壁刺存在或缺失。

分布与时代 欧亚大陆、北美洲、南美洲、大洋洲;中奥陶世至志留纪文洛克世。

罗惹坪镣珊瑚小型亚种 *Catenipora lojopingensis minor* Gu

（图版14,3）

链状复体。椭圆形个体,大小(2.82～3.10)mm×(2.00～2.25)mm。体壁厚0.15～0.25mm。床板完整,水平或微凹,厚薄不一,在4mm内有床板8～9个。隔壁刺稀少。

产地层位 宜昌市夷陵区分乡王家冲;志留系兰多弗里统罗惹坪组。

无连接构造类 Tabulata Incommunicata
喇叭孔珊瑚目 Auloporaida Sokolov, 1950
中国喇叭孔珊瑚科 Sinoporidae Sokolov, 1955
中国喇叭孔珊瑚属 *Sinopora* Sokolov, 1955

不大的树枝状群体,由直的和弯曲的圆柱形个体组成。个体间无连接构造。体壁厚,由层状组织组成。无横板。隔壁刺小或不存在。

分布与时代 亚洲;二叠纪。苏联;晚石炭世。

枝状中国喇叭孔珊瑚 *Sinopora dendroides* (Yoh)

（图版26,7）

树枝状群体。个体圆柱形,横切面直径1.3～1.5mm,体壁厚0.2～0.5mm。横板不发育。

产地层位 宜恩县长潭河;二叠系阳新统栖霞组。

日射珊瑚亚纲　Heliolitoidea

日射珊瑚目　Heliolitida Abel, 1920

日射珊瑚科　Heliolitidae Lindström, 1873

日射珊瑚属　*Heliolites* Dana, 1846

块状群体。个体圆柱形,体壁光滑或微弯曲。横板完整,水平或微弯曲。隔壁缺失或发育为12列隔壁刺。个体间有多列多角棱柱状共骨组织充填,其中横隔板完整,水平,较个体内的横板密集。

分布与时代　欧亚大陆、大洋洲、北美洲、南美洲;晚奥陶世至中泥盆世。

罗惹坪日射珊瑚　*Heliolites luorepingensis* Wu
(图版7,2)

块状群体,个体圆柱形。体壁厚度为0.05mm,微弯曲。横板完整,微凹,间夹不完整的呈交错状排列的横板。无隔壁刺。共骨组织为5～6边棱柱形,其中横隔板完整,水平,在5mm内有18个。相邻个体间有2～5列共骨。

产地层位　松滋市观音桥向家湾;志留系兰多弗里统罗惹坪组。

莎来里日射珊瑚　*Heliolites salairicus* Tchernychev
(图版7,3)

块状复体,由圆柱形个体及中间管型共骨组织所组成。共骨组织由规则或不规则多角形组成,以四边形、五边形、六边形为多见。中间管体径一般是0.33～0.59mm。个体中床板完整,水平或下凹,分布较均匀,在2mm内约有床板4个。中间管的横隔板完整,水平或微凹、微凸。无隔壁刺。

产地层位　宜昌市夷陵区分乡王家冲;志留系兰多弗里统罗惹坪组。

波希米日射珊瑚　*Heliolites bohemicus* Wentzel
(图版7,1)

块状复体,由个体和中间管型共骨组成,中间管体径为0.57～0.75mm,个体中床板完整或下凹,分布较稀,在5mm内有床板9～15个。中间管的横隔板完整,水平或下凹、上凸,在5mm内有横隔板10～15个。无隔壁刺。

产地层位　宜昌市夷陵区分乡王家冲;志留系兰多弗里统罗惹坪组。

网射珊瑚属　*Helioplasmolites* Chekhovich, 1955

块状群体,不大的结核状。个体圆柱形,体壁微弯曲。横板水平,隔壁刺状,发育或缺失。共骨组织的横切面为多角形至不规则的拉长形,其壁断续状,横隔板呈泡沫状。

分布与时代 中国;志留纪兰多弗里世。苏联;志留纪拉德洛世。

分乡网射珊瑚 *Helioplasmolites fenxiangensis* Xiong

（图版8,1、2）

外形呈铁饼状。块状复体,由个体和共骨所组成。个体内床板完整,水平,分布较均匀,一般在5mm内有床板10个。共骨中的横隔板仅少数完整,呈水平或斜列状外,一般为交互状或层叠较规则的泡沫状。隔壁刺无,或发育微弱。

产地层位 宜昌市夷陵区分乡王家冲;志留系兰多弗里统罗惹坪组。

小型网射珊瑚 *Helioplasmolites minor* Yü et Ge

（图版7,4）

块状群体,个体近圆柱形,横切面直径1.0～1.1mm。相邻个体间距0.35～0.50mm,其间分布着不规则弯曲的线段。个体内横板完整,平列状。共骨组织内的横隔板呈层叠的泡沫状,少数呈斜列状。隔壁刺缺失。

产地层位 宜昌市夷陵区分乡大中坝;志留系兰多弗里统罗惹坪组。

似日射珊瑚属 *Heliolitella* Lin

块状群体,由许多个体和共骨组织组成。床板一般完整,弯曲。隔壁构造呈刺状或缺失。共骨组织由许多中间管组成,中间管的横切面绝大多数是不规则的多角形或蠕虫形,具有断续分布的管壁。横隔板完整。

分布与时代 湖北、贵州;志留纪兰多弗里世。

分乡似日射珊瑚 *Heliolitella fenxiangensis* Xiong

（图版8,3、4）

块状复体,由许多个体及共骨组织所组成。个体内床板完整,水平,分布较均匀且稀,在5mm内有床板12～13个。共骨组织由中间管组成。横隔板完整,水平,分布较均匀,在5mm内有横隔板20～23个。隔壁刺发育微弱,中间管有1～2排。

产地层位 宜昌市夷陵区分乡王家冲;志留系兰多弗里统罗惹坪组。

湖北似日射珊瑚 *Heliolitella hubeiensis* Xiong

（图版9,1）

块状复体,由许多个体及共骨所组成。个体内床板完整,水平,分布较均匀且稀,在5mm内有床板7～8个。共骨组织由中间管所组成。中间管内的横隔板完整,水平,其分布均匀,在5mm内有横隔板14～15个。隔壁刺呈短的三角形,发育微弱。

产地层位 宜昌市夷陵区分乡王家冲;志留系兰多弗里统罗惹坪组。

假网膜珊瑚属 *Pseudoplasmopora* Bondarenko, 1963

块状群体。个体圆柱形,体壁平滑或折曲,具有隔壁刺或缺失,床板完整。共骨组织由多角形的中间管组成,围绕着个体的12个中间管呈不等长延伸的放射状排列,形成明显或不明显的放射环,横隔板完整,水平。

分布与时代 欧亚大陆、大洋洲、北美洲;志留纪至早泥盆世。

湖北假网膜珊瑚 *Pseudoplasmopora hubeiensis* Xiong
(图版9,2)

块状复体,由许多圆柱状个体及中间管型共骨所组成。共骨组织中间管的横切面为规则或不规则的多角形,以五角形、六角形为主,最大对角线0.39～1.31mm。个体内床板完整,水平,其分布密度在5mm内有床板17～18个。隔壁刺发育微弱。

产地层位 宜昌市夷陵区分乡王家冲;志留系兰多弗里统罗惹坪组。

罗惹坪假网膜珊瑚 *Pseudoplasmopora lojopingensis* Xiong
(图版10,1、2)

块状复体,由许多个体及共骨组织所组成。个体中的床板具疏密带,以疏带为主,其中床板完整,水平,分布均匀且稀,在5mm内有床板9～10个。中间管内横隔板一般完整,水平或微凸、微凹,在5mm内有横隔板15～19个。无隔壁刺。

产地层位 宜昌市夷陵区分乡王家冲;志留系兰多弗里统罗惹坪组。

三峡假网膜珊瑚 *Pseudoplasmopora sanxiaensis* Xiong
(图版9,3)

块状复体,由许多圆柱状个体及共骨组织所组成。中间管拉长现象明显。个体内床板疏密分带明显,在疏带中床板多为完整,水平,分布较均匀,在5mm内有床板7～8个。中间管的横隔板一般完整,水平或微凸、微凹,在5mm内有横隔板21～22个。隔壁刺发育微弱。

产地层位 宜昌市夷陵区分乡王家冲;志留系兰多弗里统罗惹坪组。

宜昌假网膜珊瑚 *Pseudoplasmopora yichangensis* Xiong
(图版9,4)

块状群体,由许多圆柱状个体及中间管型共骨组织所组成。个体内床板完整,下凹。中间管内横隔板完整,斜列或微凸、微凹,分布密度近于个体内床板密度的2倍,在2mm内有横隔板6～7个。隔壁刺呈三角形,见于少数个体内。

产地层位 宜昌市夷陵区分乡王家冲;志留系兰多弗里统罗惹坪组。

刺毛虫类 Chaetetida Sokolov,1939

刺毛虫科 Chaetetetidae Edwards Hamie,1850

刺毛虫属 *Chaetetes* Fischer,1829

块状群体,外形球状或其他不规则状,由小型多角状个体组成。个体间相互紧贴,横切面为规则多边形或展长形,芽管内部发育假隔壁状突起,床板细,水平,数量较多。

分布与时代 世界各地;奥陶纪至二叠纪。欧洲;三叠纪(?)至始新世(?)。

龙潭刺毛虫 *Chaetetes lungtanensis* Lee et Chu
(图版26,8)

块状群体,由常弯曲的放射状及呈微曲折的长棱柱个体组成。个体大小均匀,横切面呈多边形,最大对角线0.4～0.5mm。床板水平,一般稀疏,但边缘部分密集。

产地层位 京山市砧屋湾;上石炭统黄龙组。

（二）苔藓动物门 Bryozoa

苔藓动物门又称群虫动物门,是一类水生固着或附生的群体动物,大部分在海水中生活,由许多微小苔藓虫个体组成,因其外形颇似苔藓植物而得名。其适应环境的能力较强,在地质历程中延续的时间也较长。苔藓虫生活在古代的海洋到现代的海、湖中。苔藓化石从奥陶纪至中、新生代均有发现。在我国大量见于晚古生代地层中。

苔藓虫个体包括虫体及虫室两部分,虫室四周的壁称室壁,虫室的顶端或前方有一开口称室口,室口上方可具口盖;后方的室壁上,由室壁增厚弯曲而形成月牙构造,当月牙构造发育时,其两端挤入虫室内部形成假隔板。室内多数被薄板状的横列构造分为大小不等的小室,它代表虫体发育的阶段,此薄板构造称为横板。如果类似横板的板状构造弯曲,彼此互叠,形似泡沫,称泡沫组织。一般分布在虫室的成熟带里,沿虫室的两侧成单行分布。虫室间的孔隙为间隙孔,形状比虫室小,一般分布在虫室的交角附近,可具横板。分布在间隙孔间的个体小,呈中空圆管状或黑斑点状的称刺孔,无横板构造,常突出虫室的表面。管状虫室间有泡状组织。群体的骨骼称硬体。表面常有装饰构造,如尖峰、突起和斑点。

网状硬体由直立生长的枝和横向分布的横枝纵横连接而成。枝上有脊线称中棱。枝和横枝结成的网状空隙称窗孔。有虫室的一面称正面,无虫室的一面称反面。(图7)

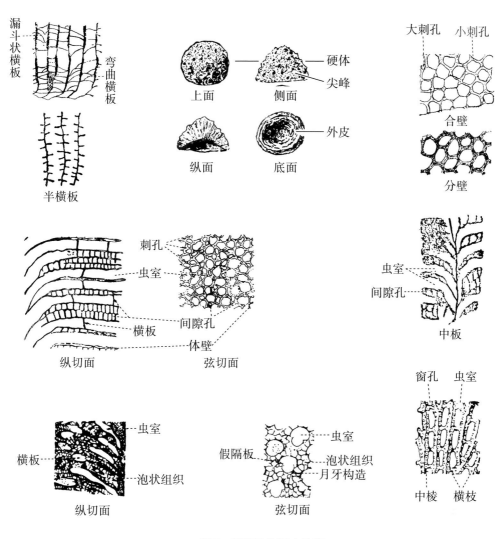

图7 苔藓动物基本构造

窄唇纲　Stenolaemata Borg,1926

泡孔目　Cystoporata Astrova,1965
笛苔藓虫科　Fistuliporidae Ulrich,1882
笛苔藓虫属　*Fistulipora* McCoy,1850

硬体块状、层状、球状、半球状或枝状。表面一般有分布规则的尖峰或突起。虫管圆柱形,体壁薄,组织致密,有少量横板。室口为圆形或次圆形,常见口围及月牙构造。虫管间有泡状组织1行至多行。

分布与时代　欧亚大陆、大洋洲、非洲北部、北美洲;志留纪至二叠纪。

中国笛苔藓虫 *Fistulipora sinensis* Yoh

（图版27,1）

硬体中空圆柱状,外径40mm,长超过70mm。室口呈圆形或卵形,大小不等,平均径长0.32mm左右,2mm内有室口4～5个。月牙构造清楚,但未成假隔板。泡状组织小而多,近表面排列紧密。虫管内横板很少。

产地层位 长阳县马鞍山;二叠系阳新统栖霞组。

马鞍山笛苔藓虫 *Fistulipora maanshanensis* Yang

（图版30,3）

硬体枝状,直径10mm左右,长度大于40mm。室口为卵形,直径0.26～0.30mm,2mm内有室口5个。月牙构造清楚,约占室口圆周的1/3。虫室常被1～3排泡状组织隔开,泡状组织细小,近边缘区排列紧密。横板薄。

产地层位 长阳县马鞍山;二叠系乐平统吴家坪组。

细平行笛苔藓虫假隔板亚种 *Fistulipora microparallela pseudosepta* Yang et Lu

（图版30,7）

硬体中空柱状,外径10～13mm,厚1.5～2.0mm。室口呈圆形或次圆形,直径0.35mm,2mm内有室口5个。月牙构造发育,约占室口圆周的1/3,两端有时挤入虫室,形成短的假隔板。虫室纵斜成行,被1～2列泡状组织分隔;纵切面虫管短而粗。成熟带和未成熟带的界线不清。横板稀少或缺失。

产地层位 利川市老林口;二叠系乐平统吴家坪组。

戴宝斯基氏苔藓虫属 *Dybowskiella* Waagen et Wentzel,1886

硬体块状、层状、球状、半球状或枝状,表面一般分布有规则的尖峰或突起。虫管圆柱形,体壁薄,组织致密,有少量横板,有口围,月牙构造特别发育,形成假隔板,将虫室分为3支。虫管间有泡状组织1行至多行。

分布与时代 欧亚大陆、大洋洲、非洲北部、北美洲;志留纪至二叠纪。

湖北戴宝斯基氏苔藓虫 *Dybowskiella hupehensis* Yang

（图版30,1）

硬体中空柱状,外径10～16mm,厚2～3mm,长约30mm,无外皮。室口为卵形,直径0.33mm,大小均匀,排列整齐,2mm内有室口4个。月牙构造显著,占虫室圆周的1/3～1/2,具假隔板。泡状组织小,形状不规则,虫室间有1～3行。虫室短而直。横板薄而不显著,分布不匀。

产地层位 长阳县马鞍山；二叠系阳新统栖霞组。

笛枝苔藓虫属 *Fistuliramus* Astrova，1960

硬体枝状。成熟带和未成熟带分界清楚。室口呈卵形或圆形，月牙构造的大小和形状不稳定。成熟带的泡状组织小，其中绝大部分或完全被钙质掩盖。未成熟带的泡状组织大，部分和虫管很难区别。

分布与时代 中国、苏联；志留纪至二叠纪。

湖南笛枝苔藓虫 *Fistuliramus hunanensis* Li

（图版34,2）

硬体圆柱状，直径30mm。室口为圆形，直径0.4mm，2mm内有室口3个。体壁较厚，呈双层状。虫室间被1～2列多边形的泡状组织分隔。泡状组织在成熟带较虫管为小，呈鳞片状；在未成熟带较大，和虫管难以区分。横板分布均匀，每个管径内1条。

产地层位 阳新县海口干鱼山；二叠系阳新统栖霞组。

湖北笛枝苔藓虫（新种） *Fistuliramus hubeiensis* S. M. Wang（sp. nov.）

（图版31,1）

硬体椭圆柱状，横截面长径32mm，短径28mm。室口呈圆形或次圆形，长径0.24mm左右，分布稀疏但均匀，2mm内有室口3.0～3.5个。体壁较薄，月牙构造不明显，虫室间被大小不等的2～3排泡状组织分隔，泡状组织在成熟带较小，局部呈鱼鳞状，在未成熟带较大，与虫管难以区分。横板在虫管内分布均匀，1～2个管径内1条。

比较 新种与*F.hunanensis*和*F.guangdungensis*近似。不同点在于新种为椭圆柱状，后两者均为圆柱状；室口较后两者为小；在2mm内的个数则介于两者之间；体壁较两者为薄；横板较两者密集。

产地层位 京山市汤堰杨家冲；二叠系阳新统栖霞组。

变口目 Trepostomata Ulrich，1882
异苔藓虫科 Heterotrypidae Nicholson，1890
尼克逊苔藓虫属 *Nicholsonella* Ulrich，1889

群体皮壳状、叶状、枝状，少数块状。室口为圆形或呈不规则的花瓣形。粒状体壁，不均匀加厚，横板多，集中在成熟带。间隙孔多，具有横板，有时呈串珠状，但在接近群体表面时不规则地被钙质物充填。刺孔多，小而短，限于群体边缘和过渡带。

分布与时代 中国、苏联；早—中奥陶世。中国，北美洲；奥陶纪。

尼克逊苔藓虫(未定种) *Nicholsonella* sp.

（图版1,5）

硬体枝状,直径6mm。室口大,呈亚圆形至卵形。间隙孔大小不均,呈多边形。虫室和间隙孔内都有较直的横板。体壁被钙质细粒组织围绕。

产地层位 巴东县思阳桥;下—中奥陶统大湾组。

副光枝苔藓虫属 *Paraleioclema* Morozova,1961

硬体枝状或层状。室口呈圆形至花瓣形。间隙孔大小不等,数量较多,常分隔虫室。刺孔发育,有大小两种,个别大的和室口相仿。成熟带体壁增厚,略有厚薄变化。

分布与时代 中国、苏联;泥盆纪至三叠纪。

湖北副光枝苔藓虫 *Paraleioclema hubeiense* Li

（图版28,2）

硬体中空椭圆柱状,横切面长径13mm,厚1.5～2.0mm。室口呈多边形,直径0.20～0.28mm,2mm内有室口7～8个。刺孔显著,有大小两种,大刺孔呈中空状,刺孔壁具有层状构造,直径0.15～0.20mm。虫管平直,管内具横板,靠近硬体表面愈加密集。体壁局部有融合现象。

产地层位 宣恩县长潭河;二叠系阳新统茅口组。

雅致副光枝苔藓虫(新种)
Paraleioclema elegantum S. M. Wang(sp. nov.)

（图版30,6;图版33,3）

硬体圆柱形。室口呈卵形至圆角多边形,大小不等,小者直径0.22～0.24mm,大者直径0.32～0.36mm,2mm内有室口6～7个。间隙孔少,呈粒状。刺孔中空,大小不匀,小者孔径0.04mm,大者孔径可达0.16mm,大刺孔较多,多分布在室口的尖角处,有的挤进室内,使室口一边微凹。纵切面上虫管平直,与硬体表面垂直。成熟带体壁加厚,不均匀;具有羽状构造,局部可见融合现象。横板在过渡带即开始出现,疏密不均,1个管径内有1～3条;近硬体表面,横板密集,分布均匀。

比较 新种间隙孔不明显,大刺孔较发育,与*P. hunanense*相近,但后者虫管内横板少,则又有别;横板密集又同于*P. hubeiense*;前者为圆柱形,后者为椭圆形中空柱状;弦切面的特征亦不同。

产地层位 大冶市西畈李;二叠系阳新统茅口组。

大冶副光枝苔藓虫（新种） *Paraleioclema dayeense* S. M. Wang（sp. nov.）

（图版29,1）

硬体枝状,直径5mm。室口呈长卵形,长径0.2mm,短径0.1～0.2mm,2mm内有室口6～7个。间隙孔少。室口被众多的刺孔包围,大小不等,排列不规则;具有层状构造,中空。在过渡带虫管微倾斜,随即弯向成熟带,与硬体表面垂直。横板少,仅在过渡带偶然见之。刺孔呈细的长管状,常数个密集在一起,聚成束状。

比较 新种接近*Araxopora petaliformis*。但后者刺孔大小较均匀,多围绕室口。就室口大小和刺孔相对而言,室口直径较刺孔大得多。新种的刺孔大小不等,排列不规则,有的围绕室口,有的则分布在室口间的空隙内;大刺孔接近室口直径。故二者极易区别。

产地层位 大冶市西畈李;二叠系阳新统茅口组中部。

变壁苔藓虫科 Atactotoechidae Duncan,1939

变壁苔藓虫属 *Atactotoechus* Duncan,1939

硬体块状或枝状。室口呈多边形,体壁上有时可见深色线纹。无间隙孔,偶见小虫室。刺孔小而少,只分布在斑点及大虫室附近,或缺失。成熟带体壁厚,组织致密,厚薄变化显著。未成熟带体壁薄,组织较疏松。横板很多,在成熟带尤其富集;部分弯曲横板很像泡沫板。

分布与时代 欧亚大陆、北美洲;中—晚泥盆世。

纵脊变壁苔藓虫 *Atactotoechus carinatus*（Yang）

（图版30,4;图版32,4）

硬体圆筒状,厚1.5～2.5mm,外径16mm,表面具有纵向脊线18条,脊顶相距2.5～3.0mm。虫室为多边形,平均直径0.2mm,2mm内有虫室8～9个。体壁薄,为分壁;无间隙孔;刺孔小,呈管状,常位于虫室交角处,数量少,不显著,虫室直接向外开口。体壁不规则地加厚。横板完整,直或内凹,在成熟带彼此相距1/2～1个管径,靠近硬体边缘略稀。未见泡沫板。

产地层位 长阳县马鞍山;上泥盆统至下石炭统写经寺组。

薄层苔藓虫属 *Leptotrypa* Ulrich,1883

硬体层状或枝状,尖峰显著。体壁薄,间隙孔及刺孔均少。横板常缺失。

分布与时代 欧亚大陆、北美洲;奥陶纪至早石炭世。

穆氏薄层苔藓虫 *Leptotrypa mu*i Yang

（图版30,5）

硬体薄层,呈圆筒状附着在其他物体上,外径约3mm,厚0.4～0.6mm。虫室为多边形,有时呈卵形,直径0.16～0.19mm,2mm内有虫室9～10个。体壁薄层状,部分为分壁。无间隙孔；刺孔多而小，但清楚，呈圆点状，多分布在交角处。体壁在成熟带略有加厚，很少呈珠状，未见横板。

产地层位 长阳县马鞍山；上泥盆统至下石炭统写经寺组。

小攀苔藓虫科 Batostomellidae Miller，1889
小攀苔藓虫属 *Batostomella* Ulrich，1882

硬体细枝状。室口为长卵形，分布规则，纵、斜成行。间隙孔多，常呈花瓣形，分布在相邻两虫室的长轴之间。刺孔都呈斑点状，数量多，分布在虫室的交角处。体壁间有黑色线纹，横板直或微向内凹，数量不多，多在过渡带。

分布与时代 亚洲、北美洲、欧洲；奥陶纪至三叠纪（主要分布在早古生代）。

古小攀苔藓虫 *Batostomella antiqua* Yabe et Hayasaka
（图版1，4）

硬体细枝状，分枝，宽1.5～4.0mm，微弯曲。室口呈圆形，为合壁。中心区体壁较薄，边缘区加厚，在空隙间有较多和较大的刺孔，偶尔有小的间隙孔，刺孔有时突出体壁。虫室和体表斜交。横板在轴部少见。

产地层位 宜昌市夷陵区；奥陶系。

窄管苔藓虫科 Stenoporidae Waagen et Wentzel，1886
窄板苔藓虫属 *Stenodiscus* Crockford，1945

硬体枝状或块状。体壁厚，在成熟带多具有珠状构造。虫室为圆形至多边形。间隙孔少。刺孔一般有两种大小。有完整的横板。

分布与时代 欧亚大陆、大洋洲、北美洲；石炭纪至二叠纪。

西畈李窄板苔藓虫（新种）
Stenodiscus xifanliensis S. M. Wang（sp. nov.）
（图版32，3）

硬体为实心枝状，直径3.7mm，未成熟带相对较窄。室口为卵形，一端稍尖缩，色稍深，长轴一般0.28～0.34mm，短轴0.2mm左右，2mm内有室口6个。间隙孔少，呈卵形或不规则形。刺孔较多，有大小两种；呈圆形或椭圆形；层状构造不明显，分布无一定规律，多在室口间的空隙内，室口周围有5～8枚不等。纵切面上虫管在中心区体壁较薄，由过渡带开始变为平直，体壁变厚，局部可见细粒状体壁，并具有羽楣状构造。横板在未成熟带、过渡带及成熟带均有分布，厚薄不等，少数倾斜或弯曲，大多数平直。

比较 新种与 *Araxopora araxensis* 近似，不同点在于新种虽具有不规则状的间隙孔，但为数甚少，且不足以称之为细孔；横板多，在未成熟带至成熟带均发育，而后者仅见于过渡带。

产地层位 大冶市西畈李;二叠系阳新统茅口组中部。

阿拉克斯苔藓虫属 *Araxopora* Morozova,1965

硬体枝状或双层状。室口呈圆形至花瓣形,形状和大小不一。间隙孔少或缺失,大多数或全部被细孔所代替。具有刺孔。体壁呈异苔藓虫型(*Heterotrypa*)。

分布与时代 中国、苏联;二叠纪。

中国阿拉克斯苔藓虫 *Araxopora chinensis*(Girty)
(图版28,4)

硬体枝状,直径8mm,虫室为多边形,直径0.25mm,2mm内有虫室7个。细孔发育,呈蠕虫状或不规则状,刺孔少而小,位于室口交角处。成熟带或未成熟带界线分明;体壁在未成熟带薄,在成熟带骤然加厚,有时有融合现象,横板仅见于过渡带,有1～2条。

产地层位 大冶市西畈李;二叠系阳新统茅口组中部。

管状阿拉克斯苔藓虫 *Araxopora fistulata* Li
(图版28,3)

硬体枝状,直径4.7mm,长超过7.5mm。室口呈亚圆形至多边形,相互密集排列,直径0.18～0.22mm,2mm内有室口7～8个。细孔不发育。间隙孔少。刺孔中空呈圆形。虫管在未成熟带近轴向生长,在成熟带则伸平呈水平状,与表面相交,融合现象明显。管内具有横板1～2条。

产地层位 宣恩县长潭河;二叠系阳新统茅口组底部。

早坂氏阿拉克斯苔藓虫 *Araxopora hayasakai*(Yabe et Sugiyama)
(图版27,3)

硬体柱状,直径10mm。室口呈卵圆形或多边形,直径0.25～0.30mm,2mm内有室口6个。细孔少,体壁在成熟带加厚,局部有融合现象,横板在成熟带均匀分布。

产地层位 恩施市铁厂坝;二叠系阳新统茅口组。

小型阿拉克斯苔藓虫 *Araxopora minor* Li
(图版27,2)

硬体圆柱状。室口呈圆形,直径0.15mm,2mm内有室口6～7个。细孔多,呈圆形或不规则状,绕室口排列。刺孔多中空点状,星散分布。成熟带与未成熟带分界明显。横板出现在过渡带,有2～3条,边缘也可见1～2条。成熟带体壁骤然加厚,有时有融合现象。

产地层位 咸宁市咸安区高桥老背蔡;二叠系阳新统茅口组。

多变阿拉克斯苔藓虫 *Araxopora variana*（Yang）

（图版28,1;图版33,1;图版34,7）

硬体圆柱状,室口形状和大小不一,长径0.18～0.26mm,短径0.14～0.18mm,2mm内有室口7个。细孔呈卵形或不规则状,大小悬殊。刺孔多而小。体壁在中心区薄,边缘区厚,未见珠状壁。横板富集在成熟带,未成熟带无。

产地层位 南漳县板桥;二叠系阳新统茅口组。

椭圆阿拉克斯苔藓虫 *Araxopora obovata* Li

（图版27,4;图版29,2）

硬体扁圆柱状,长径7mm,短径3mm。室口呈卵形或不规则状,直径0.2～0.3mm,2mm内有室口7个。细孔小。刺孔多。成熟带和未成熟带界线分明,未成熟带虫管体壁薄,无横板;至成熟带体壁骤然加厚,横板亦增多,每个管内有3～5条。横切面为椭圆形,实心。

产地层位 阳新县龙港;二叠系乐平统吴家坪组。

典型阿拉克斯苔藓虫 *Araxopora araxensis*（Nikiforova）

（图版32,2;图版33,2）

硬体枝状。室口呈卵形或不规则状,长径0.3mm,短径0.15mm,2mm内有室口7～8个。细孔呈亚圆形或卵形。刺孔小而多,呈中空点状,绕室口周围排列。中心区虫管细,渐弯向成熟带。体壁在未成熟带薄,至成熟带骤然增厚。横板仅在过渡带有1～2条。

产地层位 崇阳县关山荞麦塘;二叠系阳新统茅口组。

四川阿拉克斯苔藓虫 *Araxopora sichuanensis* Yang et Lu

（图版33,4）

硬体外形为不规则层状或细枝状。室口呈卵形,长径0.3mm,短径0.2mm,室口沿长轴方向排列整齐,2mm内有室口6个。细孔呈蠕虫状或不规则状,大小不一。刺孔多,呈中空点状,绕室口周围排列。成熟带体壁厚。横板稀少或缺失。

产地层位 大冶市西畈李;二叠系阳新统茅口组。

宣恩阿拉克斯苔藓虫（新种） *Araxopora xuanenensis* S. M. Wang（sp. nov.）

（图版29,4）

硬体枝状,直径5mm,未成熟带2.5mm。室口近圆形或圆角五边形,最大对角线0.20～0.26mm,2mm内有室口6～7个。细孔发育,形状不规则,有粒状、蠕虫状或叉状。刺孔小,数量较细孔少,中空圆形。细孔和刺孔多分布在室口的空隙内,仅个别伸入室口,使一端微凹。虫管在未成熟带体壁薄,大部分被破坏,仅局部保存,可见虫管直伸;成熟带虫管体壁加厚,具有融合现象。横板在过渡带有1条;成熟带少见,个别虫管内有1条。

比较 此种的弦切面与 *A.variana* 有些相似,不同之处在于,后者虫管内横板富集,在整个成熟带内分布均匀;而前者横板出现于过渡带,仅有 1 条。硬体形状亦有差异,前者为枝状,后者为圆柱状。此种纵切面的特征又与 *A.araxensis* 相似,但弦切面不同,新种的细孔更为发育,刺孔小,亦较少。而后者细孔多系粒状,刺孔亦大,它们之间的排列极似花岗岩状结构,故二者也易区分。

产地层位 宣恩县长潭河;二叠系阳新统茅口组。

板状苔藓虫属 *Tabulipora* Young,1883

硬体多数呈枝状,少数为块状或层状。室口呈次圆形至次卵形。刺孔有大小两种。间隙孔少或缺失。未成熟带体壁薄,成熟带体壁厚,局部呈珠状。与 *Stenopora* 的区别是有穿孔横板,与 *Amphiporella* 的差别是间隙孔少或缺失。

分布与时代 亚洲、北美洲,苏联;石炭纪至二叠纪。

瘤形板状苔藓虫(新种) *Tabulipora tuberosa* S. M. Wang(sp. nov.)

(图版31,3)

硬体呈半球状,表面具有明显的瘤状突起。室口呈次圆形或卵形,大小不等,小者直径 0.16mm,大者直径达 0.27mm,2mm 内有室口 7 个。刺孔多,粒状,有大小两种,分布无一定规律,偶呈线状排列。无间隙孔。纵切面上虫管直,由未成熟带渐弯向成熟带,与硬体表面垂直。体壁厚,融合现象显著。横板仅见于成熟带,有全横板、穿孔横板和漏斗形横板。

比较 新种与 *T.hunanensis* 很近似,其区别在于前者硬体为半球状;漏斗形穿孔横板发育;无间隙孔;体壁融合但不成串珠状。

产地层位 松滋市刘家场;二叠系乐平统吴家坪组。

洞苔藓虫科 Trematoporidae Miller,1889
假小攀苔藓虫属 *Pseudobatostomella* Morozova,1960

硬体枝状。室口呈圆形或卵形,分布一般规则。横板主要分布在过渡带。间隙孔数量不一。刺孔小而多。

分布与时代 中国、苏联;泥盆纪至早三叠世。

湖北假小攀苔藓虫(新种)
Pseudobatostomella hubeiensis S. M. Wang(sp. nov.)

(图版34,1;图版35,5)

硬体薄层状,厚1.8mm左右,室口呈卵形或椭圆形,长轴0.18mm,短轴0.15~0.17mm;沿长轴方向2mm内有室口7~8个,短轴方向有室口11个,纵向排列紧密而规则。室口间均被数量较多的大小刺孔和数量较少的间隙孔所占据;间隙孔近圆形或卵形,大小不等;刺孔数量多,围绕室口,大者直径可达0.1mm。纵切面上未成熟带极窄,虫管体壁薄,虫管由中心区弯向成熟带,与硬体表面垂直;成熟带体壁骤然加厚,有融合现象。

比较 新种的弦切面与 *A. araxensis* 相似,但前者的横板直厚,集中于硬体表面附近,且新种为层状,后者多为枝状。

产地层位 大冶市西畈李;二叠系阳新统茅口组中部。

隐口目 Cryptostomata Vine,1883
窗格苔藓虫科 Fenestellidae King,1850
窗格苔藓虫属 *Fenestella* Lonsdale,1839

硬体扇形,碎片都呈规则的窗格状,由枝和横枝合成。室口2行,分布在枝的正面,被中棱分开,分叉前可增3~4行,分布规则。中棱有时具有中棱结核或瘤状突起。在横枝附近的室口旁,或纵向分布的两室口之间常见圆形的小间隙孔。体壁一般较厚。毛细管发育。

分布与时代 世界各地;志留纪至三叠纪。

杭州窗格苔藓虫 *Fenestella hangchouensis* Lu
（图版35,4）

硬体呈规则的网状。枝直,10mm内有20枝。虫室呈卵形或三角形,交互排列;室口呈圆形,直径0.08~0.10mm,2mm内有室口9个,与窗孔相当长度内有2个;窗孔呈圆角长方形,长0.35~0.37mm,10mm内有窗孔20个。横枝平直,宽0.10~0.11mm。毛细管发育。

产地层位 崇阳县韭菜岭;二叠系阳新统栖霞组。

亚坚窗格苔藓虫(相似种) *Fenestella* cf. *subconstans* Yang et Lu
（图版35,1）

硬体网状,枝规则,彼此平行排列,由细的横枝相连,偶然分叉。枝宽0.22mm,10mm内有21~22枝,虫室2行,分叉前有3行,交替排列,形状近三角形或四方形,最大对角线0.1mm,口围明显,呈深色线纹状。中棱直,中棱结核发育。窗孔为圆角长方形,10mm内有窗孔20~22个。横枝细而直。窗孔周围可见环状构造。毛细管发育。体壁厚1mm左右。基本特征与祁连山产者相同,唯体壁较厚。

产地层位 松滋市刘家场猫儿山;二叠系阳新统栖霞组。

兴安苔藓虫属 *Hinganotrypa* Romantchuk et Kiseleva,1968

硬体假螺旋状、漏斗状,由上、下两层组成。上层为保护网;下层厚,毛细管大而多。有时各枝相连,中空的中棱结核发育。其他特征同窗格苔藓虫属。

分布与时代 中国西北部和南部、苏联;二叠纪船山世。

四川兴安苔藓虫　*Hinganotrypa sichuanensis*（Yang et Hsia）

（图版 31，2；图版 32，1）

未见完整的硬体外形。枝直，大多平行，分叉，网体较厚，约为 1.8mm；网体分两层，上层有保护网，厚 0.37mm；10mm 内有 22 枝。室口呈圆形或卵形，长径 0.11～0.13mm，5mm 内有室口 20～22 个，每窗孔长度内有 2 个。中棱宽直。窗孔圆角长方形，10mm 内有窗孔 20 个。中棱结核发育。间壁锯齿状，底壁厚，约为 1.7mm。毛细管发育，有根瘤。

产地层位　松滋市刘家场猫儿山；二叠系阳新统。

多孔苔藓虫属　*Polypora* McCoy，1844

硬体很像 *Fenestella*，差别是每枝有虫室 3～8 行，最多时可达 12 行。室口间有纵向分布的呈波浪形的线纹，其上有时还有小结核。体壁一般较厚，毛细管发育。横枝上无虫室。

分布与时代　世界各地；奥陶纪至三叠纪（石炭纪至二叠纪最盛）。

中华康宁克氏多孔苔藓虫　*Polypora sinokoninckiana* Yang et Loo

（图版 34，5）

硬体网状。枝粗细不等，或直或稍弯曲，10mm 内有 10 枝，每枝有虫室 3～4 行。虫室大小不等，有卵形、菱形或三角形，呈斜向交替排列，2mm 内有虫室 7～8 个，每窗孔长度内有 3 个。室口圆形；窗孔长卵形，长为宽的 2 倍；10mm 内有室口 9 个。横枝短，比枝面低而窄，与枝正交。

产地层位　长阳县马鞍山、宣恩县长潭河；二叠系阳新统茅口组。

多孔苔藓虫（未定种）　*Polypora* sp.

（图版 34，6）

硬体扇形，分枝，枝粗细不匀，宽 0.44～0.56mm，10mm 内有 9～10 枝；虫室 3～5 行，虫室形状有菱形、三角形、四边形和卵形等，大小不一，5mm 内有虫室 18～19 个；每窗孔长度内有 2～3 个。体壁厚 0.6mm。

产地层位　崇阳县韭菜岭；二叠系阳新统栖霞组。

康宁克氏多孔苔藓虫（相似种）　*Polypora* cf. *koninckiana* Waagen et Pinchl

（图版 34，3；图版 35，3）

硬体网格状，似扇形。枝细而平，宽 1.1mm 左右，10mm 内有 5 枝，每枝具有虫室 5～6 行。虫室呈卵圆形或菱形，纵斜成行；虫室间有纵向波纹。室口呈圆形，直径 0.1mm，纵向 2mm 内有虫室 8 个。横枝细。10mm 内有窗孔 4 个，为角圆长方形，长为宽的 2 倍。

产地层位　阳新县白沙铺狄田桥；二叠系阳新统茅口组。

刺板苔藓虫科　Acanthocladiidae Zittel,1880
隔板苔藓虫属　*Septopora* Prout,1859

硬体网状,部分短分枝很像横枝。主枝及分枝都有虫室2行,有中棱,中棱上有结核。毛细管一般发育。硬体反面有突出的线纹,有时有附加孔。

分布与时代　欧亚大陆、大洋洲、北美洲;石炭纪至二叠纪。

卵形隔板苔藓虫(新种)　*Septopora ovata* S. M. Wang(sp. nov.)
(图版34,4;图版35,2)

硬体呈不规则的粗网状。主枝直,枝宽0.52～0.60mm,10mm内有9枝。每枝上具虫室2行,彼此被中棱分隔甚远,对生,排列整齐;形如卵,一端较另一端稍尖缩,5mm内有21～22个。每窗孔长度内有2个。室口呈圆形,直径0.12mm。中棱粗而直,无中棱结核。分枝粗细不等,具有虫室2排,排列较紧密,个别突伸于窗孔内。窗孔宽扁,呈弯月状,长0.52mm,宽1.6mm,10mm内有窗孔6个。体壁厚0.9mm,底壁厚0.42mm。虫室高0.39mm。

比较　此种主要器官的大小与青海德令哈所产的*S.robustaiformis*相似,唯前者有粗壮的中棱,而无中棱结核;后者中棱更加粗壮,虫室形状不规则,排列稀疏,也不整齐。

产地层位　崇阳县关山荞麦塘;二叠系阳新统茅口组下部。

杆苔藓虫科　Rhabdomesidae Vine,1883
萨福德苔藓虫属　*Saffordotaxis* Bassler,1952

与*Rhombopora*相似,但每个室口被1～2列大刺孔围绕。

分布与时代　欧洲、亚洲、北美洲;志留纪至二叠纪。

湖北萨福德苔藓虫(新种)　*Saffordotaxis hubeiensis* S. M. Wang(sp. nov.)
(图版30,2;图版32,5)

硬体呈中空细枝状,外径1.6mm左右。室口呈卵形,长轴0.27mm,短轴0.11mm,纵斜成行,纵向2mm内有5个,斜向2mm内有8个。体壁厚。无间隙孔。刺孔有大小两种,小者密集成行,连成菱形;大者呈圆形或椭圆形,直径0.06～0.10mm。轴管直径0.23mm。纵切面上,虫管由未成熟带弯向成熟带,与硬体表面近垂直;未成熟带体壁薄,成熟带体壁厚,融合现象明显。无完整横板,有上半隔板和下半隔板。

比较　新种与*Rhabdomeson gracile*近似,不同之处在于新种有下半隔板,后者无。故二者易于区别。

产地层位　松滋市刘家场;二叠系乐平统吴家坪组。

菱苔藓虫属　*Rhombopora* Meek, 1872

硬体细枝状。室口呈卵形或菱形，纵斜分布成行。间隙孔少或缺失。刺孔可分大小两种。未成熟带虫管窄，呈规则的菱形，体壁薄；在横切面上常排成螺旋状。成熟带虫管加宽，体壁增厚。横枝少，半隔板不发育。室口交角处常见毛细管及细粒状组织。

分布与时代　欧亚大陆、大洋洲、北美洲；志留纪至二叠纪。

马鞍山菱苔藓虫　*Rhombopora maanshanensis* Yang
（图版32,6）

硬体枝状，直径1.5mm。室口呈卵形或多边形，长径0.10～0.15mm，短径0.07～0.10mm；纵向成行，2mm内有10个，斜向有11个。体壁厚。无间隙孔。刺孔大小不一，呈粒状，常位于体壁上，每个虫室的四周有4～5个。虫管从未成熟带慢慢弯向成熟带，和硬体表面直交或略斜交。未成熟带体壁薄，成熟带体壁厚。无完整横板，在成熟带早期有上半隔板。

产地层位　长阳县马鞍山；上泥盆统至下石炭统写经寺组。

尼基福洛娃氏苔藓虫属　*Nikiforovella* Nekhoroshev, 1956

硬体细枝状，虫管沿轴心向表面呈螺旋状分布。无半隔板。间隙孔和刺孔大小相仿，呈圆形，前者管状，后者实心，延伸深，在硬体表面纵向分布成行。虫管及间隙孔中都无横板。

分布与时代　北美洲、欧洲西部、亚洲中部，苏联；大部分在早石炭世，个别为二叠纪。

尼基福洛娃氏苔藓虫（未定种）　*Nikiforovella* sp.
（图版29,3）

硬体细枝状，室口呈椭圆形，长轴约0.2mm，间隙孔和刺孔大小近似，在硬体表面纵向排列成行。

产地层位　大冶市西畈李；二叠系阳新统茅口组。

（三）腕足动物门　Brachiopoda

壳体外貌表现在壳体方位、轮廓与凸度。

壳体方位。腕足动物具有大小不等的两个外壳，大者称腹壳（茎壳），小者称背壳（腕壳）。腹壳的一端有1个圆形或三角形的洞孔，供肉茎穿出，称茎孔。具有茎孔的一端称后方，相对的一方称前方。壳体左右对称。壳长、壳宽和壳厚的度量见图8。

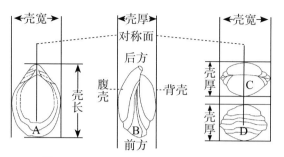

图8　Magellania flavescens 的示意图
A.背视；　B.侧视；　C.后视；　D.前视

轮廓与凸度。腕足动物壳体的轮廓有方形、圆形、梯形、三角形、卵形和椭圆形等。两壳凸度变化类型如图9所示。

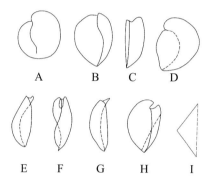

图9　腕足动物壳体的侧视图，示两壳凸度的类型
A.双凸型；　B.背凸型；　C.平凸型；　D.凹凸型；　E.倒转型；
F.凸凹型；　G、H.假颠倒型或凸凹型；　I.凸平型

壳面装饰及微细构造。壳面装饰有放射状和同心状，有瘤粒和针刺，粗细不一，其类型如图10所示。必须借助放大器具，才能观察到的壳面装饰，称为微细构造，如图11所示。

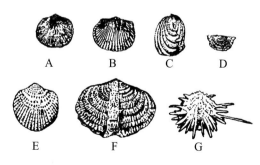

图10　各种形式的壳面装饰
A.壳纹；　B.壳线；　C.壳褶；　D.壳皱；　E.壳层；　F.壳刺；　G.壳针

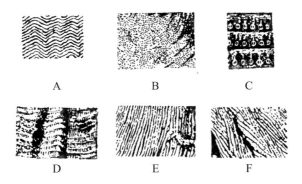

图11　腕足动物壳面的微细构造

A. *Westonia*； B. *Siphonotreta*； C. *Phricodothyris*； D. *Acrospirifer*； E. *Cyrtospirifer*； F. *Indospirifer*

　　壳体后部及前接合缘的变化。两壳后缘相向会聚的区域称壳顶。壳顶向后方伸突显著，并相当肿胀而弯曲时称壳喙，其类型见图12。有铰纲腕足动物的两壳，在后方相互连接的线称主缘或铰合线。在正常情况下，铰合线和主缘是合一的，但有时主缘为铰合线截切，所以此二术语并不同义。主缘与侧缘交点处的壳面，称为主端或主角，形状多变，如图13所示。壳面前缘变化如图14所示。

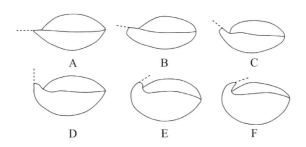

图12　腕足动物壳喙弯曲度的类型（Thomson，1927）

A.直伸型； B.近直伸型； C.近垂直型； D.垂直型； E.微弯型； F.强弯型

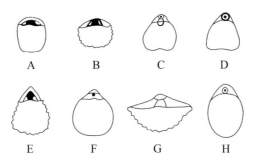

图13　腕足动物主缘类型

A、B.巨窗贝型； C.亚穿孔贝型； D、H.穿孔贝型； E、F.亚巨窗贝型； G.石燕型

A—F. Thomson，1927；G. Shrock 和 Twenhofel，1953

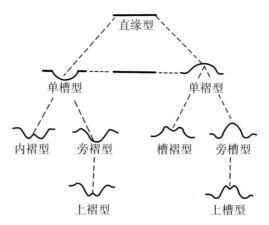

图14 腕足动物两壳前接合缘的变化类型

腹、背两壳后方,喙缘与主缘之间,有一个三角形的壳面。在正形贝、扭月贝和石燕贝类称铰合面(主面或间面),如图15所示;在小嘴贝、穿孔贝、五房贝类称后转面;无铰纲腕足动物亚锥形腹壳后方斜坡或两壳后方缓平的加厚壳面,称假铰合面(假间面)。有铰纲腕足类的铰合面类型如图16所示。

图15 腕足动物腹壳各种器官的示意图

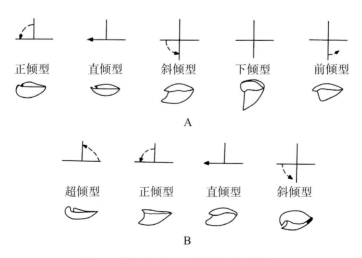

图16 腕足动物两壳间面类型示意图
A. 腹壳; B. 背壳

腹、背两壳的铰合面中央,各有一个三角形的孔洞,称腹、背三角孔(腹、背窗孔)。正形贝类和扭月贝类,覆在三角孔上的板状壳质、微细构造与壳体不同,称假三角板(假窗板或异板)。小嘴贝、石燕贝、穿孔贝类等,覆在三角孔上的板状壳质、微细构造与壳体相同,称三角双板,有分离三角双板和胶合三角双板。当无法判定时,统称腹、背三角板。

小嘴贝和穿孔贝类的茎孔位置分为显窗型、两窗型、亚中窗型、中窗型、过窗型、上窗型和隐窗型。

内部构造。腕足动物两壳包围的空腔,被体膜分隔为前后两部分,后部较小的叫体腔(内脏腔),前部较大的称膜腔或腕骨腔,基本构造如图17、图18、图19所示。两齿板间的空腔称三角腔或窗腔。铰齿与铰窝两侧的主缘上,有时还有较小的突粒或凹窝,排列成行,见于主缘的全部或仅见于一部分,叫副铰齿或副铰窝。腹、背两壳内肌痕区的纵中线,常有一个板状物,薄者称中隔板,低粗者称中隔脊。背内前、后两对闭肌痕之间的横伸隆脊,称横脊。齿板相向延伸,趋于壳底,但不连接壳底,称分离匙形台;三角腔内有一胼胝状硬痂,两齿板似乎是连接,实际上仍是分离的,称假匙形台;齿板内侧为大量次生壳质所附着,并相向扩增,以致联合,但齿板不相向延伸,也不是三角腔内壳面隆起,称似匙形台。齿板相向延伸、联合,其下无中隔板支持,称空悬匙形台;其下有中隔板支持者,称单柱匙形台;其下有双板支持者,称双柱匙形台。除中央中隔板外,两侧各有一辅助支板,称三柱匙形台;当中隔板仅见于匙形台的后端,称隐柱匙形台。当背内腕基支板相向延伸,连成一个匙状物,其下有中隔板支持的,称背匙形台(腕房);无中隔板支持的,称空悬背匙形台。

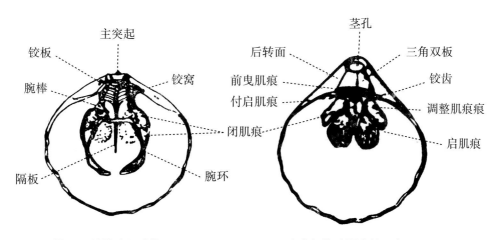

图17 近代腕足动物 *Megellania, flavescens* 两壳内部构造器官的示意图

(Davidson,1886—1888年)

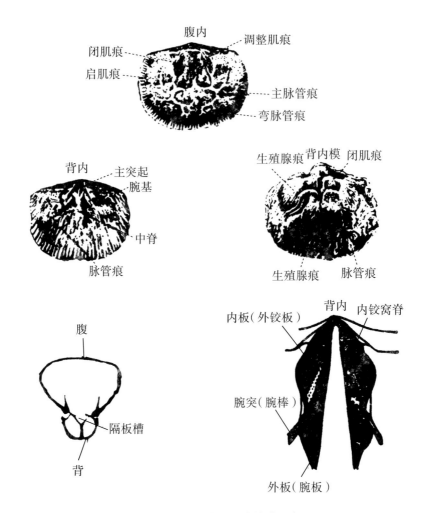

图18　腕足动物两壳内部器官构造示意图

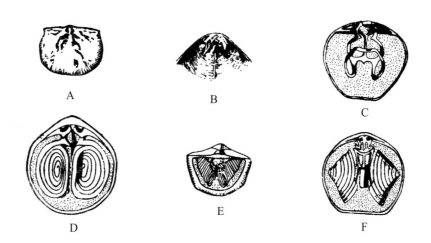

图19　腕足动物腕骨类型示意图

A.腕基；　B.腕棒；　C.腕环；　D.腕螺（无洞贝型）；　E.腕螺（石燕型）；　F.腕螺（无窗贝型）

壳质的细微结构有以下三点。

疹壳：自体膜伸出多数细微的圆管，穿过内层棱柱状组织，被外层片状组织所切断，永远不贯达表层。

假疹壳：内层棱柱状组织上的小突起，被壳质层层包围，凸隆若尖锥。当外层磨饰，锥状突起的顶端在壳面上形成若干微小凹窝，虽似壳疹，但无疹孔，大小不同，排列亦无固定形式。

无疹壳：薄片观察时，仅见纤维结构的外壳。

无铰纲　**Inarticulata Huxley, 1869**

舌形贝目　Lingulida Waagen, 1885

舌形贝超科　Lingulacea Menke, 1828

舌形贝科　Lingulidae Menke, 1828

舌形贝属　*Lingula* Bruguiere, 1797

两壳大小不等，长卵形或直长形。腹壳稍长，后缘稍尖缩，前缘平直；假铰合面小，无茎沟。两壳喙部均位于顶端，极短小、肉茎长，位于两壳的中间。壳面布有同心纹饰。体肌痕不明显，每壳有6对。

分布与时代　世界各地；志留纪至现代。

高罗舌形贝　*Lingula gaoluoensis* Zeng
（图版36, 13、14）

壳较大，腹壳低平，长亚方形；两侧缘直，前缘阔圆。腹假铰合面显著，平坦，饰有斜线，平行后侧缘；茎孔为三角形。壳面为同心层，前缘饰同心纹。腹内肌痕区大，近方形，中部具有弱中脊。

产地层位　宣恩县高罗；志留系文洛克统纱帽组。

圆货贝超科　Obolacea Schuchert, 1896

圆货贝科　Obolidae King, 1846

施密特贝属　*Schimidtites* Schuchert et LeVene, 1929

壳体小，似*Obolus*，但两壳后部很少强烈加厚。背内具1条低的中脊。

分布与时代　中国南部，欧洲；早—中奥陶世。

施密特贝（未定种） *Schimidtites* sp.

（图版36,10）

壳体中等,长10mm左右,近圆形。壳体微凸,近平。表面饰有细密的同心纹饰。背内具1条低的中脊,其长度稍短于壳长的1/2。

产地层位 京山市金家店;中—上奥陶统庙坡组。

鳞舌形贝属 *Lingulepis* Hall,1863

壳体长卵形。腹壳后方尖缩;背壳卵形。壳面具有同心纹、线和细的放射脊。体腔痕的内模较难保存,在保存的后端部分,可见纵伸的中沟及中、前侧各体筋的遗迹和心脏形的陷洞。腹内无中脊,背内具显著的狭形凹沟。

分布与时代 世界各地;寒武纪至早奥陶世。

尖锐鳞舌形贝（相似种） *Lingulepis* cf. *acuminata*（Conrad）

（图版36,11）

壳体薄。腹喙瘦细,轮廓亚三角形;长与宽之比约为3:2,最大壳宽近于前缘;喙缘长而直,向前与阔曲的前侧缘逐渐过渡,前缘阔圆。背壳宽卵形。壳面有细的同心纹及更细的放射纹。

产地层位 宜都市;下奥陶统南津关组。

云南鳞舌形贝 *Lingulepis yunnanensis* Rong

（图版36,2）

壳体大,最大壳宽近壳体前部,前缘较平直,两壳凸度平缓,腹壳顶显著尖缩,背壳顶稍尖。壳面覆以细密的同心纹及放射纹。

产地层位 荆门市象河;寒武系纽芬兰统。

刺舌形贝属 *Spinilingula* Cooper,1956

内部构造同*Lingulella*,但壳表有壳层,沿壳层前缘具有短的、平伏的壳刺。

分布与时代 中国南部,北美洲;早—中奥陶世。

精美刺舌形贝（新种） *Spinilingula elegantula* S. M. Wang（sp. nov.）

（图版36,12）

壳体卵圆形,长约9mm,宽约7mm,厚2.5mm;两壳大小近相等。侧面呈不规则的楔形。腹壳凸隆大于背壳的双凸型,腹壳后部尖凸,向前方均匀缓降,具有清晰的假铰合面,呈阔三角形,茎沟不显;背平缓,喙部稍破损。壳面前部同心层发育,后部不显著。壳刺在后部细小,向前逐渐粗大。

比较　新种与北美洲产 *S.intralamellata* 相似,所不同之处在于新种个体较大,产出层位较低。

产地层位　通山县留嘴桥;下奥陶统红花园组。

小盔贝属　*Casquella* Percival,1978

壳体小,轮廓长卵形。壳喙突出,前缘弧形。侧视两壳双凸型。腹壳假间面高,明显。壳表饰粗宽的同心层。无槽、隆。腹内肌痕发达,中央肌痕圆而深凹。

分布与时代　亚洲、欧洲、北美洲;中—晚奥陶世。

宜昌小盔贝　*Casquella yichangensis* Chang
(图版36,20)

壳体小,长卵形。喙突出,前缘弧形;近等的双凸型,最凸处近壳体后部。腹壳假间面高,明显。壳表饰粗宽的同心层,至前缘变窄。无中隆、中槽。腹内肌痕发达。

产地层位　宜昌市夷陵区分乡;上奥陶统顶部。

髑髅壳贝科　Craniopsidae Williams,1963
三峡贝属　*Sanxiaella* Rong et Chang,1981

壳体小,长卵形。侧视双凸型。壳喙尖,无固着痕;假间面小。壳面饰粗强的同心层。壳体生长为混圆形。两壳内部、壳缘外周具有隆起的边缘。腹肌痕面呈圆三角形,中部具有肌膈;背肌痕面莲蓬状,被两个肌膈将肌痕面分为三部分。

分布与时代　中国南部、英国、瑞典;晚奥陶世至志留纪兰多弗里世。

可分三峡贝　*Sanxiaella partibilis*(Rong)
(图版36,15~19)

壳体小,长卵形。侧视双凸型,凸度不大,近等,最凸处位于壳体后部。喙尖而小,不弯曲,无固着痕。壳表具有粗强的同心层,无放射纹饰。两壳内部、壳缘的外周有平滑隆起的边缘。

产地层位　宜昌市夷陵区分乡;上奥陶统顶部。

三分贝超科　Trimerellacea Davidson et King,1872
三分贝科　Trimerellidae Davidson et King,1872
恐圆货贝属　*Dinobolus* Hall,1871

壳体亚圆形,双凸型,壳壁肥厚。腹喙耸突,主面三角形。肉茎台低,中隔脊不发育,膜痕微弱。背喙不显;主面极狭,新月形肌痕特强,冠部尤为显著;中隔脊低,但强于腹壳。

分布与时代　亚洲、北美洲、欧洲西部;奥陶纪至志留纪。

湖北恐圆货贝 *Dinobolus hubeiensis* Rong et Yang

（图版36，21、22）

壳体较小，近圆形。近等双凸型，背稍凸；壳表仅饰同心纹。腹喙稍耸突，主面宽三角形，中央微凸，侧沟发育；顶腔为完整的凹陷，肌台较平坦，前缘以"V"字形细脊为界。背喙微耸，主面狭窄，肌台亦呈"V"字形，中央为狭长的凹陷，肌台前部伸出强的中脊。

产地层位 宜昌市夷陵区分乡大中坝；志留系兰多弗里统罗惹坪组。

乳孔贝目 Acrotretida Kuhn，1949
乳孔贝亚目 Acrotretidina Kuhn，1949
乳孔贝超科 Acrotretacea Schuchert，1893
乳孔贝科 Acrotretidae Schuchert，1893
####### 顶孔贝属 *Acrotreta* Kutorga，1848

腹壳极度隆凸，近锥状，后转面平坦，茎孔位于锥状壳体的顶端。背壳低平，喙极小，假铰合面小。壳面具有细的同心纹和生长线，纹线均横越假交互面及中沟。腹内主体肌痕呈瘤突状，环绕顶区凸隆，并向前方异向展伸，达壳面的前侧缘。背内具有1条长的中脊和1对主瘤。

分布与时代 世界各地；奥陶纪。

大型顶孔贝 *Acrotreta magna* Cooper

（图版36，3）

背壳呈次圆形，长径约5mm，喙部极小，交互面短。壳面具有细的同心纹。背内有明显的中脊和1对凸瘤，其中1个明显，另1个模糊。

产地层位 宜昌市夷陵区黄花场；中—上奥陶统庙坡组下部。

原孔贝属 *Prototreta* Bell，1938

壳体小，亚圆形。腹壳锥状；背壳缓和隆凸，前缘平直或凹曲。钙角质，具有层饰。腹具交互沟，沟底平坦，饰有瘤粒；茎孔圆，位于壳顶的近后方。背壳顶端具凹沟，突伸超越腹壳的后缘；中脊显著；1对小型的肌痕见于中脊的后端，1对较大的肌痕位于前者的两侧，直长形，第三对肌痕位于壳底。

分布与时代 北美洲、欧洲、亚洲；寒武纪。

原孔贝（未定种） *Prototreta* sp.

（图版36，6、7）

壳体较大，背壳卵圆形，长、宽近相等，长径约5mm。壳前半部同心纹清晰。内有1条明显中脊自后方出现,延伸至壳长的2/3处,中脊后端可见1对模糊的肌痕;中部有1对长形肌痕,位于中脊的两侧。

产地层位 宜昌市夷陵区石牌;寒武系纽芬兰统至第二统牛蹄塘组。

闭洞贝属 *Clistotrema* Rowell,1963

壳体大,壁厚。腹壳钝角状,假铰合面界线模糊;间沟窄,外茎孔在间沟内,内茎孔在壳体后方被大的顶突起充填,此突起呈宽柱状穿过壳体,其前部最宽处伸至背壳。腹、背内部均具有凸出的肌痕面。

分布与时代 中国南部、苏联;早奥陶世。

闭洞贝(未定种) *Clistotrema* sp.
(图版36,1)

壳体大,轮廓为椭圆形,长约20mm,宽稍小于长。腹壳微凸,假铰合面模糊,壳顶位于壳后部1/4处,肉茎由间沟穿出。同心纹细密。

产地层位 宜昌市夷陵区黄花场;中—上奥陶统庙坡组。

博特斯佛贝科 Botsfordiidae Schindewolf,1955
博特斯佛贝属 *Botsfordia* Matthew,1891

壳体表面饰有同心线和细小瘤粒,分布于壳体后部,或仅限于顶区。背壳内具有短中脊。

分布与时代 亚洲、北美洲、格陵兰岛;寒武纪纽芬兰世至第二世。

长阳博特斯佛贝(新种) *Botsfordia changyangensis* S. M. Wang(sp. nov.)
(图版36,4、5)

壳体小,卵形,长3～4mm。背壳最凸处位于后部,前缘阔圆,背喙钝角状,最大壳宽位于壳体中部。背壳内有1条明显的中脊及2对斜脊,后部的1对较短,与中脊的交角较前1对为大。

比较 新种与*Botsfordia granulata*(Redlich)相近,大小近似,但新种壳体轮廓较之稍长,凸度平缓;中脊稍长,侧脊明显。

产地层位 长阳县王子石;寒武系纽芬兰统至第二统牛蹄塘组。

平圆贝超科 Discinacea Gray,1840
平圆贝科 Discinidae Gray,1840
圆凸贝属 *Orbiculoidea* d'Orbigny,1847

壳体亚圆形,两壳不等,壳顶偏心形。腹壳低凸或近平坦,顶部微隆起,向后方倾斜;具狭茎沟。壳体内部相当于外部茎沟的地方是1条厚脊。背壳较大呈锥状,内部自顶部向前,有1条细长的隆脊。壳面饰有同心纹饰,有时具有放射纹。

分布与时代 世界各地;奥陶纪至白垩纪。

圆凸贝(未定种) *Orbiculoidea* sp.

(图版36,9)

壳体小,近圆形。腹壳壳顶位于中部,壳体后部具有裂隙状茎沟。壳表面饰有细的同心纹,并有数条自顶区发生的放射线,直达壳体边缘。

产地层位 宜昌市夷陵区分乡;上奥陶统至志留系兰多弗里统龙马溪组。

管洞贝超科 Siphonotretacea Kutorga,1848
管洞贝科 Siphonotretidae Kutorga,1848
管洞贝属 *Siphonotreta* de Verneuil,1845

壳体长卵形,腹壳锥状;背壳均匀凸隆若平锥。腹壳顶具有圆形茎孔,并以管状通道与壳内相沟通。无交互面。壳面饰同心线,表层具中空的针刺,刺基肿胀。腹肌痕面限制在顶腔区,阔扇形;背内肌痕面的后方被隆脊围绕,具中脊。

分布与时代 亚洲、欧洲西部、北美洲;奥陶纪。

优美管洞贝?(新种) *Siphonotreta? spiciosa* S. M. Wang(sp. nov.)

(图版36,8)

壳体较大,轮廓卵圆形。两壳凸度均匀,略相等,腹壳稍大于背壳。无交互面,茎孔不显。壳面遍布同心生长线,表面具中空的针刺,刺基肿胀。背内后部隐约可见3条短脊,中间1条,两侧各1条;腹内构造不详。

比较 新种个体较大,长约30mm,就其轮廓而言,颇似 *S. unguiculata*(Eichwald),由于两者的喙部均破损,特征不明,但新种的喙部似微耸伸。壳表纹饰极类似此属特征。由于腹内部构造无从了解,暂置此属内。

产地层位 阳新县;下奥陶统红花园组。

小圆货贝目 Obolellida Rowell,1965
小圆货贝超科 Obolellacea Walcott et Schuchert,1908
小圆货贝科 Obolellidae Walcott et Schuchert,1908
小圆货贝属 *Obolella* Billings,1861

壳体阔卵形,腹壳后方缓慢尖缩;背壳阔圆。两壳凸度均强。腹喙轻微弯曲,掩覆于假铰合面之上,假铰合面近平坦,具狭窄茎沟;背喙位于后缘之上。壳面具有同心纹和放射纹。背内具有弱中脊;腹内无。两壳内的肌痕特征与 *Obolus* 相似。

分布与时代 世界各地；寒武纪纽芬兰世至第二世。

中国小圆货贝 *Obolella chinensis* Resser et Endo
（图版36，26）

壳体中等，近圆形。腹壳凸度较强，最凸处位于壳体中部，喙微凸，低于壳体最高凸度。壳壁较厚，外壳层多附着在围岩上；内壳层壳质的层理组织不明显。壳面纹饰不清。

产地层位 宜昌市夷陵区；寒武系第二统石牌组。

有铰纲 **Articulata Huxley，1869**

正形贝目 Orthida Schuchert et Cooper，1932

正形贝亚目 Orthidina Schuchert et Cooper，1932

正形贝超科 Orthacea，Woodward，1852

始正形贝科 Eoorthidae Walcott，1908

原始正形贝属 *Apheoorthis* Ulrich et Cooper，1936

正形贝类外貌，宽大于长，双凸型。腹具中槽，铰合面长，斜倾型；背铰合面正倾型。两壳三角孔均洞开。饰线密型或簇型。腹内齿板强大，假匙形台显著，肌痕面的特征和腕基近于 *Eoorthis* 和 *Billingsella*。

分布与时代 亚洲东部、北美洲西部；早奥陶世。

俄克拉荷马原始正形贝 *Apheoorthis oklahomensis* Ulrich et Cooper
（图版36，23～25、27）

壳体中等，宽大于长，两壳双凸型。铰合线为最大壳宽。腹铰合面大于背铰合面。壳面饰有簇状壳线。背腕基短。

产地层位 阳新县荻田玉树村；下—中奥陶统大湾组。

正形贝科 Orthidae Woodward，1852
正形贝属 *Orthis* Dalman，1828

壳体亚半圆形。铰合线直，平凸或不等的双凸型，前缘直型。腹铰合面低，高于背铰合面，喙部强烈弯曲。两壳三角孔均洞开。背具微弱的中槽。壳线粗强，从不分叉。腹内铰齿强，腕基窝深，齿板发育；背内铰窝深，腕基短，无支板，主突起单刃状，具中隔脊。

分布与时代 世界各地；早奥陶世。

美痕正形贝湖北变种 *Orthis calligramma* var. *hubeiensis* Chang
（图版37，1～3）

壳体横亚圆形，宽稍大于长。铰合线稍短于壳宽。腹壳凸隆，沿纵中线凸隆最高。喙小，弯曲。壳面具有24条简单而钝圆的壳线,中部壳线间隙宽,其间有2～3条饰纹。

产地层位 房县九道梁薛家坪、钟祥市;下—中奥陶统大湾组。

美痕正形贝中华变种 *Orthis calligramma* var. *sinensis* Chang

（图版37,4、5）

壳体近亚方形,宽大于长,铰合线约等于壳宽。腹壳沿纵中线凸隆,最凸处位于后部;背壳平坦,沿纵中线微凹。壳面有简单壳线21条,间隙较宽,其间可见细壳纹4～5条。

产地层位 钟祥市、房县卸甲坪;下—中奥陶统大湾组。

矮正形贝属 *Nanorthis* Ulrich et Cooper,1936

壳体小,貌似德姆贝类。铰合线直,短于壳宽。腹壳隆凸较高,沿纵中线凸隆似脊;背壳平凸;沿纵中线凹陷似槽。腹铰合面高,强烈斜倾型;喙部耸突,三角孔洞开。腹内铰齿小,齿板短粗。背内主突起低弱,腕基短,无明显中脊。

分布与时代 亚洲、北美洲、南美洲;早奥陶世。

汉伯矮正形贝 *Nanorthis hamburgensis*（Walcott）

（图版37,8～10;图版47,2、3）

壳体小,亚圆形。铰合线直,短于壳宽;主端钝角状。腹壳隆凸较强,沿纵中线呈亚龙骨脊状。喙弯曲,铰合面强烈斜倾型。背壳平凸,中槽始于喙部,直达前缘,两侧壳面轻微隆凸。

产地层位 秭归县新滩;下奥陶统南津关组中、下部。

艾克贝属 *Nicolella* Reed,1917

壳体半圆形,铰合线直,约等于壳宽,主端微伸展;平凸或凹凸。腹铰合面短,弯曲,顶区隆肿。喙部强烈弯曲,三角孔洞开。背间面的高度几乎等于腹壳,三角孔部分被异板所覆。壳线近棱形,同心线与同心层遍布全壳。铰齿大,齿板强。腕基短,主突起刃状。中隔脊粗强,达壳体的中部。

分布与时代 中国,欧洲、北美洲东部、南美洲东部;中奥陶世。

宜昌艾克贝 *Nicolella yichangensis* Chang

（图版42,20）

壳体小,轮廓近半圆形。铰合线等于壳宽,腹喙强烈弯曲。全壳表面饰棱状壳线11条。

产地层位 宜昌市夷陵区分乡;中—上奥陶统庙坡组。

伪正形贝属 *Nothorthis* Ulrich et Cooper,1936

外形似*Nanorthis*,但壳体较横宽。腹壳沿纵中线隆凸,似龙骨脊状;背壳低平或微凹。

壳线密型或微呈簇型。腹窗腔深,齿板短,筋痕区小;背窗腔台不发育,主突起低,脊状;腕基异向互分。

分布与时代 中国,北美洲,苏格兰;早—中奥陶世。

宾夕法尼亚伪正形贝 *Nothorthis pennsylvanica* Ulrich et Cooper
（图版47,1、4）

壳体小,宽大于长。铰合线约等于壳宽,前缘圆形。腹壳较凸,沿纵中线近龙骨脊状;喙小,稍弯。背壳平凸,有不明显的中槽,侧区微肿胀。壳体表面布有较强的圆形密集壳纹。

产地层位 钟祥市胡集;下—中奥陶统大湾组。

横宽伪正形贝（未刊） *Nothorthis transversa* Xu（MS）
（图版37,6、7;图版43,9、10）

壳体在该属中较大,轮廓横宽。侧视平凸,背中槽微弱。壳线较粗强,并有壳线插入。齿板短,启肌痕较窄,2个脉管痕由启肌痕向前方延伸。主突起脊状。

产地层位 京山市惠亭山;下—中奥陶统大湾组。

钟祥伪正形贝?（新种） *Nothorthis? zhongxiangensis* S. M. Wang（sp. nov.）
（图版47,12、13）

壳体大,轮廓横椭圆形;长12mm,宽20mm,厚5mm。铰合线直,稍短于壳宽,主端浑圆。腹铰合面低,微弯,斜倾型;背铰合面低小,正倾型。腹喙小,稍弯,顶区肿胀;腹壳沿纵中线凸隆,侧区缓平;背壳中部有1个宽浅的凹陷区。壳线密集分叉,在壳体中部的壳线,常2～3条合成一簇,中间1条较粗强。

比较 新种与四川城口 *Nothorthis transversa* Xu 近似,但前者个体甚大,壳线众多,簇状更加明显。据其外部特征,似应归入此属,但因内部构造不详,置此尚有问题。

产地层位 钟祥市胡集毛坪;下—中奥陶统大湾组。

中华正形贝属 *Sinorthis* Wang,1955

外貌似德姆贝类,铰合线直,稍短于壳宽。腹壳沿纵中线高凸,铰合面高,微斜倾型;喙部强烈弯曲;背壳具宽浅的中槽,铰合面低,三角孔洞开,为主突起所充填。壳线简单,少数次生插入。腹内铰齿肿大,腕基窝深;齿板强,肌痕区呈长卵形。背内腕基发育,笞突;中隔脊低长。

分布与时代 中国西南部和湖北;早奥陶世晚期。

横宽中华正形贝 *Sinorthis transversa* Zeng

（图版43,6）

壳体轮廓横椭圆形。铰合线直,稍短于壳宽,主端阔圆,前缘轻微单槽型。腹壳凸隆较强;喙小,肿胀;铰合面显著,微弯,直倾型。背壳平凸,中槽宽浅;铰合面线状。壳线简单、粗强,2次分叉,在中前部5mm内有壳线7～8条。

产地层位 宜昌市夷陵区分乡、宣恩县高罗;下—中奥陶统大湾组。

标准中华正形贝 *Sinorthis typica* Wang

（图版37,16、17;图版38,4～6）

壳体轮廓方圆形,铰合线直,约等于壳宽。腹壳强烈隆凸;喙强烈弯曲;背壳低平,中槽显著。壳线呈二次插入式增加。

产地层位 宜昌市夷陵区分乡、长阳县花桥、房县卸甲坪;下—中奥陶统大湾组。

宜昌中华正形贝 *Sinorthis yichangensis* Zeng

（图版37,29、30）

壳体轮廓近三角形,主端宽阔,微弯曲。腹壳隆凸中等。喙部肿胀而低,铰合面近直倾型。背壳平凸,具微弱中槽。壳线简单,呈棱形,前缘5mm内有壳线11条。

产地层位 宜昌市夷陵区分乡;下—中奥陶统大湾组。

沟正形贝属 *Taphrorthis* Cooper,1956

壳体轮廓亚方形,不等的双凸型,背中槽浅平;两壳均具铰合面,腹铰合面凹曲。铰合线约等于壳宽。腹、背三角孔均洞开。壳纹密型。腹内铰齿小,齿板短,分叉。肌痕面亚心脏形,具中脊。背内腕基棒状,主突起简单,闭肌痕明显,并有1对彼此贴近的主脉管痕。

分布与时代 中国、英国、北美洲;中奥陶世。

分乡沟正形贝 *Taphrorthis fenxiangensis* Wang

（图版37,19;图版38,15、16）

壳体中等,亚圆形。铰合线直,短于壳宽,主端钝角状。腹壳凸,铰合面高长,近直倾型;背壳缓凸,中槽宽浅。壳线圆形,较粗强,壳线间隙内布满同心纹。

产地层位 宜昌市夷陵区分乡;中—上奥陶统庙坡组。

塔法贝属（未刊） *Tarfaya* Xu（MS）

特点似*Orthis*,但此属壳线细,分叉,背窗腔台不甚发育。

分布与时代 世界各地;早奥陶世。

嵌插塔法贝　*Tarfaya intercalare*（Chang）

（图版37，15、18、26；图版43，8）

壳宽大于长，铰合线稍短于壳宽。腹壳缓隆，喙部微弯。腹内齿板发育，围绕肌痕面两侧。背壳平坦，主突起单刃状，腕基支板发育。壳面约有壳线30条，圆形，间隙较宽，多数作插入式增加，特别在壳面中部更为明显。

产地层位　京山市金家店、南漳县；下—中奥陶统大湾组。

欺正形贝科　Dolerorthidae Öpik，1934
欺正形贝属　*Dolerorthis* Schuchert et Cooper，1931

壳体半圆形或椭圆形。铰合线直，微短于壳宽。不等的双凸型，前缘阔单褶型。腹铰合面高，微弯，强烈斜倾型；喙稍弯。腹、背三角孔均洞开。壳线密型至疏型。无疹壳。腹内铰齿小；腕基窝小，斜倾；齿板发育，围绕在肌痕面的两侧；中隔脊低。背内腕基粗强，尖突；主突起刃状，中隔脊粗大。

分布与时代　亚洲、北美洲；中奥陶世至志留纪拉德洛世。

适宜欺正形贝　*Dolerorthis digna* Rong et Yang

（图版37，12～14）

壳体近半圆形，主端钝，近等双凸型；铰合线直，稍短于最大壳宽，前缘直型。腹铰合面斜倾型，背铰合面正倾型。全壳覆以分叉的壳线，前缘处可达40条，同心纹密。

产地层位　宜昌市夷陵区分乡大中坝；志留系兰多弗里统罗惹坪组。

欺正形贝（未定种）　*Dolerorthis* sp.

（图版38，25；图版43，5）

壳体中等，横椭圆形；两壳为不等的双凸型。腹铰合面稍短于最大壳宽。壳线粗，分叉。背闭肌痕明显凹陷，2对闭肌痕界线不清；主突起细脊状；腕基异向展伸，腕基支板相向聚合于宽短的中隔脊上；卵巢痕发育。

产地层位　京山市周湾；志留系兰多弗里统罗惹坪组。

鳞正形贝属　*Lepidorthis* Wang，1955

壳体轮廓似方形。腹壳强凸，背壳凹陷。壳线粗强，多分枝，并覆有强烈的鳞片状壳层。腹内铰齿强；肌痕面纵长方形，中隔脊短粗。背铰窝深；腕基强大，呈棒状；腕基支板发育；无主突起，中隔脊顶浑圆，闭肌痕四分。

分布与时代　中国西南部和湖北；早奥陶世晚期。

长方鳞正形贝　*Lepidorthis rectangula* Zeng

（图版 37，28）

壳体长方形；铰合线直，约等于壳宽。前缘单槽型；腹壳沿纵中线凸隆较强凸；喙小，微弯；铰合面显著，斜倾型。背隆低缓，具宽浅中槽，铰合面低，正倾型。壳线粗强，并有发育的叠瓦状壳层。

产地层位　宜昌市夷陵区分乡、秭归县龙马溪；下—中奥陶统大湾组。

标准鳞正形贝　*Lepidorthis typicalis* Wang

（图版 42，21、22）

壳体正方形，铰合线直，约等于壳宽，为不等的双凸型。腹壳凸隆较强；背壳具低弱的中槽，前缘轻微单槽型。腹铰合面较背铰合面高。两壳三角孔均洞开。壳线棱形，少数分枝；鳞片状壳层极发育。

产地层位　宜昌市、大冶市；下—中奥陶统大湾组。

偶板贝属　*Diparelasma* Ulrich et Cooper，1936

壳体亚圆形，铰合线较短，侧视双凸型。壳纹细密。背、腹均具铰合面，三角孔洞开。腹内具假匙形台；背内主突起弱脊状或缺失，腕基支板聚合在中隔脊上。

分布与时代　中国，北美洲；早奥陶世。

喀森偶板贝　*Diparelasma cassinense*（Whitfield）

（图版 40，16）

壳体小，近圆形。铰合线约为壳宽的 2/3，主端呈圆钝角状。腹壳沿纵中线凸隆，后侧区微凹。铰合面弯曲，斜倾型，喙呈圆钝角状。背壳微隆，中槽窄浅。壳面饰有清晰的壳纹，间隙与壳纹等宽。

产地层位　阳新县荻田玉树村；下—中奥陶统大湾组。

短角偶板贝　*Diparelasma silicum* Ulrich et Cooper

（图版 37，11、20；图版 38，9）

壳体小，近圆形。腹壳较凸，沿中轴凸度最大；背壳缓凸，具浅的中槽。壳纹细密，多分叉或插入。齿板发育，假匙形台隐约可见。腕基支板相向聚合，直接连于壳底；主突起脊状；中隔脊低。

产地层位　长阳县花桥尹家山；下奥陶统红花园组。

链正形贝属 *Desmorthis* Ulrich et Cooper, 1936

壳体较大,轮廓半圆形或半椭圆形;两壳凸度均低平;壳面具细圆的壳线和较细的次生壳线。腹内齿板薄而短。背壳主基特别小,密聚;腕基异向展伸,腕基支板平行,主突起狭脊状,与腕基支板等长。

分布与时代 中国,北美洲;早奥陶世。

难得链正形贝 *Desmorthis dysprosa* Xu, Rong et Liu

(图版38,28)

壳体轮廓近横椭圆形;两壳凸度均低缓。腹铰合面低,窗孔洞开;背铰合面线状。具圆形壳线和次生壳线。

产地层位 阳新县荻田玉树村;下—中奥陶统大湾组。

链正形贝(未定种) *Desmorthis* sp.

(图版44,4)

壳体小,亚方形。背内主基特别小,密聚。腕基支板平行,短,前端相连;主突起呈狭刃状,与腕基支板等长,其前端有1对闭肌痕,非常明显。在距壳边缘1/5处有围脊。

产地层位 宜昌市夷陵区黄花场;中—上奥陶统庙坡组。

准美正形贝属 *Euorthisina* Havliček, 1950

壳体中等至小,半圆形。腹壳较凸;背壳平凸。腹铰合面较高,斜倾型;背铰合面低,正倾型。壳线圆形或呈狭脊状,插入式增加。腹内齿板发育,筋痕与正形贝类相似;背内腕基粗短,腕基支板聚于短的中隔脊后端,形成小的腕基房;主突起缺失或呈脊状。

分布与时代 中国,欧洲;早奥陶世。

疏线准美正形贝(未刊) *Euorthisina paucicostata* Xu(MS)

(图版38,10、11)

壳体小,近平凸。腹铰合面高,斜倾型;背铰合面低。壳线粗强,棱形,主端之壳线较细,插入式或分叉式增多,壳体前缘共有20条左右。

产地层位 荆门市铜铃沟;下—中奥陶统大湾组。

分筋贝属(未刊) *Kritomyonia* Xu(MS)

壳体小,侧视近等的双凸型。腹铰合面高,斜倾型。背铰合面低,具清晰的中槽。壳线密型,壳质可能具疹。腹内齿板短,肌痕面亚三角形;背内主突起单叶型,后端纤细;腕基及其支板粗壮,异向分离,铰窝支板清楚;肌痕区占据壳体近1/2的面积。

分布与时代 中国;早奥陶世。

东方分筋贝(未刊) *Kritomyonia orientalis* Xu(MS)

(图版38,26)

壳体小,近等的双凸型。背壳具中槽,铰合面低,正倾型。壳线密型。

产地层位 恩施市大转拐;下—中奥陶统大湾组。

褶正形贝科 Plectorthidae Schuchert et Le Vene,1929
褶正形贝属 *Plectorthis* Hall et Clarke,1892

壳体半椭圆形,双凸型。腹壳前部偶凹陷。腹、背三角孔均洞开。壳线疏型或密型,间隙内同心线细弱。腹内铰齿小,齿板薄;筋痕面心脏形,闭筋痕前有时具有中脊。背内腕基短、粗强,支板薄,相向延伸,在主突起下面的壳面上联合。主突起厚,围脊状。冠部分离。

分布与时代 世界各地;中—晚奥陶世。

褶正形贝(未定种) *Plectorthis* sp.

(图版42,16、17)

壳体中等,长方形,长稍大于宽,腹双凸型,背前部浅凹。腹铰合面直倾型;背铰合面斜倾型。背内腕基短,粗强;腕基支板相向联合,前端有短的中脊;闭肌痕不显。

产地层位 南漳县朱家峪;中—上奥陶统庙坡组。

船正形贝属 *Scaphorthis* Cooper,1956

壳体轮廓次圆形,铰合线稍短于壳宽;不等的双凸型。腹铰合面弯曲而短,斜倾型。壳纹细密。腹肌痕面短,呈亚心脏形,中部闭肌痕宽。主突起呈薄刃状。

分布与时代 中国,北美洲、欧洲;中—晚奥陶世。

中华船正形贝(未刊) *Scaphorthis sinensis* Xu(MS)

(图版37,25)

标本为背壳内模。

壳体小,具德姆贝外形。铰合线约等于壳宽,主端方。自喙部不远处发生中槽,向前渐宽浅。壳纹密型,在壳体前缘约30条。背内腕基支板平行,末端趋于聚合;中隔脊不发育;主突起呈刃状。

产地层位 阳新县荻田玉树村;下—中奥陶统大湾组。

拟态贝属 *Mimella* Cooper,1930

壳体亚圆形,铰合线直,近等的双凸型。腹壳具有低弱的中隆。腹铰合面高,弯曲,三角孔洞开;背铰合面低。壳线密型。腹内铰齿小,齿板显著,围绕在启肌痕的后部,呈低脊状;肌痕面巨大。背内腕基和支板不易区分,相向展伸,与中隔脊联合形成匙形台;主突起呈单刃状。

分布与时代 世界各地;早(?)—中奥陶世。

美丽拟态贝 *Mimella formosa* Wang
(图版38,1~3)

壳体大,方圆形;铰合线短,主端、前端均阔圆。腹双凸型。腹喙显著,微弯,铰合面低,斜倾型;背喙小,铰合面正倾型。壳线密型,多次分叉,在前缘5mm内有壳线10~11条。

产地层位 宜昌市夷陵区分乡;下—中奥陶统大湾组。

帐幕贝科 Skenidiidae Kozlowski,1929
拟帐幕贝属 *Skenidioides* Schuchert et Cooper,1931

壳体小,半椭圆形。铰合线平直,主端锐角状或近直角;轻微的凹凸型;前接合缘单槽型。具腹中隆和背中槽。腹铰合面弯曲,背铰合面低短;两壳三角孔均洞开。饰线密型。腹铰齿强大,齿板相向延伸,连接于中脊的后端,形成匙形台;主突起呈线状,向前延伸为中脊。

分布与时代 中国,欧洲、北美洲;中奥陶世至志留纪拉德洛世。

完全拟帐幕贝(相似种) *Skenidioides* cf. *perfectus* Cooper
(图版38,7、8;图版42,18、19)

壳体小,宽大于长。铰合线约等于壳宽。背中槽宽浅。壳线简单,偶尔分叉。背内腕基支板相向联合,相交于中脊的后端;主突起呈薄刃状。

产地层位 宜昌市夷陵区分乡;中—上奥陶统庙坡组。

全形贝超科 Enteletacea Waagen,1884
全形贝科 Enteletidae Waagen,1884
全形贝属 *Enteletes* Fischer de Waldheim,1825

壳体大小不一,近球形。铰合线短于壳宽,主端圆;背双凸型;前接合缘单褶型。腹铰合面高长;背铰合面短。腹三角孔洞开,背三角孔部分被主突起所填充。壳体前部具粗强壳褶和细密的壳纹。腹内铰齿粗强,齿板强大,近平行,中隔脊薄呈刀刃状,肌痕面深凹;背腕基强大,弯曲,支板薄。

分布与时代 世界各地;晚石炭世至二叠纪。

半褶全形贝 *Enteletes hemiplicata*（Hall）

（图版37,22）

壳体小,近球形,宽稍大于长。腹壳缓凸,铰合面低,于喙前出现浅弱的中槽,向前增宽。背壳均匀高凸,铰合面低,具中隆。侧区各具3条壳褶,后2条较弱;全壳覆以细的放射纹;前缘具同心纹。

产地层位 赤壁市神山;上石炭统黄龙组。

凯撒全形贝 *Enteletes kayseri* Waagen

（图版37,27）

壳体中等,强烈凸隆,壳宽大于长;铰合线平直,短于壳宽的1/2。背壳半球状。腹铰合面高长,斜倾,三角孔洞开;背铰合面狭窄,近直立。背喙尖伸,超越铰合线。腹具宽浅的中槽,两侧各有3条壳褶,在壳面前方出现;背中隆宽圆。前缘作锯齿状。

产地层位 建始县煤炭垭、崇阳县路口板桥坑;二叠系乐平统吴家坪组。

路口全形贝 *Enteletes lukouensis* Yang

（图版37,21、24）

壳体中等,横卵圆形。铰合线短,最大壳宽位于中部。背双凸型。腹铰合面不高,中槽始于喙前,槽内1条壳褶与中槽同时出现;侧区各有1～3条壳褶,仅内侧1条较强。背中隆上具2条壳褶,前缘呈"W"字形。

产地层位 崇阳县路口板桥坑;二叠系乐平统吴家坪组。

近等壳全形贝 *Enteletes subaequivalis* Gemmellaro

（图版37,23）

壳体小,方圆形,两壳近等。背双凸型。腹喙尖而弯曲;铰合面三角形,三角孔大,中槽宽浅。背壳顶强弯,壳面后部近光滑;中隆低。侧区各具3条低圆壳褶,前缘锯齿状。

产地层位 建始县煤炭垭;二叠系乐平统。

车尔尼雪夫全形贝 *Enteletes tschernyschewi* Diener

（图版39,1、2、9）

壳体中等,横卵形;背高凸的双凸型;铰合线短。腹壳顶区低矮;铰合面凹曲;三角孔大;中槽始于壳顶,槽底棱形,边缘壳褶强大;侧区各具3～4条壳褶。前缘呈深而锐利的锯齿状。

产地层位 建始县煤炭垭;二叠系乐平统吴家坪组。

准全形贝属 *Enteletina* Schuchert et Cooper, 1931

壳体轮廓、壳面纹饰及内部构造与 *Enteletes* 一致, 但槽、隆的位置相反, 具腹中隆、背中槽。

分布与时代 亚洲、北美洲; 晚石炭世至二叠纪。

次光滑准全形贝 *Enteletina sublaevis* (Waagen)

(图版39, 4)

壳体中等, 近五边形; 两壳强凸, 背壳凸度较大。背喙强烈弯曲, 悬于铰合面之上; 中槽始于壳顶, 槽底棱形; 侧区各具2条弱的近圆形壳褶; 前缘呈锯齿状。全壳覆细密放射纹。

产地层位 恩施市; 二叠系乐平统。

锯齿准全形贝 *Enteletina zigzag* (Huang)

(图版39, 3)

壳体较大, 五边形; 背壳凸度远大于腹壳。腹壳除顶区较凸外, 壳面沿纵中线曲度较缓; 铰合线短。背壳沿纵中线后部强凸, 铰合面低。槽、隆强大, 棱形; 侧区前方各具1条短小的壳褶, 前缘呈 "W" 字形。

产地层位 恩施市; 二叠系乐平统。

直房贝属 *Orthotichia* Hall et Clarke, 1892

壳体轮廓及外貌与 *Schizophoria* 相似, 唯壳线更细密。腹内具异向展伸的高强齿板, 中隔脊在壳顶略前方即出现, 向前升高, 在齿板近前端最高, 随即呈截切状消失。

分布与时代 世界各地; 晚石炭世至二叠纪。

浙江直房贝 *Orthotichia chekiangensis* Chao

(图版40, 17)

壳体大, 亚圆柱形; 铰合线短, 最大壳宽近前缘; 背双凸型。背壳顶肿胀, 喙耸突, 强烈弯曲; 壳体前部两侧压缩, 中隆宽阔明显, 被腹中槽截切。全壳覆细的放射纹。

产地层位 阳新县龙港白水塘; 二叠系阳新统栖霞组。

德比直房贝侏儒变种 *Orthotichia derbyi* var. *nana* Grabau

(图版43, 12)

壳体中等, 背壳凸度远大于腹壳。腹壳为横亚卵形, 喙突伸而微弯, 主端阔圆, 前、侧缘曲度均匀, 最大凸度位于中后部。中槽始于中前方, 向前加深展阔。壳纹圆形, 细而整齐, 分枝式增多, 每2mm内有壳纹8～9条。

产地层位 阳新县学刘畈；二叠系阳新统。

三角直房贝 *Orthotichia trigona* Yang

（图版39,10）

壳体中等，三角形，最大壳宽位于前方。背为强凸的双凸型。腹壳前方缓凸，向前急剧下倾，形成宽阔而显著的中槽，前端呈尖舌状。背喙显而强烈弯曲，越过铰合线，覆于腹喙之上；中隆不显，被中槽截切；前缘强烈凹陷。壳纹细，前缘2mm内有壳纹约8条；同心层显著。

产地层位 长阳县；二叠系阳新统栖霞组。

阿柯斯贝属 *Acosarina* Cooper et Grant,1969

壳体小，外形似*Orthotichia*，腹壳内部具有低而长的中隔板，延伸到前部；齿板短。

分布与时代 亚洲、北美洲；二叠纪。

规则阿柯斯贝 *Acosarina regularis* Liao

（图版40,6、7）

该种在属内个体较大，壳长稍大于壳宽，中槽、中隆显著。背内主突起小，单叶型，腕支板高强。

产地层位 京山市石龙水库；二叠系乐平统大隆组。

印度阿柯斯贝 *Acosarina indica*（Waagen）

（图版40,8、9）

壳体小，近圆形，长大于宽；两壳近等凸。腹壳凸度适中，顶部凸度最大，喙尖而强弯；铰合面凹曲，三角孔大；铰合线短。背壳凸度大于腹壳，喙尖而弯；铰合面小；壳前具微弱中槽。壳纹细密，具同心纹。

产地层位 建始县煤炭垭、崇阳县路口板桥坑；二叠系乐平统。

裂线贝属 *Schizophoria* King,1850

壳体亚卵形或亚方形，铰合线短于壳宽；侧视颠倒型；两壳凸度多变化，背壳较凸。腹铰合面斜倾型，喙弯。背铰合面短而弯，极度斜倾型。壳线密型，多中空。腹内齿板强，围绕双叶型肌痕面；背内腕基与支板难分，异向展伸。

分布与时代 世界各地；志留纪至二叠纪。

颠倒裂线贝 *Schizophoria resupinata*（Martin）

（图版43,11）

壳体轮廓为横亚圆形,凸隆均匀,自顶部前方不远处,出现宽浅的中槽;喙部阔圆,轻微弯曲,但不显著;壳纹细,插入式增加,纹上有密集而小的洞点。

产地层位 松滋市刘家场观音崖;下石炭统。

赫南特贝属 *Hirnantia* Lamont,1935

壳体亚圆形,宽大于长;背双凸型,前缘直型。壳线密型,多中空。同心线多见于壳体前部。疹质壳细密。腹内齿板短,粗强,常呈低脊状前延包围肌痕面,肌痕面呈亚心脏形。背内腕基粗壮,异向展伸;腕基支板发育,主突起呈双叶型,后端锯齿状;具中隔脊和横脊。

分布与时代 亚洲、欧洲、北美洲;晚奥陶世晚期。

大型赫南特贝 *Hirnantia magna* Rong

（图版42,10）

壳体大,轮廓近圆形,直径在40mm以上。铰合线直长,稍短于壳体最大宽度。壳线细密。

产地层位 宜昌市夷陵区分乡;上奥陶统顶部。

箭形赫南特贝 *Hirnantia sagittifera*（M'Coy）

（图版39,5～8）

壳体大,与 *H. sagittifera fecunda* 的区别是壳体轮廓横宽。

产地层位 宜昌市夷陵区分乡;上奥陶统至志留系兰多弗里统龙马溪组顶部。

箭形赫南特贝丰富亚种 *Hirnantia sagittifera fecunda* Rong

（图版42,11）

壳体中等,亚圆形,直径小于30mm。背双凸型,腹壳缓凸。壳线密型。

产地层位 宜昌市夷陵区分乡、秭归县新滩和龙马溪;上奥陶统顶部。

宜昌赫南特贝 *Hirnantia yichangensis* Chang

（图版42,12～15）

壳体中等,圆形或近圆形,宽稍大于长;近等的低缓双凸型;铰合线短,仅大于壳宽的1/2,主端圆。全壳饰有密型壳线,似等宽的同心线始于壳喙前方。槽、隆不明显。

产地层位 宜昌市夷陵区分乡;上奥陶统顶部。

萨罗普贝属　*Salopina* Boucot，1960

壳体亚圆形。腹壳凸隆较强，铰合面发育，轻微弯曲；背壳低平，铰合线短，前缘单槽型至单褶型。壳线作分叉式增加。腹内铰齿小而高耸，齿板发育，包围心脏形的肌痕面，无中隔脊；背内腕基异向展伸，腕基支板轻微分离，铰窝底板发育，主突起呈双叶型。

分布与时代　中国，北美洲、欧洲西部；志留纪文洛克世至早泥盆世。

小型萨罗普贝　*Salopina minuta* Rong et Yang
（图版40,13～15）

壳体小，横椭圆形，两壳凸度平缓。腹稍凸，背中槽浅。壳线细密，前缘2mm内有壳线7条。

产地层位　鄂西；志留系文洛克统纱帽组。鄂东；志留系兰多弗里统坟头组。

宜昌萨罗普贝？　*Salopina? yichangensis* Rong et Yang
（图版45,25）

壳体很小，壳线粗强，长1.6mm，宽2.4mm。壳线13～15条，多不分叉。

产地层位　宜昌市夷陵区分乡大中坝；志留系兰多弗里统罗惹坪组。

辛奈尔贝属　*Kinnella* Bergström，1968

腹双凸型。腹壳最大凸度位于顶区，铰合面斜倾型，三角孔洞开；背壳最凸处位于中部。腹内齿板短而弯曲，肌痕面长、宽近相等；背内有腕基支板，主突起基部与中隔板相连，冠部分枝。

分布与时代　中国，欧洲、北美洲；晚奥陶世。

隆凸辛奈尔贝　*Kinnella robusta* Chang
（图版39,28～30）

壳体小，轮廓横半圆形；腹高凸的双凸型。壳喙小而尖，不弯曲。铰合线直，主端方圆。背壳具浅中槽，始于喙部。壳线从壳顶开始，向前逐渐加宽，插入式增多，全壳50～60条壳线。同心纹密集。

产地层位　宜昌市夷陵区分乡；上奥陶统顶部。

小正形贝科　Paurorthidae Öpik，1933
小正形贝属　*Paurorthis* Schuchert et Cooper，1931

壳体中等，亚圆形至亚方形。铰合线直，稍短于壳宽。腹壳隆凸较背壳强，背壳具中槽。腹、背三角孔均洞开。壳线密型或簇型。疹质壳。腹内铰齿强，齿板厚，中隔脊粗宽；背内腕基短，腕基支板低矮，相向延伸，与加厚壳质形成背匙形台，中隔脊粗长。

分布与时代 亚洲、欧洲、北美洲;早—中奥陶世。

标准小正形贝 *Paurorthis typa*(Wang)

(图版38,17、18)

壳体形似圆形或近方形,铰合线直,主端钝角状,前缘直型或轻微凹曲。背壳具浅弱中槽。腹铰合面高,斜倾型。背铰合面低,直倾型。两喙均小而弯曲,两三角孔均洞开。

产地层位 鄂西;下—中奥陶统大湾组。

凹槽小正形贝 *Paurorthis sinuata*(Wang)

(图版38,20、21)

壳体横长方形,腹双凸型。脊中槽浅阔。壳线簇型。腹铰合面较高,斜倾型;背铰合面低,直倾型。两喙均小而弯曲,两壳三角孔均洞开。疹质壳。

产地层位 鄂西;下—中奥陶统大湾组。

圆形小正形贝 *Paurorthis circularis*(Wang)

(图版38,22~24)

壳体稍大,轮廓近圆形。铰合线直,主端钝方;侧视为不等的双凸型。腹铰合面高长,背铰合面短。两壳三角孔均洞开。中槽不显;壳壁甚厚。

产地层位 宜昌市夷陵区黄花场;下—中奥陶统大湾组。

无槽小正形贝 *Paurorthis unsulcata*(Wang)

(图版38,19)

壳体中等,长方形,两壳凸度近等。铰合线直,稍短于壳宽。腹铰合面低矮。两壳最凸处均位于壳体中部,向前及两侧缓降。背壳无中槽,前缘直型。壳线细密,2次分叉。同心状纹饰不明显。

产地层位 宜昌市夷陵区分乡;下—中奥陶统大湾组上部。

德姆贝科 Dalmanellidae Schuchert,1913

德姆贝属 *Dalmanella* Hall et Clarke,1892

壳体轮廓半圆形。铰合线直,短于壳宽,侧视为不等的双凸型。背中槽浅,腹中隆后方较高。腹铰合面弯曲,斜倾型;背铰合面正倾型。两壳三角孔均洞开。壳线密型。腹内铰齿粗强,异向展伸;背内腕基直伸,几乎垂直于腹方;腕基支板在中隔脊上相互联合;主突起小,冠部叶形;中隔脊显著。

分布与时代 世界各地;早奥陶世至志留纪兰多弗里世。

龟形德姆贝 *Dalmanella testudinaria*（Dalman）
（图版39,23～26）

壳体亚圆形,宽大于长;侧视为不等的双凸型。腹铰合面微弯曲,三角孔洞开。背三角孔亦洞开,但被主突起所充填。壳线密型。齿板发育,肌痕清晰,近心脏形。背主突起双叶型。腕基与腕基突起特长,异向展伸。

产地层位 宜昌市夷陵区分乡;上奥陶统顶部。

等正形贝属 *Isorthis* Kozlowski,1929

壳体横亚圆形;铰合线直,短于壳宽;不等的双凸型;背中槽极浅。腹铰合面较高,弯曲,顶区肿胀,三角孔洞开。背铰合面低,三角孔被主突起所充填。壳纹密型。疹质壳。腹内铰齿巨大,腕基窝深;齿板强;肌痕前端双叶型。背内主基密集,腕基刃脊状;具铰窝支板;主突起较小;中隔脊较短;肌痕面巨大。

分布与时代 亚洲东部、北美洲、欧洲西部;志留纪兰多弗里世至志留纪文洛克世。

黔北等正形贝 *Isorthis qianbeiensis*（Rong et Yang）
（图版39,17～19;图版40,1～3）

壳体较小,轮廓方圆形,铰合线直,短于壳宽。腹壳缓凸,最大凸度位于中后部。背缓凸,沿纵中线微凹。放射线细密,作2～3次分叉,同心纹较发育。

产地层位 京山市周湾、房县;志留系兰多弗里统罗惹坪组。长阳县平洛胡家台;上奥陶统至志留系兰多弗里统龙马溪组上部。

哈克艾贝科 Harknessellidae Bancroft,1928
德拉勃正形贝属 *Draborthis* Marek et Havliček,1967

平凸至不等双凸型。腹铰合面斜倾型至直倾型;背铰合面低,正倾型或超倾型。腹、背三角双板均缺失,背壳前部具浅槽。壳表饰有簇状壳纹。齿板长,分叉,镶于卵形肌痕面的边缘,前部界线不清。背内主突起简单,呈刀刃状;腕基短,远距离分叉;中隔板与主突起相连;疹质壳。

分布与时代 中国,欧洲;晚奥陶世。

德拉勃正形贝（未定种） *Draborthis* sp.
（图版39,22）

壳体较小,轮廓呈亚方形,铰合线为最大壳宽。主突起呈薄刃状,与中隔板相连,2对闭肌痕明显,前方1对稍大。

产地层位 宜昌市夷陵区分乡;上奥陶统至志留系兰多弗里统龙马溪组顶部。

扇房贝科　Rhipidomellidae Schuchert, 1913

扇房贝属　*Rhipidomella* Oehlert, 1890

壳体轮廓三角形至亚圆形。前缘常呈截切状；铰合线短；不等的双凸型。腹壳顶区凸隆；喙弯。壳线密型，多数中空。腹窗腔浅，齿板不发育，肌痕面巨大，扇形；背主突起大，叶形；中隔脊深达壳底，闭肌痕方形，生殖腺痕及膜痕颇发育，占有壳面的大部。

分布与时代　世界各地；志留纪至二叠纪。

米契林扇房贝　*Rhipidomella michelini* (Leveille)

（图版39,11）

壳体近中等，亚三角形。铰合线短，为壳宽的1/2，主端钝圆，最大壳宽位于前部。腹壳缓凸；喙小而耸突，轻微弯曲，两壳沿纵中线均轻微凹陷，形成宽浅的中槽。壳线细密，每2mm内有壳线5～6条，同心纹细密，壳体前部显著。

产地层位　建始县；下石炭统。

乌拉尔扇房贝细小变种　*Rhipidomella uralica* var. *minor* Grabau

（图版40,10）

壳体小，横椭圆形；铰合线短于壳宽的1/2；双凸型。腹壳凸度较强；喙耸伸，弯曲。背喙耸突不弯。壳纹细密、锐利，间隙与壳纹等宽。

产地层位　京山市石龙、杨家沟；二叠系乐平统龙潭组、大隆组。

倾脊贝亚目　Clitambonitidina Öpik, 1934

倾脊贝超科　Clitambonitacea Winchell et Schuchert, 1893

多房贝科　Polytoetchiidae Öpik, 1934

三房贝属　*Tritoechia* U1rich et Cooper, 1936

壳体轮廓亚椭圆形。铰合线直，稍短于壳宽。腹隆凸强，呈亚锥状。背壳最大凸隆位于中部，无中槽。腹铰合面高，饰有斜纹；假三角板巨大、凸隆，顶端具卵圆形茎孔。背铰合面低；背三角孔部分为假三角板覆盖。无疹壳。腹内铰齿小，齿板前延成假匙形台；具中隔脊。背内主突起简单呈刀刃状，腕基棒状，横伸；中隔脊粗短；闭肌痕明显四分。

分布与时代　亚洲东部、北美洲；早奥陶世。

尖喙三房贝　*Tritoechia acutirostris* Wang

（图版43,3）

壳体较大，轮廓方圆形；铰合线直，短于壳宽；腹双凸型。腹喙呈尖锥状，三角孔狭长，覆以假三角板。背壳凸隆均匀，自喙部始有窄而不明显的中槽，铰合面显著，正倾型。壳线细密,前缘5mm内有壳线8～9条。

产地层位 宜昌市夷陵区黄花场;下奥陶统南津关组。宜昌市夷陵区分乡;下—中奥陶统大湾组。

大湾三房贝 *Tritoechia dawanensis* Zeng

（图版42,4）

壳体中等,宽大于长,轮廓横方形;铰合线直,稍短于壳宽;腹双凸型。腹铰合面高,平坦,强烈斜倾型,三角孔中后部被假三角板覆盖,顶端具卵形茎孔。背壳缓凸,铰合面低,三角孔侧缘被三角双板覆盖,中部洞开,被主突起充填。壳线细密,近棱形,在前缘5mm内有17条。

产地层位 宜昌市夷陵区分乡;下—中奥陶统大湾组上部。

高罗三房贝 *Tritoechia gaoluoensis* Zeng

（图版41,13）

壳体中等,横椭圆形,呈扁豆状。铰合线直,略短于壳宽。腹壳隆凸较强,铰合面微弯,强烈斜倾型或近下倾型;假三角板凸隆,顶端有卵圆形茎孔。背壳缓凸,铰合面强烈正倾型,三角孔全部被背三角板覆盖。壳线细密,2～3次分叉,在中前部5mm内有壳线12条。

产地层位 宜恩县高罗龙河;下—中奥陶统大湾组下部。

两河口三房贝 *Tritoechia lianghekouensis* Wang

（图版44,3）

壳体较小,半圆形,壳宽大于壳长。铰合线直,约等于壳宽。腹最大凸隆处位于喙部,沿纵中线较凸,向两侧倾降;腹铰合面低矮、平坦,下倾型,喙稍弯而尖。背壳缓凸;铰合面短,正倾型;三角孔阔,部分被假三角板覆盖。前接合缘直缘型。壳线棱状,粗细不等,2次分叉,在前部5mm内有壳线8条。

产地层位 宜昌市夷陵区黄花场;下奥陶统南津关组。

尖翼三房贝 *Tritoechia mucronata* Wang

（图版44,1、2）

壳体中等,最大宽度位于铰合线上,主端作尖翼展伸。腹壳后部最凸,沿纵中线渐变缓;铰合面近下倾型,喙微弯,三角孔被凸隆的假三角板所覆盖,顶端具圆形茎孔,铰合面上饰有斜纹。背壳平,无中槽;铰合面低,正倾型。壳面覆以棱状壳线。壳面布满小突起。

产地层位 宜昌市夷陵区黄花场;下奥陶统南津关组。

肥厚三房贝 *Tritoechia obesa* Wang

（图版43,1）

壳体小,近五边形,宽大于长;铰合线直,约等于壳宽;腹双凸型,体厚。腹壳铰合面高长,平坦,斜倾型,饰有细纹;假三角板凸隆,顶端具圆形茎孔。背铰合面低矮,正倾型。前接合缘直缘型。壳面饰有粗强壳线,自喙部不远处即分叉,在前缘5mm内有壳线5条。

产地层位 宜昌市夷陵区黄花场;下奥陶统南津关组。

西方三房贝 *Tritoechia occidentalis* Ulrich et Cooper

（图版41,19）

壳体大,长宽近等;铰合线稍短于壳宽;两壳凸度近似;侧缘弯曲;前缘直型或轻微单槽型。腹假三角板凸,茎孔小。背缓凸,最凸处位于中前部,从喙部附近直至前缘平坦或具微弱中槽;喙部不显。壳线多次插入,间隙窄。

产地层位 宜昌市夷陵区分乡;下—中奥陶统大湾组下部。

圆形三房贝 *Tritoechia orbicularis* Zeng

（图版41,6;图版43,7）

壳体较大,肥厚,方圆形。铰合线直,稍短于壳宽。腹壳凸隆较高强,最凸处位于中后部;铰合面高,微弯,强烈斜倾型,饰有微弱细纹,假三角板凸隆,茎孔大而圆。背壳凸隆稍低;铰合面低,近直倾型。壳线细密,作2次分叉,在前缘5mm内有壳线14～15条。

产地层位 宜昌市夷陵区分乡、长阳县平洛;下—中奥陶统大湾组。秭归县新滩;下奥陶统南津关组。

美饰三房贝 *Tritoechia ornata* Wang

（图版43,2）

壳体中等,横椭圆形;铰合线约等于壳宽,主端近直角状;腹双凸型。腹铰合面高长,假三角板强凸,顶端有小圆茎孔。背铰合面低短,正倾型;三角孔宽,亦覆有假三角板。壳线圆而清晰,次级壳线较细,壳体前缘5mm内有壳线12～13条,饰有波状细纹。

产地层位 宜昌市夷陵区分乡;下奥陶统南津关组、下—中奥陶统大湾组。

直伸三房贝 *Tritoechia recta* Xu

（图版41,14～18;图版43,4）

壳体较大,长卵圆形;近等双凸,铰合面高,轻微斜倾型;假三角板高隆,顶端具卵圆形茎孔;铰合面低,正倾型。壳线细密,在前缘5mm内有壳线11条,并有3～4条同心线。

产地层位 宜昌市夷陵区、秭归县;下奥陶统南津关组顶部。

亚锥三房贝 *Tritoechia subconis* Zeng

（图版41,9～12）

壳体小,近五边形。腹隆凸高强;铰合面高,强烈斜倾型;假三角板高强,顶端具卵圆形茎孔。背壳隆凸低缓;铰合面低,正倾型。壳线粗强,呈棱脊状,作2次插入式增加,在前缘5mm内有壳线8～9条。

产地层位 宜昌市夷陵区分乡、秭归县新滩;下奥陶统南津关组中、下部。

宜昌三房贝 *Tritoechia yichangensis* Zeng

（图版41,2～4）

壳体中等,轮廓方圆形。铰合线约等于壳宽,腹、背均缓凸。喙部较显著,低而平坦,轻微斜倾型;腹假三角板凸隆,顶端茎孔大。背喙不显著;铰合面低,正倾型;三角孔两侧缘被三角双板覆盖。壳线细圆,插入式增加,前缘5mm内有壳线12条。

产地层位 秭归县新滩;下奥陶统南津关组下部。

覆孔贝属 *Pomatotrema* Ulrich et Cooper,1932

壳体中等,亚圆形;铰合线直且约等于壳宽;平凸型。腹壳亚锥形;前缘直型;铰合面斜倾型;三角孔覆有假三角板,顶端具茎孔;喙小。壳线密型。无疹壳。腹内铰齿粗强;齿板发育,前伸形成低的假匙形台;中隔脊低。背三角腔浅;腕基发育,呈斜棒状;主突起脊状;中隔脊极短;闭肌痕呈亚扇形。

分布与时代 亚洲东部、北美洲;早奥陶世。

新滩覆孔贝 *Pomatotrema xintanense* Zeng

（图版42,1～3）

壳体较大,方圆形或近长方形;铰合线约等于壳宽;侧视平凸型;壳体较薄。腹喙小,铰合面高,平坦,假三角板隆凸,茎孔大而圆。背铰合面低,三角孔侧缘被背三角双板覆盖。壳线细密,作2次插入式增加,前缘5mm内有壳线10～13条。

产地层位 秭归县新滩;下奥陶统南津关组上部。

马特贝属 *Martellia* Wirth,1936

壳体亚方形或近五角形;铰合线微短于壳宽;平缓的腹双凸型。腹铰合面高,饰有横纹及斜纹,斜倾型;背铰合面低,正倾型。腹、背三角孔均覆有高隆的假三角板,顶端具小圆形茎孔。壳面放射纹多次分枝,同心纹发育。腹内铰齿粗强,横伸;齿板发育,形成假匙形台。中隔脊显著,铰窝深大,横伸,主突起呈单脊状。

分布与时代 中国南部;早奥陶世晚期。

分乡马特贝 *Martellia fenxiangensis* Zeng

（图版40,4;图版42,5～8）

壳体中等,体厚,最大壳宽位于横中部,轮廓呈长菱形。铰合线直且短于壳宽。腹铰合面高,饰有横纹;三角孔被三角板覆盖,顶端具小的圆形茎孔。背中部具显著的中隆;三角孔被假三角板覆盖。壳线极细密。

产地层位　宜昌市夷陵区分乡;下—中奥陶统大湾组上部。

圆形马特贝 *Martellia orbicularis* Zeng

（图版39,12）

壳体中等,近圆形,主端阔圆。铰合线直,两侧缘圆滑。腹壳中后部凸度较大,中前部微凹,铰合面高,饰有斜纹;腹三角孔具假三角板,顶端有小圆的茎孔。背凸隆低,前中部微隆;三角孔被假三角板覆盖。壳线极细密而清晰。

产地层位　宜昌市夷陵区分乡;下—中奥陶统大湾组。

横宽马特贝 *Martellia transversa* Fang

（图版40,5;图版41,1）

壳体中等,横半圆形;铰合线直,稍短于壳宽;腹双凸型。腹铰合面高而平,斜倾型,并被横纹所装饰;三角孔狭长,被高隆的假三角板所覆盖;喙小,笋伸;中槽微弱。背壳凸隆平缓,前端有极弱的中隆;铰合面低,正倾型,三角孔全部被假三角板覆盖。放射纹均匀;同心纹发育。

产地层位　宜昌市夷陵区分乡;下—中奥陶统大湾组。

三重贝亚目　Triplesiidina Moore,1952
三重贝超科　Triplesiacea Schuchert,1913
三重贝科　Triplesiidae Schuchert,1913
三重贝属　*Triplesia* Hall,1859

壳体中等,横卵圆形;背双凸型;铰合线短,仅等于壳宽的1/2,主端阔圆。腹中槽自喙前始,达前缘后约为壳宽的1/2,并向背方作短舌状伸展;铰合面较高,弯曲,斜倾型;三角孔狭小,假三角板凸隆,茎孔极小。背中隆缓凸,颇显著;铰合面低。腹内齿板短,远距离异向展伸。背内主突起粗强,叉状延伸体呈角状。壳面仅饰有细的生长线。

分布与时代　亚洲东部、北美洲、欧洲西部;中奥陶世至志留纪拉德洛世。

分乡三重贝　*Triplesia fenxiangensis* Yan

（图版 39,27）

壳体小至中等,圆形或近卵形;侧视双凸;铰合线窄而直;主端圆。腹中槽始于壳顶,浅而宽,槽底圆,前伸呈舌状。背中隆较明显,始于近喙部,近前缘处凸隆较高,隆顶圆。壳表饰以同心层,前部又具有少数壳线。

产地层位　宜昌市夷陵区分乡;上奥陶统至志留系兰多弗里统龙马溪组顶部。

三峡三重贝　*Triplesia sanxiaensis* Chang

（图版 39,13～16）

壳体圆五边形,背双凸型。铰合线短,主端宽圆,最大壳宽在壳体中部。腹铰合面呈小三角形,三角孔被平坦的异板所掩覆。中槽始于壳喙前方,逐渐加宽加深,似三等分壳面,壳体前部呈舌突状,前缘单褶型。全壳覆有条带状的同心线。背中隆明显。

产地层位　宜昌市夷陵区分乡;上奥陶统顶部。

宜昌三重贝　*Triplesia yichangensis* Zeng

（图版 41,7、8）

壳体中等,长椭圆形。铰合线短于壳宽。腹壳凸隆低平,纵中线稍微隆起,两侧缘反而微凹,与壳体两侧形成截然的界线。背壳凸度稍强,顶区肿胀;中隆不显著。壳面仅饰有微弱的同心层。

产地层位　宜昌市夷陵区分乡;上奥陶统至志留系兰多弗里统龙马溪组顶部。

克里顿贝属　*Cliftonia* Foerste,1909

壳体较小,外貌似无洞贝,轮廓亚圆形;背双凸型;铰合线短,约为壳宽的1/3。壳线低圆,稀疏,具叠瓦状的同心层,偶形成皱刺。腹壳有宽浅的中槽,背壳有低圆的中隆。腹间面低矮,顶区肿胀,喙部耸突。腹内齿板薄弱,窗腔小;背内无腕螺。主突起茎较短,又状延伸则粗长。

分布与时代　中国,北美洲、欧洲西部;晚奥陶世晚期至志留纪。

克里顿贝(未定种)　*Cliftonia* sp.

（图版 38,27;图版 41,5）

壳体中等,亚圆形,铰合线短。壳体凸隆低缓,喙部小,在喙部附近开始出现中槽。壳线稀疏,圆隆,被叠瓦状的同心层所贯穿。

产地层位　秭归县新滩;上奥陶统至志留系兰多弗里统龙马溪组顶部。

三峡克里顿贝 *Cliftonia sanxiaensis* Chang

（图版39，20、21）

壳体中等，亚圆形。铰合线短，主端圆。背双凸型，前缘单褶型。中隆、中槽始于喙前方，向前迅速扩展，槽底平，隆脊圆。壳喙小。铰合面短小。壳线始于壳体中部，中隆上有壳线5～7根，侧区壳线偶然分叉并饰有同心线。

产地层位　宜昌市夷陵区分乡；上奥陶统至志留系兰多弗里统龙马溪组顶部。

锐重贝属 *Oxoplecia* Wilson，1913

壳体较大，横卵形。铰合线直，约为壳宽的1/2，近等的双凸型。前接合缘强烈的单褶型。腹中槽、背中隆自喙前出现，向前方迅速扩展，中槽稍作舌状延伸。腹铰合面短矮，三角孔大，为异板覆盖；喙小，顶端具小而圆的茎孔。背铰合面不发育，喙强烈弯曲。壳面饰狭棱状壳线，少数分枝，并有密集的叠瓦状同心层。腹内齿板发育；背内主突起双叶型。

分布与时代　亚洲东部、欧洲西部、北美洲；中奥陶世至志留纪文洛克世。

锐重贝（未定种） *Oxoplecia* sp.

（图版38，12～14）

壳体小，近圆形。侧视强烈隆凸，铰合线直，主端圆。前缘单褶型。中隆始于喙部，近前缘处明显凸隆、加宽，约为壳宽的1/2，隆顶圆，隆侧陡。表面饰有粗细近等的壳线，同心生长线发育，后部稀，前部密。

产地层位　宜昌市夷陵区分乡；上奥陶统至志留系兰多弗里统顶部。

扭月贝目 Strophomenida Öpik，1934
扭月贝亚目 Strophomenina Öpik，1934
褶脊贝超科 Plectambonitacea Jones，1928
褶脊贝科 Plectambonitidae Jones，1928
####### 匾形贝属（未刊） *Schedophyla* Xu et Liu（MS）

壳体半圆形，凹凸型或颠倒型，体腔薄。腹三角孔部分覆有假窗板，壳体后部缓凸，前部变平，并微凹。背窗孔部分覆有背窗板。壳线微型，同心纹显著。腹内齿板短，向前变低，并包围肌痕面；肌痕心脏形；主突起球状，简单；中隔脊缺失，有1对侧隔脊，形成闭肌痕的内缘。

分布与时代　中国南部；早奥陶世。

小型匾形贝（未刊） *Schedophyla minor* Xu et Liu（MS）
（图版44,7）

壳体中等,半圆形;铰合线为最大壳宽;凹凸型。壳纹有粗细两种,粗壳纹间有3～4条细壳纹,自喙部始,向前方多次分叉。同心生长线细密。

产地层位 建始县大转拐;下—中奥陶统大湾组。

小四齿贝属 *Tetraodontella* Jaanusson,1962

壳体小,半圆形。平缓的凹凸型,壳面有粗细两种壳纹。齿板短;腹肌痕呈小双叶型。背内主突起三叶型;腕基短,脊状,异向展伸;主基前2条近平行的隔板之间有横脊相连;闭肌痕长圆形,位于隔板的两侧。

分布与时代 中国、瑞典;中奥陶世。

小四齿贝?（未定种） *Tetraodontella*? sp.
（图版44,5）

壳体小,半圆形;铰合线直,等于壳宽;平缓凹凸型。腹壳均匀凸隆。壳面有粗细两种壳纹,主壳纹5条,始自顶区,其间有1条较短的壳线模糊,并有明显而等距的同心纹,与细的放射纹组成极小的微弱的方格状。

产地层位 秭归县新滩;中—上奥陶统宝塔组。

准小薄贝科 Leptellinidae Ulrich et Cooper,1936
准小薄贝属 *Leptellina* Ulrich et Cooper,1936

外形似*Lepteloidea* Jones,但背壳凹。腹三角孔覆有不完整的假窗板;背三角孔覆有2片背三角板。腹内肌痕面小,边缘加厚。背内体腔盘周缘强烈加厚,做成围板,围板上有中隔板,高度不定;主突起简单,呈低脊状,位于背三角板之间。腕基异向展伸,隔离支持主突起的加厚壳质。

分布与时代 中国,北美洲;早奥陶世。

黄花准小薄贝 *Leptellina huanghuaensis* Chang
（图版45,16）

壳体中等,半圆形。两壳凹凸型,铰合面窄,三角孔覆有不完整的假窗板。壳表饰粗细两组壳线,壳前具同心纹。

产地层位 宜昌市夷陵区分乡;中—上奥陶统庙坡组。

准三分贝属 *Trimerellina* Mitchell，1977

凹凸型；密纹型壳饰。腹肌痕区心脏形，其后部被短隔板分开。背内有叶状截切的肌痕台；中隔板起自喙区，向前不超过肌痕台；主突起向腹后方凸伸。

分布与时代 中国，欧洲；晚奥陶世。

京山准三分贝（新种） *Trimerellina jingshanensis* S. M. Wang（sp. nov.）
（图版47，26）

壳体小，轮廓半圆形。铰合线为最大壳宽。壳纹密型，纤细，主壳线始自喙部，并呈插入式增加，次级壳纹在主壳纹间隙内有4～5条；同心皱细密，与放射纹组成方格状花纹。背内肌痕台双叶型，每叶的前端有1个缺口。中隔板短粗，不超过肌痕台。主突起与中隔板相连；纤毛环台外围有高凸的围脊。

比较 新种与 *Anoptambonites incerta* 近似，但后者缺失细密规则的同心皱。另新种背内中隔板粗短，不超过肌痕台，而后者中隔板细长，并向前延伸达围脊。

产地层位 京山市惠亭山；上奥陶统至志留系兰多弗里统龙马溪组。

小墨西哥贝属 *Merciella* Lamont et Gilbert，1945

壳体横椭圆形；铰合线直长，为最大壳宽；凹凸型。壳线粗强，间距宽。腹内闭肌痕小，被启肌痕包围；启肌痕亚圆形，大小与闭肌痕近等。背内主突起简单，狭窄；体腔盘凸起，纤毛环台宽阔。

分布与时代 亚洲东部、欧洲；晚奥陶世至志留纪兰多弗里世。

条纹小墨西哥贝 *Merciella striata* Xu
（图版44，9）

壳体半圆形，凹凸型。壳面饰有放射线。腹内齿板不发育；腹肌痕前端呈双叶型；前有2条近平行的主膜痕。背内具微弱主突起；铰窝脊强，异向展伸；纤毛环台特别发育，高出壳底，台边缘有凹缺，其上饰有细的条纹，台中部呈高脊状或具有中隔板。

产地层位 长阳县巴山坳、宜昌市夷陵区分乡大中坝；上奥陶统至志留系兰多弗里统龙马溪组上段、志留系兰多弗里统罗惹坪组。

无脊贝属 *Anoptambonites* Williams，1962

壳体小，横椭圆形；缓凹凸型。铰合线直，等于壳宽。腹铰合面低，斜倾型；背铰合面正倾型；具有粗细不等的密型壳纹。壳质假疹。主突起脊状；铰窝脊强烈异向展伸，末端弯向铰合缘；中隔板高强，将纤毛环台分成两半，纤毛环台外围有规则的围脊。

分布与时代 中国南部、苏联西部、苏格兰；中—晚奥陶世。

存疑无脊贝 *Anoptambonites incerta* Xu

（图版47,33、34）

壳体小,横椭圆形;铰合线直,等于最大壳宽;缓凹凸型。腹内肌痕面呈双叶型,两叶交角小,中脊短;肌痕面上及其前方有数条沟痕。背内肌痕区具围脊,纤毛环台外围有凸的外围脊,中隔板长,将肌痕分为两瓣,并伸向外围脊。

产地层位 京山市吴任湾;中—上奥陶统庙坡组。

小薄贝属 *Leptella* Hall et Clarke,1892

壳体小,半圆形;凹凸型。铰合线长,等于壳宽。腹铰合面较宽,三角孔覆有具茎孔的假窗板。背铰合面窄,背三角孔具背三角双板。壳面光滑或具极细的壳纹。铰齿钝厚,腕基窝深;齿板低斜;肌痕区全部隆起。背内铰窝大,三角腔浅,与中隔脊相连接,主突起缺失。

分布与时代 亚洲东部、北美洲;早奥陶世晚期。

巨大小薄贝 *Leptella grandis* Xu

（图版44,10～12）

壳体相对较大,半椭圆形。铰合线直,为最大壳宽;主端尖翼状,侧视凹凸型。腹喙小,微弯;铰合面显著;三角孔后半部被凸隆的假窗板覆盖,顶端具小圆形茎孔。背低凹,喙缺失,三角孔两侧被三角双板覆盖。壳线和壳纹相间出现,每2根壳线间有6～7条壳纹。假疹孔做放射状排列。

产地层位 宜昌市夷陵区分乡;下—中奥陶统大湾组底部。

湖北小薄贝 *Leptella hubeiensis* Zeng

（图版44,16～18）

壳体小,横椭圆形。铰合线直,短于壳宽,主端阔圆;侧视凹凸型。腹壳凸度中等;喙小,微弯;铰合面发育,正倾型;三角孔覆有假三角板,顶端具有小而圆的茎孔。背壳低凹,三角孔两侧被背三角双板覆盖。壳纹细密。假疹孔做放射状排列。

产地层位 宜昌市夷陵区分乡;下—中奥陶统大湾组底部。

双叶贝属 *Bilobia* Cooper,1956

壳体小,半圆形。壳面饰有粗细不等的两种密型壳纹。腹肌痕面为强烈的双叶型,启肌痕分叉,被中隔脊分隔,并延伸至肌痕区前部。背内主突起高,三叶型,顶部具狭沟,纤毛环台呈双叶型,前端尖凸或浑圆,具中隔板。

分布与时代 欧洲、北美洲,中国南部;中—晚奥陶世。

黄花双叶贝 *Bilobia huanghuaensis* Chang

（图版45,7、9）

壳体中等,半圆形。壳表饰有粗细不等的两组壳纹。腹肌痕面为双叶型。背内纤毛环台呈双叶型,前端尖突,被中隔板分隔。

产地层位　宜昌市夷陵区分乡;中—上奥陶统庙坡组。

双叶贝(未定种) *Bilobia* sp.

（图版44,13;图版46,13）

壳体小,半圆形;凹凸型。铰合线直,等于壳宽,三角孔覆有假窗板;背铰合面亦相当发育。壳面饰有粗细的两组壳纹。主突起突伸于腹窗腔内;腕基粗强,斜伸,并与体腔区周缘的高脊相连,前端呈双叶型。

产地层位　宜昌市夷陵区分乡;中—上奥陶统庙坡组。

乐昂贝属 *Leangella* Öpik,1933

壳体小,横椭圆形;强烈的凹凸型。壳表饰有不等的微型壳纹。腹肌痕面呈横宽的双叶型。主突起高,后部顶脊上有2对平脊;纤毛环台小,呈双叶型,中间具小宽脊,圆形或尖凸。腕腔外围被脊包围。

分布与时代　中国南部,欧洲、北美洲;中奥陶世至志留纪拉德洛世。

湖北乐昂贝 *Leangella hubeiensis* Chang

（图版44,14）

壳体甚小,亚方形;凹凸型。铰合线直,为最大壳宽。腹壳强凸,稍折膝。腹铰合面斜倾型,喙微凸于铰合缘之外。壳面饰有不等的微型壳纹,三条明显的初级壳线自喙部发生。间隙内布满细放射纹。

产地层位　宜昌市夷陵区黄花场;中—上奥陶统庙坡组中、下部。

宜昌乐昂贝 *Leangella yichangensis* Chang

（图版44,6、8）

其他特征均同*L. hubeiensis*,只是这种腹壳凸度稍缓,腹肌痕区凸隆亦较弱。

产地层位　宜昌市夷陵区黄花场;中—上奥陶统庙坡组。

美棕贝属 *Mezounia* Havliček,1967

壳体小,半圆形;铰合线为最大壳宽。壳表饰5条主要壳线,壳线间有微细的放射纹。腹壳内齿板退化。

分布与时代 中国,欧洲;中奥陶世。

双尖美棕贝 *Mezounia bicuspis*(Barrande)
（图版45,8、23）

特征同属征。

产地层位 宜昌市夷陵区分乡;中—上奥陶统庙坡组。

分脊贝属 *Diambonia* Cooper et Kindle,1936

与*Leangella*相似,但在腹壳内有高强的中隔板,伸至肌痕区前部。

分布与时代 中国,欧洲、北美洲;中—晚奥陶世。

庙坡分脊贝 *Diambonia miaopoensis* Chang
（图版45,10～12）

壳体中等,近半圆形或菱形;凹凸型,体腔狭小,壳面弯曲均匀。腹壳凸度高,铰合面显著,三角孔上部覆有凸起的假窗板。壳面饰有细壳纹,被稍粗的壳线分开。背壳内部纤毛环台呈菱形。

产地层位 宜昌市夷陵区分乡;中—上奥陶统庙坡组。

卡札洛夫贝属 *Kozlowskites* Havliček,1952

壳体小,轮廓半圆形或近横方形。铰合线为壳体最大宽度。腹内肌痕呈"八"字形;背主突起呈倒"V"字形。

分布与时代 中国,欧洲;中奥陶世。

宜昌卡札洛夫贝 *Kozlowskites yichangensis* Chang
（图版45,1～3）

壳宽8mm,壳长5mm,轮廓半圆形或近横方形,铰合线为最大壳宽。腹内肌痕呈双叶型,背主突起呈倒"V"字形。

产地层位 宜昌市夷陵区分乡;中—上奥陶统庙坡组。

埃及月贝属 *Aegiromena* Havliček,1961

凹凸型。不等的微型壳纹,假疹孔较细密。腹内齿板短,肌痕双叶型,启肌痕扩展至前侧区隆起具壳瘤的地方,闭肌痕位于中隔脊的两侧,中隔脊的中后部向前分叉成1对脊。背内纤毛环台呈双叶型,但界线微弱,中隔脊伸至近纤毛环台处。

分布与时代 亚洲东部、欧洲;中—晚奥陶世。

间纹埃及月贝 *Aegiromena interstrialis* Wang

(图版47,15、16)

壳体小,宽大于长;凹凸型。铰合线直,为最大壳宽。腹铰合面直倾型;背铰合面超倾型。腹三角孔边缘留有假三角板遗迹。壳面饰有不等粗的微型壳纹,初级壳纹5条,始自顶区,其间并有与之等粗的短壳纹1~2条,分布在壳体边缘。

产地层位 宜昌市夷陵区黄花场;中—上奥陶统庙坡组上部、上奥陶统顶部。

宜昌埃及月贝 *Aegiromena yichangensis* Chang

(图版45,22)

该种与*Aegiromena ultima* Marek et Havliček十分相似,但后者壳顶稍大。背壳内部没有纤毛环台。

产地层位 宜昌市夷陵区分乡;上奥陶统至志留系兰多弗里统龙马溪组。

终埃及月贝 *Aegiromena ultima*(Marek et Havliček)

(图版49,16~18)

壳体小,轻微凹凸型。铰合线直长,为最大壳宽,主端尖突。壳面放射纹细密,1~2次分叉。假疹孔排列在壳线间隙内。

产地层位 宜昌市夷陵区分乡;上奥陶统至志留系兰多弗里统龙马溪组顶部。

拟丝线贝属 *Sericoidea* Lindström,1953

轮廓半圆形,凹凸型。壳面饰有粗细不等的两组壳纹,主壳纹很发育,被分开的小瘤所限制。

分布与时代 中国,北美洲、欧洲;中—晚奥陶世。

陕西拟丝线贝 *Sericoidea shanxiensis* Fu

(图版45,18)

壳体小,轮廓半圆形。主端方。腹内闭肌痕卵形,被短小的中隔脊分开。

产地层位 宜昌市夷陵区分乡;上奥陶统顶部。

条纹拟丝线贝 *Sericoidea virginica*(Cooper)

(图版45,13)

壳体小。壳宽大于壳长,长3mm,宽6.5mm,铰台线为最大壳宽。壳表饰有12条粗壳线,壳线间具数条细壳纹。

产地层位 宜昌市夷陵区分乡;中—上奥陶统庙坡组。

湖北拟丝线贝 *Sericoidea hubeiensis* Chang

（图版45、19、20）

壳体小，亚方形。壳面饰有10多条主壳线，中间夹有细壳纹。铰合线等于或稍短于最大壳宽。

产地层位 宜昌市夷陵区分乡；中—上奥陶统庙坡组。

埃吉尔贝属 *Aegiria* Öpik，1933

壳体小，轮廓半圆形。壳线细密；前接合缘通常为单槽型；侧视凹凸型。腹内齿板短，后倾型；腹肌痕面小，双叶型，闭肌痕在中隔脊上；中隔脊前端双分叉，并限制在启肌痕的中前部。背壳内纤毛环台发育；中隔板高强。

分布与时代 亚洲东部、欧洲；志留纪兰多弗里世至文洛克世。

格雷埃吉尔贝 *Aegiria grayi*（Davidson）

（图版49，19～21）

壳体小，半圆形；凹凸型。壳线密型。腹内齿板发育；背内主突起简单；铰窝脊强，宽阔的分离；纤毛环台不甚发育；中隔脊粗强，一般限于纤毛环台的前半部；2～3排粗而圆的疣点，分布在台区的外围，并呈同心状排列。

产地层位 鹤峰县两河口；志留系兰多弗里统纱帽组。

扭月贝超科 Strophomenacea King，1846
扭月贝科 Strophomenidae King，1846
扭月贝属 *Strophomena* Blainville，1825

颠倒型的扭月贝类，横半圆形或半椭圆形。饰有不规则而近等的壳线，假疹孔密集。腹内齿板发育，前伸成为隆脊，包围肌痕面；背内铰板呈弧形，无支板；主突起呈短的双叶型；具横肌隔板。

分布与时代 亚洲东部、欧洲；晚奥陶世至志留纪兰多弗里世。

巨型扭月贝 *Strophomena maxima*（Xu）

（图版49，14、15）

壳体大，轮廓半圆形；强烈的凸凹型。背壳最大凸度位于中部。壳面饰有细的放射纹。腹内齿板短，肌痕区围脊较发育。闭肌痕凹陷微弱，铰窝脊与主突起相连，宽阔地异向展伸；肌痕不清晰。

产地层位 宜都市茶园寺；上奥陶统至志留系兰多弗里统龙马溪组上部。

扁平扭月贝 *Strophomena depressa*（Xu）

（图版44,27、28）

壳体较小,背壳凸度较低;壳线不密聚,间隙较宽。

产地层位 宜都市郑家冲、宜昌市夷陵区分乡大中坝;志留系兰多弗里统纱帽组。

平月贝属 *Paromalomena* Rong,1979

壳体较小,半圆形。两壳凸度较平,体腔窄;槽、隆不显。铰合线直,主端方。壳表饰有放射线和同心线。铰齿小而圆,齿板呈"八"字形。腹肌痕卵圆形;中隔脊弱。主突起小,主突起冠双叶型。腕基细,异展,支板薄,呈小"八"字形。背肌痕呈长卵形,肌痕面中间被1条低沟隔开。

分布与时代 中国,欧洲;晚奥陶世。

波兰平月贝 *Paromalomena polonica*（Temple）

（图版45,17;图版47,17）

壳体较小,轮廓半圆形。两壳凸度平。壳表饰有壳线和不明显的同心线。

产地层位 宜昌市夷陵区分乡;上奥陶统顶部。

宜昌平月贝 *Paromalomena yichangensis* Chang

（图版45,4～6）

壳体小,半圆形或圆形,侧视双壳近平,体腔窄。铰合线直,主端方。腹喙小,铰合面低,近正倾型。壳表饰同心皱,前缘同心层发育,致使壳面下陷一圈。腹壳具浅窄的中槽,槽内及两侧布有3～4条弱放射纹。与*P．polonica*的区别是壳体较小,壳线数目多。

产地层位 宜昌市夷陵区分乡;上奥陶统顶部。

线纹扭月贝属 *Linostrophomena* Xu,1974

腹壳凸,背壳后部稍凸,向前逐渐变凹,恰与*Strophomena* Blainville（1825）的凸度相反。壳体前缘向背方作微弱的膝折。

分布与时代 中国南部;志留纪文洛克世早期。

凸线纹扭月贝 *Linostrophomena convexa* Xu

（图版47,9、10）

壳体横圆形。铰合面低,斜倾型;腹三角面窄;壳面具有粗细的两种壳纹。腹内铰齿粗壮,缺失齿板;肌痕区略呈长的双叶型;闭肌痕凸隆窄长,被细的中隔脊分开。背内主突起双叶型;强烈伸展的铰窝板与主突起相连;闭肌痕具横肌膈。

产地层位 鄂西及大冶市西畈李;志留系兰多弗里统纱帽组、坟头组。

枪孔贝属 *Gunnarella* Spjeldnaes,1957

似*Strophomena*,但很少膝折。具有粗细不等的壳纹及发育的壳皱,壳皱被间隙宽的壳纹所切割。腹内齿板短或发育不全;肌痕面次圆形或亚方形,周围被隆脊所限制;背窗腔台短。假疹壳。

分布与时代 中国南部,北美洲、欧洲;中—晚奥陶世。

枪孔贝(未定种) *Gunnarella* sp.
（图版44,15）

壳体小,宽约5mm;横椭圆形。铰合线稍短于壳宽,壳面饰有10多条细壳纹,在壳纹的间隙内有波状的壳皱,壳皱在壳体中部明显。腹内齿板发育,在腹肌痕的两侧,末端近平行,肌痕面次圆形。

产地层位 大冶市西畈李;志留系兰多弗里统。

准五片贝属 *Pentlandina* Bancroft,1949

似*Luhaia*,但无膝折。背壳具强烈中隆;横肌隔发育。

分布与时代 中国,欧洲;志留纪。

准五片贝(未定种) *Pentlandina* sp.
（图版47,11）

壳体中等。背壳具中隆。背内具铰窝板,斜伸;中央肌隔发育短,前端略分叉;1条细的低脊位于中隔脊前方。

产地层位 通山县英山;志留系兰多弗里统纱帽组。

圣主贝科 Christianiidae Williams,1953
圣主贝属 *Christiania* Hall et Clarke,1892

壳体次方形至长矩形,铰合线约等于壳宽。腹壳凸隆强烈,背壳凹曲深。壳面饰有同心纹,偶尔具细壳纹及壳皱。腹铰合面弯曲,三角孔覆以凸起的假窗板;茎孔小,位于假窗板的顶端;铰齿小而宽,齿板几乎缺失;具中隔脊;脉管痕清楚。背三角板强凸;腕基异展,主突起茎短而强,壳内有1对"U"字形隆脊。

分布与时代 中国,欧洲、北美洲;中—晚奥陶世。

长方圣主贝 *Christiania oblonga*（Pander）

（图版44,20、21；图版47,14）

壳体似圆形,壳宽4mm,壳长3.5mm。铰合线为壳体最大宽度。背壳内部具2个"U"字形隆脊。

产地层位 宜昌市夷陵区分乡；中—上奥陶统庙坡组。

凹槽圣主贝 *Christiania sulcata* Williams

（图版44,22～25）

壳体小,凹凸型；宽稍大于长；亚方形。铰合线直,约等于壳宽,主端近直角,常形成扁平耳状。腹壳均匀凸隆,自喙部发生低弱的中槽；背壳凹；与中槽相对应处有中隆。壳面饰有同心生长线及圆形放射纹,在背壳内"U"字形隆脊高强。

产地层位 宜昌市夷陵区分乡；中—上奥陶统庙坡组上部。

薄皱贝科 Leptaenidae Hall et Clarke,1894
薄皱贝属 *Leptaena* Dalman,1828

壳体凹凸或平凸,体腔区平坦或稍凸,膝曲,壳喙小,顶端具小茎孔。两壳铰合面均窄小,三角孔均具假窗板。壳纹细密,壳皱发育。假疹孔呈放射状排列。腹内齿板发育,肌痕面显著,无中脊。背内主突起双叶型,前伸形成中隔板。

分布与时代 世界各地；中奥陶世至泥盆世。

"松滋"薄皱贝（新种） *"Leptaena" songziensis* S. M. Wang（sp. nov.）

（图版44,19）

壳体较小,宽大于长,长13mm,宽19mm；轮廓次矩形；侧视不等的双凸型。腹壳凸,前端微膝折；背壳平凸。铰合线为最大壳宽。腹铰合面直倾型,背铰合面正倾型。两壳三角孔均洞开,无板状物覆盖。壳面饰有壳皱,但不发育；壳纹细密,粗细近等。内部构造不详。

比较 新种具有平凸型的外貌,密集的壳纹,有稀疏的壳皱。但两壳的三角孔均洞开,无任何板状物覆盖,置于此属尚有问题,且内部构造不详,有待进一步研究。

产地层位 松滋市卸甲坪；下—中奥陶统大湾组。

薄盖贝属 *Leptaenopoma* Marek et Havlíček,1967

壳体中等,近方形；轻微的凹凸型。铰合线直,约等于壳宽。腹铰合面低平,三角孔覆有假窗板；腹体腔区微平或凹,前方膝折。壳线密型,同心皱发育。腹内齿板发育,异展,围绕肌痕面侧部,不具中隔脊。背主突起小,前部有断开的宽短的中隔板；闭肌痕深凹,呈泪滴状,肌痕面前方各伸出1条侧脊。

分布与时代 中国,欧洲;晚奥陶世。

三分薄盖贝 *Leptaenopoma trifidum* Marek et Havliček
（图版46,3～6）

壳体中等,近方形;轻微的凹凸型。铰合线直,约等于壳宽,主端钝。腹铰合面低平,斜倾型;背铰合面低,正倾型,三角孔被假窗板覆盖。腹壳体腔区平或微凸,前方膝曲,拖曳部与脏腔盘的交角近90°。壳线密型,同心皱发育,并具同心线。

产地层位 宜昌市夷陵区分乡;上奥陶统至志留系兰多弗里统顶部。

光滑薄皱贝属 *Lioleptaena* Xian,1978

壳体中等至大,强烈凹凸型;轮廓横方形。壳面光滑或前缘具不规则的壳纹,腹壳前方强烈地向背方膝曲。腹肌痕面次圆形,中央为狭窄的三角形凹槽,明显地将启肌痕分为似扇形的两部分;四周围脊发育。背壳内主突起很低,腕基粗强,中隔板短。

分布与时代 中国南部;志留纪文洛克世。

凯里光滑薄皱贝(相似种) *Lioleptaena* cf. *kailiensis* Xian
（图版44,26;图版48,18）

壳体中等至小,两壳强烈凹凸型,铰合线直。腹壳缓凸,全壳光滑无褶,不规则的壳线仅分布于壳体的前端或膝折的位置。腹壳边缘呈隆脊状,膝折近直角。腹肌痕面似圆形,中央被颠倒的"V"字形凹陷区所占据,将肌痕面一分为二;启肌痕似扇形。

产地层位 大冶市西畈李;志留系兰多弗里统坟头组。

薄膝贝属 *Leptagonia* McCoy,1844

壳体轮廓、形态及壳饰类似*Leptaena*,假三角板有或缺失。腹内齿板短,分离,在幼年期明显;腹肌痕大,亚圆形,边缘围以高脊。主突起散射,前端略分离,闭肌痕面位于后方由中隔板支持的三角台上。

分布与时代 亚洲、欧洲;早石炭世。

二分薄膝贝 *Leptagonia distorta*(Sowerby)
（图版47,24、25）

壳体中等,双凸型;轮廓四边形。腹壳体腔区平,前缘强烈膝曲;背壳微凸;两壳都有狭长的铰合面。腹三角孔洞开。壳纹细密,壳皱十分发育。腹内具铰齿及匙形台;背内有主突起。假疹壳。

产地层位 宜都市毛湖埫;下石炭统杜内阶。

齿扭贝科　Stropheodontidae Caster, 1939

始齿扭贝属　*Eostropheodonta* Bancroft, 1949

轮廓半圆形,两壳凹凸型,具副铰齿。壳面饰有微型壳纹或簇型壳纹。假疹质壳。腹三角孔洞开,背三角孔覆有巨大的三角板。腹内齿板短,背内铰窝脊强,主突起双叶型;肌痕模糊。

分布与时代　亚洲、欧洲;晚奥陶世至志留纪兰多弗里世。

极端始齿扭贝　*Eostropheodonta ultrix*（Marek et Monliceu）

（图版49,2、5）

壳体中等,半椭圆形。铰合线直长,等于壳宽,主端近直角状。壳线有粗细两组,一级壳线较粗强,从喙部附近伸至前缘,从不分叉;壳纹夹在一级壳线之间,每2条壳线间有4～6条壳纹,1～2次分叉;假疹孔细密,排列在壳线间隙内。

产地层位　宜昌市夷陵区分乡;上奥陶统顶部。

隐月贝属　*Aphanomena* Bergström, 1968

壳体较大,侧视近平。两壳凸隆均微弱;铰合线直,为最大壳宽;两壳铰合面均低。壳线密型,插入式增多,同心生长线发育。假疹壳。腹内铰质粗大,齿板短,异展。背内铰窝大,外铰窝脊和主缘斜交,主突起单脊状。

分布与时代　中国,欧洲;晚奥陶世。

过多隐月贝　*Aphanomena ultrix*（Marek et Havliček）

（图版49,3、4）

壳体较大,方圆形。侧视近平,两壳凸隆均微弱;主端钝角或直角状。铰合线直,等于壳宽。两壳铰合面低,腹壳铰合面斜倾型,背铰合面正倾型。壳线密型,插入式增加;同心生长线发育。

产地层位　宜昌市夷陵区分乡;上奥陶统顶部。

窦维尔贝属　*Douvillina* Oehlert, 1887

壳体小,半圆形或纵椭圆形。主端略尖突,凹凸型。腹铰合面直倾型或斜倾型;背铰合面正倾型或超倾型。两壳三角孔均覆有假窗板。壳纹粗细相间。腹壳具完整的副铰齿;铰齿及齿板均不发育;肌痕面小,具中隔脊。主突起双叶型,向前延伸成为中隔板;肌痕面被细而弯曲的隆脊所围绕;腕基支板发育。

分布与时代　亚洲、欧洲、北美洲;志留纪兰多弗里世至晚泥盆世。

窦维尔贝（未定种） *Douvillina* sp.

（图版49,1）

壳体较大,长椭圆形。强烈凹凸型。腹壳隆凸强,沿纵中线的前半部呈龙骨脊状。副铰齿发育;喙小而弯曲。背壳凹曲,壳面中部更甚,与腹壳隆凸相适应;喙部缺失;铰合面强烈超倾型。壳线粗细相间,2条粗壳线间有6～8条细壳纹。

产地层位 宜都市郑家冲;志留系兰多弗里统罗惹坪组。

薄扭贝亚科 Leptostrophiinae Caster,1939
薄扭贝属 *Leptostrophia* Hall et Clarke,1892

壳体次方圆形,主端尖翼状。和缓的凹凸型。腹壳铰合面较高;背铰合面低。腹三角孔前部覆有假窗板;背假窗板厚大,隆起。壳纹细密;壳面后侧有低平的壳皱,但有时壳皱遍覆全壳。假疹呈放射状,密布。腹副铰齿发育完全,遍布铰合缘;启肌痕三角形,围脊模糊;闭肌痕竹叶形,具中脊。背主突起粗大;铰窝支板发育;具中脊和侧脊。

分布与时代 世界各地;志留纪至早泥盆世。

薄扭贝（未定种） *Leptostrophia* sp.

（图版46,12;图版47,27、28）

壳体中等,次方圆形,缓凸。壳面饰有壳皱及粗细相间的细密壳纹。腹肌痕三角形。

产地层位 京山市;志留系兰多弗里统纱帽组。

塔斯塔贝属 *Tastaria* Havlíček,1965

壳体中等至大,平凸型或缓凹凸型。铰合线短于壳宽,某些种的铰合线向侧方或后方展伸为短耳。壳饰分为壳线或壳纹。三角形的腹肌痕面两侧围以副齿板。主突起朝向腹方;脊突限制肌痕面的后侧方;腕基缺失。

分布与时代 中国南部、捷克、斯洛伐克、苏联;志留纪文洛克世至早泥盆世。

宜城塔斯塔贝（新种） *Tastaria yichengensis* S. M. Wang（sp. nov.）

（图版46,14～16）

壳体较大,轮廓方圆形或横椭圆形,两壳近平凸型。腹壳缓凸。铰合线直,等于最大壳宽。壳面覆以粗细相间的两组壳纹,粗壳纹间有细壳纹1～3条;无同心皱。腹肌痕面三角形中央被短脊分割,两侧各被深沟所限。副铰齿模糊。

比较 宜城标本在壳体大小、轮廓及壳饰等特点,与贵州沿河土地坳所产及贵州秀山标本均有差别。最初戎氏等建立的*Leptostrophia guizhouensis*,后经鲜氏等据背内无发育的腕基和壳面无皱等特点,置于*Tastaria*属中,而将土地坳的标本视为*T.guizhouensis*。但实际上这两处的标本在大小、轮廓及腹内部构造亦有差别，且后者标本铰合缘两端缺损，轮廓不完整。新种的数枚标本均为宽大于长，铰合线为最大壳宽，有时稍突伸，腹三角肌痕面刻画清楚。

产地层位 宜城市板桥、宜都市茶园寺；志留系兰多弗里统纱帽组。

鳞扭贝属 *Pholidostrophia* Hall et Clarke，1892

凹凸型，横宽，珍珠质，具细的放射纹饰或缺失；体腔窄，铰合线的 1/3～1/2 具副铰齿。背壳具 1 对闭肌痕，一般有腕脊，短隔板位于肌痕面的前端；主突起叶状，朝向腹后方，末端具凹槽或者缺失。

鳞扭贝属（中鳞扭贝亚属） *Pholidostrophia*（*Mesopholidostrophia*）Williams，1950

具铰窝支板的 *Pholidostrophia*。

分布与时代 北半球；志留纪文洛克世至拉德洛世。

小型中鳞扭贝 *Pholidostrophia*（*Mesopholidostrophia*）*minor*（Rong，Xu et Yang）
（图版 47，29、30）

壳体较小，近方圆形。凹凸型；铰合线平直，约等于壳宽，主端方钝。全壳覆以细密的放射纹。腹内齿板短，铰缘具不完全的副铰齿；腹肌痕面微凸，半圆形，中央有楔形的凹槽，尖端指向前方；闭肌痕甚小，叶片状。背内铰窝支板很短，主突起叶状。

产地层位 房县茅坪；志留系兰多弗里统纱帽组。

矩形中鳞扭贝 *Pholidostrophia*（*Mesopholidostrophia*）*rectangularia* Xian
（图版 44，30～32）

壳体中等，横方形。平凸或缓凹凸型。铰合线平直，为最大壳宽，主端钝方。壳面覆以均匀的细放射纹，壳面前端出现低圆的壳褶。腹内具简单的腹突起，腹肌痕半圆形至扇形。

产地层位 房县茅坪、通山县新桥；志留系兰多弗里统纱帽组。

戴维逊贝超科 Davidsoniacea King，1850
米克贝科 Meekellidae Stehli，1954
米克贝属 *Meekella* White et St. John，1867

壳体中等至大。铰合线短于壳宽，双凸型。腹壳顶及铰合面常扭曲，背壳形状规则。腹喙耸直，不弯曲，顶端具茎孔。壳面饰以细壳纹及粗强壳褶。腹内齿板薄而高大，近平行；背内主突起叉状，铰窝板异向展伸。

分布与时代 世界各地；石炭纪至二叠纪。

加纳米克贝 *Meekella garnieri* Bayan

（图版49,26）

壳体较大,两壳强凸,背壳凸度稍大。铰合线短,仅为壳宽的1/3。腹铰合面低,中前部具有深而宽的凹陷;背壳有相应低钝的中隆,前缘凹缺。壳面具有不规则的圆形壳褶及细壳纹,壳褶在接合缘上呈齿状交错。

产地层位 阳新县星潭铺;二叠系阳新统栖霞组。

乌拉尔米克贝 *Meekella uralica* Tschernyschew

（图版44,29）

壳体中等,梨形。最大壳宽位于中部,主端钝角。腹喙耸直,扭曲不对称;铰合面斜倾型,三角孔覆有假窗板,顶端具椭圆形茎孔。背壳凸度低于腹壳。壳纹细密;壳褶始于中部,顶脊棱形;间隙阔圆。

产地层位 崇阳县路口白霓桥;二叠系乐平统吴家坪组。

阿拉克凉米克贝 *Meekella arakeljani*（Sokolskaya）

（图版42,9）

壳体中等,横椭圆形。背壳稍凸于腹壳;铰合线稍短于壳宽。腹喙直伸;铰合面微凹;宽阔的中槽始于喙前。背喙附近凸度最大。放射线细圆,间隙宽,插入式增多;壳前部具少数小壳褶;间或有不规则的同心层。

产地层位 阳新县龙港白水塘;二叠系阳新统栖霞组。

直形贝科 Orthotetidae Waagen,1884
准直形贝属 *Orthotetina* Schellwien,1900

壳体中等至大;双凸型。铰合线短于壳宽。铰合面在高度上变化大,腹三角孔被隆起的假三角板覆盖。壳纹细密,一般不形成放射褶。腹内齿板近平行,间隙窄,前端几乎接触。背内主突起叉状;铰窝支板高大,异向展伸。

分布与时代 世界各地;石炭纪至二叠纪。

远安准直形贝 *Orthotetina yuananensis* Ni

（图版39,31）

壳体大,宽大于长,近横方形。铰合线短于壳宽,主端方形,前方壳面微凹;近等的双凸型。腹喙高耸,铰合面斜倾型,不弯;三角孔覆以假三角板。背喙微凸,铰合面窄,线状;中槽微弱,向前增宽。壳线粗细相间,粗线间有1～3条细壳纹;同心层强烈而规则,细同心纹将细壳纹切割成瘤状。

产地层位 远安县刘家塘；二叠系阳新统茅口组。

近瑞克贝属 *Perigeyrella* Wang，1955

壳体中等至大，强烈双凸。铰合线短于壳宽的1/2；侧缘近弧形，前缘轻微凹曲。腹铰合面特高，微扭曲；喙耸伸；三角孔窄，为假三角板所覆。背铰合面消失。壳纹密型，间隙内有同心纹。腹内齿板高强，相向延伸形成窄而高的匙形台，后端具低短的支板。背内主突起高耸，双叶型；腕支板高而短，异向展伸。

分布与时代 中国；二叠纪乐平世。

线纹近瑞克贝亚方亚种 *Perigeyrella costellata subquadrata* Zhang et Ching
（图版40，11）

壳体大，略呈横椭圆形。最大壳宽位于中部，铰合线短，主端钝角状。腹中隆不显，背壳具有宽平的中槽。壳面覆有清晰而细密的壳纹，粗细不等，在前缘每2条粗纹间有2～4条细纹，隔隙宽于壳纹。

产地层位 崇阳县路口板桥坑；二叠系阳新统。

直形贝属 *Orthotetes* Fischer de Waldheim，1829

壳体较大，半圆形或横圆形。腹壳顶区凸隆，前方凹曲，极少数种平坦；背壳高凸。腹铰合面阔三角形，背铰合面线状。壳线粗细近等，插入式增多，间隙较宽，无壳皱。腹内铰齿小，铰板前伸形成匙形台。中隔板长，纵贯肌痕面。背壳主突起短，双叶型，后部有短的铰板包围铰窝。

分布与时代 世界各地；晚石炭世至二叠纪。

亚美尼亚直形贝 *Orthotetes armeniacus* Arthaber
（图版45，14）

壳体大，腹双凸型。腹铰合面三角形，略不对称；腹壳喙尖凸；三角孔狭窄。背喙小，微凸，铰合面狭窄。腹中槽宽浅。壳面饰有微弱但清晰的壳纹，向前方作插入式增多；同心纹显著。腹内齿板薄而长，平行地向前展伸。

产地层位 武汉市江夏区；二叠系。

法顿贝亚科 Fardeniinae Williams，1965
法顿贝属 *Fardenia* Lamont，1935

壳体小至中等，低缓而近等的双凸型；轮廓近圆形。腹铰合面低；三角孔上覆有假窗板；茎孔在成年期多消失。放射线较粗，宽度及强度近一致，间隙狭窄。腹内具齿板。

分布与时代 亚洲、欧洲、北美洲；中奥陶世至志留纪拉德洛世。

华美法顿贝？ *Fardenia? lauta* Xu et Rong

（图版46，18）

壳体中等，横圆形。平缓的背双凸型，腹背两壳铰合面均较低。壳面饰有粗细两组壳线，两组壳线间有2～4条壳纹。腹内齿板薄而短，腹肌痕面不清晰。背内主突起双叶型，略高出铰合线；铰板强烈异向展伸，末端更弯向铰合缘。

产地层位 鄂西；志留系兰多弗里统纱帽组。

苏格兰法顿贝 *Fardenia scotica* Lamont

（图版45，21）

壳体中等，半圆形，两壳凸度不大。壳表饰壳线，插入式增加。腹壳内齿板细，异展。

产地层位 宜昌市夷陵区分乡；上奥陶统顶部。

舒克贝科 Schuchertellidae Williams，1953
舒克贝属 *Schuchertella* Girty，1904

壳体小至中等，半圆形或半椭圆形；双凸型。腹喙小而直，有时弯曲；铰合面低；三角孔覆以假窗板。背铰合面不发育，呈线状。壳纹细密，间隙宽，次级壳线插入式增多。腹内齿板不发育；背内主突起低，双叶型，中隔板发育。

分布与时代 世界各地；泥盆纪至二叠纪。

湖南舒克贝 *Schuchertella hunanensis* Wang

（图版44，33；图版47，7）

壳体中等，近横方形。腹壳缓凸，壳纹细弱，近棱形，间隙狭而深，前缘5mm内有壳纹11～15条。

产地层位 建始县弓剑崖；上泥盆统至下石炭统写经寺组。

半面舒克贝 *Schuchertella semiplana*（Waagen）

（图版47，6）

壳体小，横方形。铰合线短于壳宽；平凸型。腹壳纵向稍凸，横向曲度均匀；喙耸而微弯；铰合面高，近平坦。背壳平，自喙部发生宽浅的中槽。壳面覆以细密壳纹，插入式增加，前缘5mm内有壳纹10～11条。

产地层位 阳新县龙港白水塘；二叠系阳新统栖霞组。

舒克贝(未定种) *Schuchertella* sp.

(图版47,8)

壳体大,横椭圆形。铰合线短于壳宽;主端钝圆。腹壳后部稍凸,前部较平,沿横向均匀凸隆。壳面覆以细密壳纹,间隙宽,插入式增加,前缘5mm内有壳纹5～7条,其上布满横纹。

产地层位 松滋市刘家场三溪口;下石炭统维宪阶。

德比贝属 *Derbyia* Waagen,1884

壳体外形与壳饰均同 *Orthotetes*,但内部构造不同。背内主突起粗大,双叶型,两侧各为1个厚而大的铰窝板支持,此板向前作叉状伸展,并包围肌痕面后部;肌痕面深而巨大;无中隔脊。腹内中隔板高强,可延伸至中部;铰齿脊状,齿板短。

分布与时代 世界各地;石炭纪至二叠纪。

展翼德比贝 *Derbyia mucronata* Liao

(图版46,8、9)

壳体中等,展翼状,侧面平凸型或颠倒型。腹壳顶区稍凸隆,中部平坦,前方微凹;耳翼特别显著;铰合面低宽,假窗板拱凸,中隆弱。背壳凸隆较强,无铰合面,中槽浅。有初级壳纹17～19条,次级壳纹作插入式增加。腹内中隔板长达壳长的1/3;背内主突起叉状,茎部短,基部伸出"八"字形的腕支板,包围肌痕面。

产地层位 恩施市白岩坝;二叠系乐平统吴家坪组。

戟贝亚目 Chonetidina Muir-Wood,1955
戟贝超科 Chonetacea Bronr,1862
戟贝科 Chonetidae Bronr,1862
刺戟贝属 *Spinochonetes* Liu et Xu,1974

壳体小。壳面饰有密集的壳线,中央壳线显著加粗;自腹壳喙顶伸出1根直长而纤细的壳刺,其长度有时可超出壳长的1倍;铰合缘上未见有其他壳刺。

分布与时代 中国南部;志留纪文洛克世。

显见刺戟贝 *Spinochonetes notata* Liu et Xu

(图版45,15)

壳体小,壳宽约3mm,长约2mm,平缓凹凸型。腹、背铰合面均很低。壳面饰有壳线,中央壳线最粗,其余壳线近等,后侧部常具明显而不规则的壳皱。

产地层位 宜昌市夷陵区分乡大中坝;志留系兰多弗里统纱帽组下部。

刺戟贝（未定种） *Spinochonetes* sp.

（图版48,21）

壳体小,轮廓呈倒梯形。铰合线为最大壳宽,主端钝角状。腹壳缓凸,耳翼平;壳线不明显,但有不规则的壳皱;壳体中部有数条粗棱状壳线。自腹喙顶伸出1根细长的壳刺,长约为壳长的1/2。

产地层位 宜昌市夷陵区分乡;志留系兰多弗里统罗惹坪组。

线戟贝属 *Plicochonetes* Paeckelmann,1930

壳体小至中等,凹凸型。腹、背铰合面均发育。腹假三角板缺失或小,无背三角板。壳面饰以较粗、宽度远大于间隙的壳线;耳翼无壳线;同心纹多而规则。腹内中隔板短;背内中隔板有时缺失,侧隔板短。

分布与时代 亚洲、欧洲、北美洲,澳大利亚;泥盆纪至早石炭世。

"线戟贝"（未定种） *"Plicochonetes"* sp.

（图版47,22、23）

壳体大,横的次方形。主端尖,铰合线为最大壳宽。腹壳凸隆,中部最凸;喙大,超越铰合线,耳翼伸展,与壳顶两侧分界清楚。中槽始于壳喙不远处,窄深,两侧呈肺叶状。全壳具插入式放射线,耳翼两侧无壳线。

产地层位 大冶市明家沟;二叠系阳新统茅口组。

新戟贝属 *Neochonetes* Muir-Wood,1962

壳体小至中等,平凸至凹凸型。铰合线约等于壳宽。腹壳有时具中槽;腹假窗板有或无,具背三角板。壳面饰有发状壳纹;壳刺沿铰合缘呈低角度延伸。背内主突起双叶型,外视三叶型或四叶型;具主穴;中隔板长,侧隔板短;具内铰窝脊,偶有外铰窝脊。

分布与时代 世界各地;晚石炭世至二叠纪。

兴山"新戟贝" *"Neochonetes"xingshanensis* Chang

（图版49,24）

该种壳体较小,腹壳高凸,壳纹密;以同心线将壳纹切割成数段为特征。无槽、隆,耳翼大,光滑;前缘2mm内有壳纹约12条。

产地层位 兴山县;二叠系阳新统茅口组。

乌拉尔新戟贝 *Neochonetes uralicus*（Moeller）

（图版48,2）

壳体小,横长方形,长5mm,宽7mm。铰合线长为最大壳宽。腹均匀凸隆,最大凸隆位于中部;耳平,与壳面无明显界线。中槽始于喙部,窄而显著。壳纹细弱,壳体前部5mm内有壳纹5～6条。

产地层位 武汉市江夏区花山;上石炭统黄龙组。

新戟贝（未定种） *Neochonetes* sp.

（图版48,1）

壳体小,半圆形。铰合线为最大壳宽。壳线在前部分叉,并饰有细的同心纹。

产地层位 松滋市刘家场;下石炭统杜内阶。

细戟贝属 *Tenuichonetes* Ching et Hu,1978

壳体中等至大,轮廓横长形。主端锐角状。腹壳缓隆;中槽浅,始于喙部。壳纹细密,中槽内及前部壳面往往具壳褶。主壳刺3～4对,与铰合缘斜交成60°左右。腹壳内中隔板伸至前缘附近,始端在窗腔内加厚成台状。背壳内主突起后视四叶型,前视双叶型,中隔板细长,具侧隔板及数条瘤脊;无腕痕。

分布与时代 中国南部;二叠纪船山世。

白土细戟贝 *Tenuichonetes baituensis*（Ni）（=*Neochonetes baituensis* Ni）

（图版47,18～20）

壳体中等;凹凸型;轮廓半圆形。铰合线为最大壳宽;主端微展呈翼状。腹壳凸隆,后部较强;耳翼大,三角形,与体腔区界线明显;铰合面宽三角形。两壳遍布稍扭曲的细壳纹,中前部具不明显的纵褶;同心纹细密;壳刺沿铰合缘成行排列。

产地层位 京山市柳门口;二叠系阳新统茅口组顶部。

次阔槽细戟贝 *Tenuichonetes sublatesinuata*（Chan）
（=*Neochonetes sublatesinuata* Chan）

（图版46,10、11）

壳体大,次方形,最宽处位于铰合线上。腹稍凸,喙阔钝;耳翼大,光滑无饰。背壳缓凹,铰合面低,中隆平缓。壳纹细,分枝增多,3mm内有壳纹7～8条。腹中隔板短而显著,肌痕面外侧排列有放射状瘤突;背内铰窝脊短;中隔板低,侧隔板亦短。

产地层位 大冶市明家沟、保安;二叠系阳新统茅口组。

纺锤戟贝属　*Fusichonetes* Liao, 1982

壳体小至微小,宽大于长。腹壳凸隆;中槽自喙部发生,向前变宽。背壳微凹,中隆弱。壳线细弱,向前增粗膨大;耳翼无壳线。腹、背铰合面均发育,具腹假三角板,无背三角板。腹内具中隔板,背内中隔板有时缺失。

分布与时代　中国南部;二叠纪乐平世至早三叠世。

无槽纺锤戟贝　*Fusichonetes dissulcata*(Liao)
(图版46,7;图版47,32)

壳体小,长宽之比为1∶2。壳线均匀不膨大,中槽不发育。壳体前缘约有20条壳线。

产地层位　大冶市滴水岩、建始县煤炭垭;二叠系乐平统顶部。

似瓦刚贝属　*Waagenites* Paeckelmann, 1930

壳体小,方形,耳翼清楚。腹壳强凸,背壳深凹。腹中槽宽深;背中隆高阔。腹喙耸伸并弯曲,铰合面发育,三角孔巨大。壳刺沿腹喙两侧并平行铰合缘排列。壳线粗圆,槽内较弱,耳翼光滑。腹内中隔板短;背内主突起小;主穴发育;中隔板仅中段发育;不具侧隔板。

分布与时代　亚洲、北美洲、斯瓦尔巴群岛;二叠纪乐平世。

巴鲁斯似瓦刚贝　*Waagenites barusiensis*(Davidson)
(图版49,22、25)

壳体小,近梯形。腹壳缓凸;耳翼平坦,光滑无饰;主端尖;中槽前部宽。壳线粗强,于槽内较弱,始见于壳顶,向前增强,不分枝。

产地层位　远安县杨家塘;二叠系乐平统吴家坪组。

小戴维斯贝科　Daviesiellidae Sokolskaya, 1960
戴利比贝属　*Delepinea* Muir-Wood, 1962

壳体巨大,半圆形或半椭圆形;凹凸型。腹、背铰合面均发育。腹三角孔阔,后部覆有假三角板;背三角孔被主突起充填,具背三角板。壳面饰以细纹,腹壳后缘有1行主壳刺。腹内中隔板短而高;中隔板约为壳长的1/2;侧隔板短。除肌痕面外,并有放射状的瘤突。

分布与时代　亚洲、欧洲、非洲北部;早石炭世。

发形戴利比贝　*Delepinea comoides*(Sowerby)
(图版46,1、2)

壳体大,半圆形。铰合线为最大壳宽;两壳凹凸型。腹壳沿纵中线凸度较大;喙尖而小,微凸,不伸过铰合线后方;铰合面较高,侧缘平行于铰合线;耳大而平。背壳曲度与腹壳相应,体腔薄。壳线细密,前缘5mm内有壳纹12～13条。沿铰合后缘有一排刺,有40～50枚。

产地层位　松滋市刘家场;下石炭统维宪阶。

次龙骨戴利比贝　*Delepinea subcarinata* Ching et Liao
（图版46,17）

壳体巨大;横向展伸。腹壳强烈凸隆,背壳强烈凹曲。放射纹细密,每1mm有壳纹3～4条。腹壳常出现纵向褶隆。最高凸起位于腹壳后部,耳翼低平。

产地层位　松滋市刘家场;下石炭统维宪阶。

大戟贝属　*Megachonetes* Sokolskaya,1950

壳体中等至大,微凹凸型。铰合线为最大壳宽。两壳均具发育的铰合面;腹三角孔后部覆有假三角板;背三角板大,凸起。壳线细。腹内中隔板短。背内主突起短,多叶型。侧隔板短,略与中隔板斜交。壳内布满细小的内刺。

分布与时代　亚洲、非洲、欧洲;早—晚泥盆世。

蝶形大戟贝　*Megachonetes papilionacea*（Phillips）
（图版47,31）

壳体较大,宽70～80mm,长40mm左右;半圆形。铰合线约等于最大壳宽。腹宽缓凸;喙低;无中槽。壳面饰有细密壳纹及微弱同心纹,前缘5mm内约10条。

产地层位　松滋市刘家场;下石炭统维宪阶。

长身贝亚目　Productidina Waagen,1883
扭面贝超科　Strophalosiacea Schuchert,1913
扭面贝科　Strophalosiidae Schuchert,1913
扭面贝属　*Strophalosia* King,1844

壳体中等。腹壳缓凸,轴部平坦;铰合面低;壳顶尖,固着痕小。背壳缓凹,铰合面亦低。腹壳有星状散布的偃伏的和直立的两类壳刺。背壳饰有同心层及少数壳刺。背内主突起三叶型。

分布与时代　亚洲、北美洲,澳大利亚;二叠纪。

有皱"扭面贝"　*"Strophalosia" plicatifera* Chao
（图版45,24）

壳体小,呈球状。腹壳强凸,壳顶被固着斑所截切,斑痕向喙下方凹,界线清楚。铰合面不清楚;体腔缓凸,具少数波状壳皱,其上具不均匀、微圆形的刺瘤,前方膝曲强而圆,中槽缺失。

产地层位 阳新县；二叠系阳新统。

管盖贝科 Aulostegidae Muir-Wood et Cooper, 1960
椅腔贝属 *Edriosteges* Muir-Wood et Cooper, 1960

壳体中等,亚方形。腹壳凸隆,顶部平坦,前部具中槽;铰合线为最大壳宽;喙部常扭曲;耳翼清楚,铰合面低;三角孔后部覆有假窗板。背壳微凹,膝曲;拖曳部短。壳面散布壳刺,顶坡及耳翼密集;背壳仅具刺窝。背内主突起显著,三叶型,具主穴;中隔板长。

分布与时代 亚洲、北美洲;二叠纪。

鄱阳椅腔贝 *Edriosteges poyangensis*（Kayser）
（图版48,6、7）

壳体中等至大,横梯形。腹壳缓凸,具挠曲的边缘,仅前缘凸;喙钝,突伸于铰合线后方;铰合面窄三角形;耳翼微平;主端近方。壳面饰有细密的同心皱,壳刺作五点状排列;背壳缓凹,具同心皱、壳纹及凹痕。

产地层位 宜都市;二叠系乐平统龙潭组。

凯撒椅腔贝 *Edriosteges kayseri*（Chao）
（图版49,9、10）

壳体中等,横方形,铰合线为最大壳宽。腹壳均匀缓凸;喙低;顶区平凸,耳翼平坦。背壳均匀凹曲,曲度与腹壳相似,体腔狭窄。两壳均具壳纹及壳皱;壳纹细,壳皱仅在耳翼及侧区显著,耳翼有一排壳针。

产地层位 松滋市窑湾;二叠系乐平统吴家坪组。

钩盖贝属 *Uncisteges* Ching et Hu, 1978

壳体柱状,腹壳顶部平隆,前部及侧部急剧膝曲,拖曳部长;中槽浅。背体腔区近平,前部及侧部直角形折曲;拖曳部短,具褶边。腹壳顶区饰有同心皱和平伏的壳刺,顶区前部和拖曳部饰有简单的壳线,拖曳部前部壳层在间隙内卷伸为层刺。主突起双叶型,向腹方伸突;腕支板融合成宽厚的中隔脊;主穴细小;闭肌痕肾形。

分布与时代 中国东南部和湖北、青海;二叠纪船山世。

齿状钩盖贝 *Uncisteges crenulata*（Ting）
（ *=Urushtenia crenulata* Ting ）
（图版49,7、8）

壳体中等,顶视椭圆形,前视矩形;喙圆凸;体腔区前方及侧方壳面作钝角状膝曲,并突起呈棱形;纵向弯曲呈不对称的弧形;中槽始于顶区前方,在拖曳部消失。体腔区具不规则壳皱。壳面覆以42～46条圆凸的壳线;轴部壳线约12条,始于喙前方,壳刺细小,略呈同心状排列。

产地层位 大冶市保安、京山市义和;二叠系阳新统茅口组。

荳蔻钩盖贝 *Uncisteges maceus*(Ching)
(=*Urushtenia maceus* Ching)
(图版48,3、4)

壳体小,顶视横椭圆形。腹壳肿凸,壳顶高;前方壳面呈棱形膝曲,拖曳部稍向外凸,主坡平缓;中槽平浅,始于壳顶前方,纵贯全拖曳部。背壳体腔区平坦,壳顶圆。体腔区具壳刺,作五点排列,并具壳皱,外部数圈被中槽切断;壳线细密、均匀,约52条,拖曳部轴部约16条。

产地层位 秭归县新滩;二叠系阳新统茅口组。

小戟贝科 Chonetellidae Licharew,1960
华夏贝属 *Cathaysia* Ching,1965

壳体小,横方形,铰合线为最大壳宽。腹体腔区低平,前方稍膝曲;中槽宽浅;铰合面低,三角孔小;耳翼大。背壳深凹,亦膝曲;铰合面线状。前、侧缘向腹方挠曲作环带状。腹壳饰有低圆的、分枝式增多的壳纹;耳翼具壳皱;边缘环带上无壳线。壳刺沿铰合缘排列成行,中槽两侧拖曳部上各有2～4枚直立的壳刺。腹内无中隔板;背内主突起双叶型。

分布与时代 亚洲;二叠纪。

戟形华夏贝 *Cathaysia chonetoides*(Chao)
(图版48,20)

壳体小,横方形。腹壳强凸;中槽始于中部,向前增宽;耳翼大,具壳皱。腹壳具低圆的壳线,前缘每3mm内约有壳线5条,后缘有一排壳刺,中槽两侧各有2～4枚壳刺。

产地层位 松滋市刘家场;二叠系乐平统吴家坪组。

建始华夏贝(新种) *Cathaysia jianshiensis* S. M. Wang(sp. nov.)
(图版48,26)

壳体小,宽5mm,长3mm,横的长方形。铰合线为最大壳宽,主端近方。腹壳缓凸,最凸处位于后部;喙钝;耳翼平,壳皱明显;中槽不显,仅在壳体前部有低平区。壳线宽圆、间隙窄,中部的壳线较粗,两侧渐细,近耳翼处各有3条最细,壳面布有壳线约15条。沿铰合缘有一排壳刺,与铰合缘相交成45°。

比较 新种与*Cathaysia orbicularis* Liao十分近似。二者壳体均甚小,缺失中槽;壳线粗强。但后者壳体凸度大,中部呈圆丘状,壳线粗细亦较均匀;新种则缓凸,壳线由中部向两侧逐渐变细。

产地层位 建始县煤炭垭;二叠系乐平统大隆组。

圆凸华夏贝 *Cathaysia orbicularis* Liao
（图版 48,27）

壳体微小,戟贝形。耳翼大,平坦或微凸;除耳翼外,壳体呈三角圆丘状,中槽缺失,壳线粗强,计有 11～13 根。

产地层位 咸丰县白岩、京山市石龙;二叠系乐平统大隆组顶部。

沟痕华夏贝 *Cathaysia sulcatifera* Liao
（图版 48,24）

壳体小,矩形。主端圆钝,侧缘与后缘几近直交,耳翼大,平坦;中部壳面呈三角扇状,中槽极窄深。初级壳线 6～8 条,偶有分枝,耳翼上具微弱的壳皱,后缘上每侧各有 3～5 枚壳刺,侧区壳面上也有数枚刺痕。

产地层位 宜都市毛胡塥、钟祥市张家湾;二叠系乐平统吴家坪组。

横宽华夏贝（新种） *Cathaysia transversa* S. M. Wang（sp. nov.）
（图版 47,21）

壳体小;轮廓横宽,长与宽之比为 1:2。铰合线为最大壳宽,主端锐角状,沿铰合缘有 1 排刺痕;耳翼大而平,展伸,其上约有 5 条壳皱;壳线少,简单,中部约有 5 条,明显,粗圆;两侧各有 2～3 条,模糊;中槽不显,只在壳体前部显露宽平的微凹区,约占壳宽的 1/3。

比较 新种与 *C. orbicularis* 有些近似。但前者壳体横宽,壳线少,中部壳线更加粗壮,浑圆,而后者壳体中部凸隆呈圆丘状,宽度亦较小,耳翼壳皱不如前者粗壮。与 *C. jianshiensis* 的不同点在于前者壳线较少,两侧壳线模糊。

产地层位 大冶市殷祖滴水岩;二叠系乐平统顶部。

奥格比贝属 *Ogbinia* Sarytcheva,1965

壳体小,卵圆形。腹壳具线状铰合面,三角孔小。放射线略凸起;无同心层;壳刺仅在腹壳上沿铰合缘两侧、耳翼上及其基部分布。背内具单叶型主突起,向前伸达体腔区,周围增厚,形成胼胝状,胼胝在基部消失形成中隔板。

分布与时代 中国、苏联;二叠纪船山世。

六刺奥格比贝　*Ogbinia hexaspinosa* Ni
（图版49,11、13）

壳体小,长卵形。腹壳强凸,耳翼小而凸,与体腔界线明显;喙强烈弯曲,伸过铰合线;铰合线为最大壳宽;侧坡陡峻。背壳凹,体腔窄;喙两侧、侧坡及中部分布有近对称的6枚直立大刺。

产地层位　宣恩市长潭河、京山市汤堰;二叠系阳新统栖霞组。

海登贝属　*Haydenella* Reed,1944

壳体小至中等,近圆形。腹壳圆凸;无中槽;在前缘常凸起成鼻状;铰合面低,喙小而尖突;耳翼小。背壳凹曲,体腔窄。腹壳面具壳纹,间隙窄;耳翼附近具同心皱。壳刺少,散布于壳线上,并沿耳翼与体腔区间的凹槽排列;背壳壳线上尚有壳纹3～5条。背内主突起小,单叶型;闭肌痕卵圆形。

分布与时代　亚洲;二叠纪。

江西海登贝　*Haydenella kiangsiensis*（Kayser）
（图版49,23）

壳体中等,轮廓方圆形至半圆形;全体呈半球状。铰合线略短于壳宽。腹喙尖;耳翼小,平坦,与其余壳面间有一行壳针;中槽缺失。背壳曲度与腹壳相应。壳面饰有低圆的壳线和细的壳纹,耳翼上具少数短而显著的壳皱;壳刺直立、粗疏,散布于整个壳面上。

产地层位　宜都市松木坪;二叠系乐平统吴家坪组。

浆骨贝科　Spyridiophoridae Muir-Wood et Cooper,1960
亚洲长身贝属　*Asioproductus* Chan,1979

壳体小至中等,近方柱形或长方形。铰合线约等于壳宽。腹壳顶区缓凸,前方膝曲;具中槽;耳翼小,其上壳皱粗强。背壳微凹或稍平坦。体腔深厚。两壳均饰有粗强的圆壳线;同心线显著,仅发生于体腔区,与壳线交织成网格状纹饰。刺稀少,散布在壳面上。主突起短,双叶型,无主穴;闭肌痕卵圆形,强烈凸隆;中隔板高耸;腕痕清楚。

分布与时代　中国南部、苏联北高加索;二叠纪乐平世。

精致亚洲长身贝　*Asioproductus bellus* Chan
（图版51,6）

壳体较小,近方形,铰合线为最大壳宽。腹壳强凸,前方壳面作钝阔形膝曲;耳翼小,主端方,在同一壳体内中槽的深度及宽度始终一致。壳线高而显著,间隙深窄;同心线强大、均匀,仅见于后部,与壳线组成清晰的网格。

产地层位 秭归县新滩；二叠系阳新统茅口组、二叠系乐平统。

车尔尼雪夫贝科 Tschernyschewiidae Muir-Wood et Cooper，1960
车尔尼雪夫贝属 *Tschernyschewia* Stoyanow，1910

壳体中等，长卵形。腹壳缓凸，铰合面发育程度随种而不同；三角孔一般洞开；喙端具平凹的固着痕。背铰合面线状。壳面饰壳纹及壳刺。腹内中隔板高，由两块三角孔缘板合并而成，背中隔板短，亦由两板合成，主突起双叶型。

分布与时代 亚洲、欧洲；二叠纪。

中华车尔尼雪夫贝 *Tschernyschewia sinensis* Chao
（图版49，12）

壳体中等，长卵形；铰合线约等于壳宽。腹喙内卷；顶端具固着痕，壳顶缓凹，前方作浑圆膝曲；中槽不显。腹壳面覆有略呈五点排列的断线状刺基，刺突出于刺基前端，壳体中部者较粗长，边缘的较短小；同心纹细弱。背壳具凹痕及刺瘤。腹内具中隔板。

产地层位 秭归县新滩；二叠系乐平统龙潭组。

李希霍芬贝超科 Richthofeniacea Waagen，1885
李希霍芬贝科 Richthofeniidae Waagen，1885
李希霍芬贝属 *Richthofenia* Kayser，1881

壳体圆锥状。背壳小，呈平坦或微凹的圆盖状；腹壳如锥，轮廓不规则。铰合线长短不一；背内有显著的主突起，位于铰合线的中部，在腹壳的相应部分有半圆形的凹陷部分，上覆有假窗板。背壳壳面饰有细瘤和微弱的同心纹。腹前部饰有大量不规则的同心皱及根状的壳针，后部饰有瘤突和同心皱。背内有中隔板；腹内中部有3块短而上绕的隔板，附近有肌痕。

分布与时代 亚洲；早石炭世至二叠纪。

中华李希霍芬贝 *Richthofenia sinensis* Waagen
（图版48，9）

壳体为不规则的圆锥状。背壳平锥形。铰合线较短，两端无显著的铰合构造；铰合面狭窄，侧缘清楚。壳面饰有同心皱，前方略低凹，形成中槽。腹壳面饰有同心皱及刺痕。

产地层位 松滋市刘家场；二叠系乐平统吴家坪组。

长身贝超科 Productacea Gray，1840
小长身贝科 Productellidae Schuchert et Le Vene，1929
小长身贝属 *Productella* Hall，1867

壳体小至中等，近圆形；凹凸型。铰合线之长略短于壳宽。耳翼小，主端钝圆。两壳铰合面呈窄线状,三角孔洞开。腹壳面具同心纹及少数壳皱;壳刺短,分布不规则,沿铰合缘有数枚近直立壳刺。背壳具同心纹及分布不规则的凹痕,刺少;主突起双叶型。

分布与时代 亚洲、欧洲、北美洲;中泥盆世至晚泥盆世。

小长身贝(未定种) *Productella* sp.
(图版50,1)

壳体大,次圆形。腹喙圆凸,稍伸过铰合缘;腹壳均匀凸隆,最凸处位于壳体后部;耳翼平。表面满布稀疏、近直立的壳刺,中、后部稀疏,前缘较密。

产地层位 宣恩县沙道沟两河口;上泥盆统至下石炭统写经寺组。

佘田桥小长身贝 *Productella shetienchiaoensis* Tien
(图版50,9)

壳体中等,半椭圆形或长卵形。铰合线略短于壳宽,主端方。腹壳强凸,膝曲稍强。腹壳面具许多波状弯曲的同心纹;后部散布许多壳瘤,前部由圆形变为椭圆形。至拖曳部,壳刺不规则地分布于壳线上。背壳具同心纹及细瘤。

产地层位 宣恩县长潭河天朝湾;上泥盆统至下石炭统写经寺组。

亚锐刺小长身贝 *Productella subaculeata* (Murchison)
(图版50,5)

壳体中等,半圆形,铰合线约等于壳宽。腹壳凸隆呈半球状;但不超过铰合线后方;耳翼微小,呈三角形。壳面具有许多不规则的管状刺,并密集于耳翼上,无同心皱。

产地层位 宣恩县沙道沟两河口;上泥盆统至下石炭统写经寺组。

等小长身贝属 *Productellana* Stainbrook,1950

壳体小;近椭圆形;凹凸型;铰合线短于壳宽。腹铰合面低,三角孔洞开,被主突起充填。背铰合面不发育,主突起双叶型。两壳均具同心线及壳刺,有时同心线变为断续的壳皱;刺基稀疏,圆形,短而直立。

分布与时代 亚洲、北美洲,苏联;中—晚泥盆世。

零陵等小长身贝 *Productellana linglingensis* Wang
(图版50,14、15)

壳体中等,亚方形。铰合线短于壳宽;主端阔圆。腹壳高凸,背壳深凹。两壳均饰有同心皱及壳刺,刺向前倾伏,排列不规则;背壳壳皱较密,前缘具浅圆的小凹穴,并在喙尖处有近圆形的固着痕。

产地层位 宣恩县沙道沟两河口;上泥盆统至下石炭统写经寺组。

中华小长身贝属 *Sinoproductella* Wang,1955

壳体大,近圆形。铰合线略短于壳宽;凹凸型。腹铰合面低,三角孔洞开;背铰合面线状。腹壳耳翼有一排粗强中空的大刺,与铰合缘斜交,并向后方伸展,弯曲成牛角状。其余壳面饰以细弱且微向周缘倾斜的刺;背壳后部饰有同心皱,前部为小凹窝。背内主突起小,双叶型。

分布与时代 中国;晚泥盆世。

半球中华小长身贝 *Sinoproductella hemispherica*(Tien)
（图版48,8）

壳体大,近圆形。腹壳高凸,耳翼大。壳面具刺,在耳翼后缘有一排粗大并呈牛角状对弯的壳针。

产地层位 湖南祁阳、湖北宣恩县沙道沟两河口;上泥盆统至下石炭统写经寺组。

光秃长身贝科 Leioproductidae Muir-Wood,1960
光秃长身贝属 *Leioproductus* Stainbrook,1947

壳体小至中等,次方形或次圆形。腹壳微凸,拖曳部弯曲;具中槽或中褶;耳大而凸。铰合线为最大壳宽。背壳体腔微凹,膝曲。腹壳后部具低窄的壳皱,前部具生长层和壳刺,壳刺在铰合缘附近、侧坡及中褶上常成排。背壳具不规则壳皱,无刺。背内主突起无茎,前视双叶型,后视四叶型;主穴浅;中隔板细长,后部2次分叉。

分布与时代 亚洲、北美洲;晚泥盆世。

广东光秃长身贝 *Leioproductus guangdongensis* Ni
（图版48,14）

壳体较大,横椭圆形。腹体腔区凸隆;喙尖而凸,稍伸过铰合缘;耳大,前部有中褶。背微凹,膝曲。腹后部具低而窄的同心皱。壳刺稀疏,近直立,分布于壳皱及前部,于铰合缘附近、耳翼与体腔之间排列成行,中褶上有刺成排。

产地层位 宣恩县沙道沟大岩塘;上泥盆统至下石炭统写经寺组。

欧尔通贝科 Overtoniidae Muir-Wood et Cooper,1960
剑刺贝属 *Stegacanthia* Muir-Wood et Cooper,1960

壳体中等,亚方形;为轻微的凹凸型;无膝折。腹壳后部具壳皱;中部的壳皱呈层带状,具刺脊;前部层带窄,呈鳞层状;刺细,平伏。背壳皱发育,主突起双叶型或三叶型;闭肌痕为模糊的枝状。

分布与时代 中国、苏联;早石炭世。

剑刺贝（未定种） *Stegacanthia* sp.

（图版50,2）

壳体较大，亚方形。腹壳强烈凸隆，不膝曲。腹壳后部具规则的壳皱，呈同心状；中部有密集的长形壳瘤，并有长形壳刺。背壳微凹，同心皱明显；壳面布满凹坑，与腹壳壳瘤相对应。

产地层位 松滋市刘家场；下石炭统。

皱耳贝属 *Rugauris* Muir-Wood et Cooper,1960

壳体中等，亚方形。两壳微呈凹凸型，壳皱发育，具小的刺脊，刺平伏或偃伏，在腹铰合缘成行排列。背内主突起呈三叶型；腕痕呈弧状；闭肌痕呈树枝状或光滑。

分布与时代 中国南部、苏联,北美洲；早石炭世。

皱耳贝（未定种） *Rugauris* sp.

（图版48,5）

壳体较大，背微凹。铰合线长，为最大壳宽。壳皱发育，后部细密，耳翼及前部较粗。壳刺细长，偃伏。主端突出，耳明显。

产地层位 宜都市毛湖堖；下石炭统维宪阶。

新轮皱贝属 *Neoplicatifera* Ching et Liao,1974

壳体近椭圆形。铰合线约等于壳宽。腹强凸；喙卷曲，微越过铰合线；耳翼小而平，中槽不明显。背壳稍凹，前部膝曲。腹壳后部具壳皱与壳刺，前部可见小而密的刺，偶见壳线。背壳具壳皱及凹坑。背内主突起粗短，双叶型；中隔脊前端刃状；闭肌痕隆起，无围脊。

分布与时代 中国南部；二叠纪船山世。

粗线新轮皱贝 *Neoplicatifera costata* Ni

（图版50,13）

壳体小，近圆形。铰合线为最大壳宽。腹壳强烈凸隆，前部膝曲；喙尖突，伸过铰合线；耳翼尖，与体腔界线清楚。同心皱分布于体腔区，壳前方可见粗细近等的壳线，偶见分叉。壳刺分布于同心皱及壳线上，耳翼与体腔间有1列粗的刺痕。

产地层位 松滋市刘家场、曲尺河；二叠系阳新统茅口组。

狭长新轮皱贝 *Neoplicatifera elongata*（Huang）

（图版48,25）

壳体中等，长方形。主端方，铰合线为最大壳宽。腹壳强烈卷曲，两侧近平行，前方剧烈膝曲,呈螺旋弯曲。腹喙弯,超过铰合线。耳翼大。中槽宽而浅。放射线在拖曳部粗强。刺瘤散布在体腔区,无围脊。

产地层位 京山市石龙水库;二叠系阳新统栖霞组。

黄氏新轮皱贝 *Neoplicatifera huangi*(Ustriski)
(图版48,15、17)

壳体中等,近椭圆形。铰合线略短于壳宽。腹壳均匀强凸;壳喙卷曲;耳翼小。背壳膝曲。同心皱仅见于壳后部,前部壳面仅见小而密的壳刺。此类常见于二叠系阳新统,壳体大小有变化,壳皱疏密也有差别,且常常仅保存壳体后部。

产地层位 鄂西、鄂东;二叠系阳新统茅口组、二叠系乐平统吴家坪组。

多刺新轮皱贝 *Neoplicatifera multispinosa* Ni
(图版50,12)

壳体小,亚方形至亚椭圆形。耳翼小而平,与体腔界线清楚。腹壳强凸,前部膝曲,拖曳部平直,中部略凹,侧坡陡。腹壳体腔区的同心皱有13～15条,前部光滑。壳面遍布直立的小刺,近前缘刺小且密,耳翼与体腔间有1列壳刺,每侧8～10枚。

产地层位 松滋市刘家场、曲尺河;二叠系阳新统茅口组。

路口新轮皱贝(新种) *Neoplicatifera lukouensis* S. M. Wang(sp. nov.)
(图版48,10～12)

壳体较小,轮廓圆凸;耳小。腹凸烈,背缓凹。铰合线稍短于或等于壳宽。浑圆膝折,体腔较厚。中槽不显。体腔区具同心皱;刺基分布不规则;前部壳线粗圆,仅10多条。背体腔区同心皱发育,较规则,并有凹坑。

比较 与新种最接近的为 *S. sintanensis*(Chao),但新种无中槽,轮廓不呈圆柱形,前部壳线粗圆明显,其上无刺,无围脊。

产地层位 阳新县骆家湾、崇阳县路口;二叠系阳新统茅口组。

围脊贝科 Marginiferidae Stehli,1954
围脊贝属 *Marginifera* Waagen,1884

壳体小,略呈方形。腹壳强凸,拖曳部短、卷曲;耳翼大;中槽宽深。背壳膝曲。壳线于顶区较细,至膝曲部合并成粗强壳线或隆脊;在顶区壳线与同心线组成网格,与耳翼交界处有1行壳刺。背壳无壳刺,耳翼光滑或仅具同心纹。背内围脊发育,主突起粗而宽,呈三叶型。

分布与时代 亚洲、欧洲;二叠纪。

湖北围脊贝　*Marginifera hubeiensis* Ni

（图版49,27）

壳体中等,近方形。铰合线等于壳宽。腹壳强凸,前方强烈膝曲;侧坡陡;喙尖而凸,伸过铰合线;耳翼低凸;中槽不显。背壳体腔区微凹,前方膝曲,微具中隆。腹壳后部具强烈而规则的壳皱,前部具壳线,后部常被同心皱截成瘤突。壳刺见于铰合缘附近及壳线上。

产地层位　宣恩县长潭河;二叠系阳新统栖霞组。

始围脊贝属　*Eomarginifera* Muir-Wood,1930

壳体小,方圆形。铰合线等于壳宽。腹壳强凸或膝曲。背壳凹;拖曳部短;体腔厚,耳翼小。壳线细密;同心线轻微发育,在顶区与壳线组成网格。壳刺少,其中有6枚特别粗长,分列位于中槽两侧、侧坡及主端附近;背无壳刺。背内主突起小,具围脊。

分布与时代　亚洲、欧洲、非洲;石炭纪。

提曼始围脊贝　*Eomarginifera timanica*（Tschernyschew）

（图版48,19）

壳体小。腹壳强凸,在喙前短距离处作十分强烈的膝曲,耳翼清楚,中槽缺失。背壳近平。宽度较大的壳线于拖曳部较弱;体腔区同心线向两侧加粗。

产地层位　咸丰县;上石炭统黄龙组。

刺围脊贝属　*Spinomarginifera* Huang,1932

壳体小至中等,横长形。铰合线为最大壳宽。腹壳高凸,前方膝曲;耳翼圆凸。背壳缓凹。壳面具长形壳瘤及刺,在顶区呈五点状排列,向前渐延长成壳线;同心线在顶区显著,壳刺沿铰合缘排列成行,在耳翼上成簇。背内具中隔板及围脊。

分布与时代　亚洲;二叠纪。

贵州刺围脊贝　*Spinomarginifera kueichowensis* Huang

（图版48,16;图版50,3）

壳体中等。腹壳强凸、膝曲,拖曳部缓凸;喙宽而卷曲,略伸过铰合线;耳翼高隆,主端尖;中槽不显。顶区刺瘤圆形,排列成五点状,瘤向前延伸逐渐成壳线;同心线弱,至膝曲处消失。背内中隔板向前延伸至体腔中部。

产地层位　秭归县新滩、松滋市刘家场;二叠系乐平统吴家坪组。

乐平刺围脊贝　*Spinomarginifera lopingensis*（Kayser）

（图版54,16）

壳体中等,除耳翼外呈长卵形。腹壳强凸,顶区弯曲,前部近平,膝曲强而圆凸;耳翼发育,卷曲。腹壳顶区有略呈五点状的强大刺瘤及显著同心线,前部具粗强壳线,每5mm内约4条,其上散布有细长而直立的壳针。

产地层位　鄂西;二叠系乐平统吴家坪组。

刺纹刺围脊贝　*Spinomarginifera spinosocostata*（Abich）

（图版48,13）

壳体小。铰合线为最大壳宽。腹壳高凸,壳面纵向弯曲均匀;在喙前不远处壳面略膝曲;喙不超越铰合线;耳翼大;中槽缺失。壳顶区具壳瘤及壳皱,瘤向前增长并连接成为壳线,共6～7条,向前渐减弱。

产地层位　秭归县新滩;二叠系阳新统。

新滩刺围脊贝　*Spinomarginifera sintanensis*（Chao）

（图版48,22、23）

壳体小,圆柱形。铰合线略短于壳宽。腹壳顶阔平,中部膝曲,前部壳面与顶区交角小于90°,侧区壳面直立;耳翼小。体腔区具不规则的同心线,顶脊有略成圆形的刺基;前部具浑圆壳线,其上有细长壳刺。

产地层位　秭归县新滩、阳新县骆家湾;二叠系阳新统。

小库脱贝属　*Kutorginella* Ivanova,1951

壳体中等。腹强凸,拖曳部有时包卷;耳大。铰合线为最大壳宽。背壳膝曲,脏腔盘平,体腔大。腹壳壳线与壳皱在后部组成网格。壳刺细,稀疏,在铰合缘附近成行。背内主突起长而窄,呈三叶型;中隔板长,闭肌痕显著,前部光滑,后部呈树枝状。

分布与时代　中国,欧洲;晚石炭世至二叠纪船山世。

乐氏小库脱贝　*Kutorginella yohi*（Chao）

（图版50,4）

壳体中等,横方形。铰合线长等于壳宽。腹体腔区平凸,前方急剧膝曲;中槽始于喙前。背体腔区平坦,前方膝曲,中隆至拖曳部更为明显。壳线浑圆,于拖曳部每10mm内有壳线10～11条,后部具宽平不规则的同心皱。

产地层位　阳新县星潭铺骆家湾;上石炭统黄龙组。

轮刺贝科 Echinoconchidae Stehli,1954

轮刺贝属 *Echinoconchus* Weller,1914

壳体小至中等,亚圆形至长卵形。腹壳凸,经常具中槽,壳顶圆,耳小,侧坡陡。背壳微凹或近平,膝曲,具短的拖曳部。壳面饰有同心层,同心层上具两类刺基,后排大,前几排较小。刺细,匍匐状。背内主突起后视三叶型;中隔板长。

分布与时代 亚洲、欧洲、北美洲、非洲;早石炭世。

轮刺贝(未定种) *Echinoconchus* sp.

(图版51,5)

壳体大。腹壳强凸,壳顶急剧弯曲;中槽窄,界线不清晰;层带间以深沟为界,其上有大小不同的刺共3行,较小的近同心层前缘,后边1排刺粗大呈粒状。背壳层清晰,有与腹壳刺相对应的凹坑。

产地层位 松滋市三溪口;下石炭统维宪阶。

棘刺贝属 *Echinaria* Muir-Wood et Cooper,1960

壳体中等,长卵形。腹强凸,拖曳部弯曲,具中槽,铰合线短,最大壳宽近前缘。背壳微凹,不膝曲;体腔厚。壳面具层带状壳层,后坡光滑。平卧型壳刺略呈同心状排列,共3行,较大的位于同心层后方,较小的靠近同层前缘。背壳壳层窄,刺细小。与 *Echinoconchus* Weller 的区别是顶区弯曲较强,铰合线短,耳小。背内主突起粗大,后视三叶型,中隔板后部粗厚,约为壳长的1/2。

分布与时代 亚洲、北美洲;石炭纪。

簇形棘刺贝 *Echinaria fasciatus*(Kutorga)(=*Productus fasciatus* Kutorga)

(图版51,11)

壳体中等,横卵圆形。腹壳强凸,喙弯,超过铰合线,中槽缺失。壳层明显,层脊有1列长圆刺瘤,脊缘有2排细小刺瘤,呈"品"字形排列。

产地层位 阳新县骆家湾;上石炭统黄龙组。

刺瘤贝属 *Pustula* I. Thomas,1914

此属与 *Stegacantia* 的区别,是后者饰有壳层及越过壳层的脊状刺基,而不是壳皱及位于壳皱上的脊状刺基。腹壳凸度较低,缺失中槽,主突起较短,近直伸,主脊弯曲,与铰合缘斜交。

分布与时代 欧洲、亚洲;早石炭世。

刺瘤贝（未定种） *Pustula* sp.

（图版51,13）

壳体中等,背壳近平。饰有同心皱及刺瘤,尚有与腹壳上的刺瘤位置相适应的凹窝。耳翼不显。主突起粗强,冠部双叶型,突起茎粗短,中隔板长。

产地层位 宜都市毛湖堉;下石炭统杜内阶。

瓦刚贝属 *Waagenoconcha* Chao,1927

壳体中等,方圆形。铰合线稍短于壳宽。腹壳缓凸,中槽明显;耳翼小。背壳近平坦,体腔宽厚。壳面具两种刺基,在前缘刺基圆而小,排列紧密,其余壳面刺基较粗,长圆形,前缘呈不明显的同心状。

分布与时代 亚洲、北美洲、南美洲、欧洲、澳大利亚;晚石炭世至二叠纪。

洪泼瓦刚贝 *Waagenoconcha humboldti*（Orbigny）

（图版51,14）

壳体后部强凸,主坡及顶坡陡峻,顶部前方壳面缓曲,轴部下凹;耳翼发育,中槽宽。壳面饰有细长壳瘤,呈五点状排列,间隙窄,每3mm内3～4粒。

产地层位 京山市义和;二叠系阳新统栖霞组。

马平瓦刚贝（相似种） *Waagenoconcha* cf. *mapingensis*（Grabau）

（图版51,7）

壳体中等,轮廓横圆形。腹壳强凸,喙弯,壳顶耸突。壳面刺瘤长圆形,呈放射状排列,略成断续线状;前缘附近,壳刺小,密集。

产地层位 松滋市曲尺河;二叠系阳新统茅口组。

波斯通贝科 Buxtoniidae Muir-Wood et Cooper,1960
维地长身贝属 *Vediproductus* Sarytcheva,1965

壳体中等。腹强凸,喙窄而隆凸,突伸于铰合线之外;铰合线短于壳宽;耳翼小。背稍凹或平坦。壳面具规则宽阔的同心层,耳部变窄,前坡陡,无壳刺。后坡具三类壳刺,大的斜刺在后部,末端隆起;中部较短;前部为密集小刺。背壳层窄,刺少;背内无茎,主突起后视三叶型,由后部分叉的中隔板支持。

分布与时代 中国、苏联;二叠纪。

似刺瘤维地长身贝 *Vediproductus punctatiformis*（Chao）

（图版50,7）

壳体中等,卵圆形。腹壳强凸,纵向近螺旋形弯曲;侧坡陡,近直立;中槽宽浅;铰合线略短于壳宽;喙耸突而强弯,越过铰合线。壳面饰以向前增宽的壳层,壳刺断脊状,最前方密集许多小刺,中部尚有稍大的壳刺。

产地层位 崇阳县路口白霓桥;二叠系阳新统栖霞组。

维地长身贝（未定种） *Vediproductus* sp.

（图版51,12）

壳体中等,近圆形。腹壳凸,背壳微凹;腹自中部始向前有宽平的凹陷;背壳相应的有较弱隆起。壳层窄,壳刺密集于壳层后坡,大的呈长瘤状,圆形瘤次之,最小的呈点状。背壳层呈规则的带状,并列有大小不等的凹坑分布在层带上。

产地层位 崇阳县白霓桥;二叠系阳新统茅口组。

维地维地长身贝 *Vediproductus vediensis* Sarytcheva

（图版50,16;图版51,9、10）

壳体中等,卵圆形。铰合线略短于壳宽。腹壳强凸;耳翼小,中槽宽浅。壳层在中部颇宽,向耳部及侧部收缩;壳层上布有断脊状壳刺,前方有两类密集的、较小的壳刺,最小的在前;壳层间光滑无饰带。背壳壳层密集,间隙窄。主突起后视三叶型。

产地层位 恩施市铁厂坝;二叠系阳新统茅口组。

网格长身贝科 Dictyoclostidae Stehli,1954
古长身贝属 *Antiquatonia* Miloradovich,1945

壳体中等至大。腹壳强凸;背壳膝曲;耳翼无壳皱及壳线,与体腔间被1条具粗大壳刺的弧形隆脊分开;拖曳部长,不作筒状。顶区具网格状壳饰。背壳同心皱较强,无刺。内部构造与 *Dictyoclostus* Muir-Wood 相似,仅有微小区别。

分布与时代 亚洲、欧洲、非洲,澳大利亚;石炭纪。

古长身贝（未定种） *Antiquatonia* sp.

（图版51,8）

壳体中等。铰合线长等于壳宽。腹壳高凸,前方不膝曲;壳顶弯曲度均匀。腹中槽宽浅。壳线较粗圆;同心线在体腔区与壳线组成网格状。耳翼与体腔区间有2排粗大的壳刺。

产地层位 松滋市刘家场三溪口;下石炭统维宪阶。

狮鼻长身贝属 *Pugilis* Sarytcheva，1949

壳体中等至大。腹壳强凸，背壳微凹，体腔深厚。壳线遍布全壳，前部有自刺基隆起的纵脊；同心皱强弱不等，与顶区壳线组成网格；壳刺散布于全壳，沿后缘排列成行，在耳翼上成束；背壳无刺，于前缘具板状层带。

分布与时代 亚洲、欧洲；石炭纪。

湖南狮鼻长身贝 *Pugilis hunanensis*（Ozaki）
（图版51，4）

壳体中等，长卵形或四方形。铰合线略短于壳宽。腹壳强凸；喙弯，伸过铰合线；中槽缺失或微弱。壳线在体腔区与同心线组成网格；壳刺沿铰合缘成排，前部刺基向前形成纵脊。背壳无刺，前缘壳面呈板状层带。

产地层位 松滋市刘家场；下石炭统维宪阶。

瘤褶贝属 *Tyloplecta* Muir-Wood et Cooper，1960

壳体中等至大，长方形。腹壳高凸，拖曳部强烈弯曲，轴部平，侧坡陡；耳翼巨大，三角形。背壳体腔区微凹，前方膝曲，体腔厚。腹壳饰有粗宽的壳线，壳皱多，二者相交成瘤突；壳刺近直立，散布于瘤突及壳线上，在铰合缘及耳翼基部排列成行。背壳具细壳纹。

分布与时代 亚洲、欧洲；二叠纪。

巨线瘤褶贝 *Tyloplecta grandicostata*（Chao）
（图版51，2、3）

壳体中等，卵形。铰合线等于壳宽。腹壳强凸，向前强烈膝曲；耳翼略平；中槽深而宽，始于喙前不远。背壳缓凹，前方膝曲强。壳线简单粗圆，间隙深，与壳线等宽；后部具不规则的瘤突；壳刺稀疏而粗大，在耳翼基部及沿铰合缘排列成行。

产地层位 阳新县星潭铺、京山市义和、兴山县建阳坪；二叠系阳新统栖霞组。

南京瘤褶贝 *Tyloplecta nankingensis*（Frech）
（图版51，1）

壳体大，除耳翼外轮廓卵圆形。腹壳强凸，向前急剧弯曲；拖曳部缓凸；壳顶高耸，耳翼平，主端近方。壳线粗强，简单而浑圆，前部每10mm有壳线4～5条；同心线限于后部，与壳线相交成瘤。背壳后部呈不明显的网格状，有壳纹。

产地层位 秭归县新滩、远安县杨家塘；二叠系阳新统栖霞组、茅口组。

少褶瘤褶贝　*Tyloplecta pauciplicata* Ni

（图版50，10）

壳体中等，长方形。腹喙凸，强烈弯曲，中部略平，前部直角状弯曲，似有2次膝曲；拖曳部平直，横向侧坡陡，中部平坦；耳翼大，稍凸，与体腔界线清楚。背壳微凹，膝曲。壳线稀疏，与同心皱在后部形成瘤突，壳线向前变模糊，在拖曳部上消失。

产地层位　咸丰县清坪；二叠系阳新统茅口组。

李希霍芬瘤褶贝　*Tyloplecta richthofeni*（Chao）

（图版58，13）

壳体中等，横长形。铰合线等于壳宽。腹壳规则强凸；喙尖；耳翼大，略卷曲。背体腔区缓凹，前方膝曲，壳线多，浑圆，时而分枝，时而间断，在间断处常有细长壳刺；后部具同心线，与壳线形成网格。沿铰合缘有1排壳刺。

产地层位　秭归县新滩；二叠系阳新统栖霞组。

松滋瘤褶贝（新种）　*Tyloplecta songziensis* S. M. Wang（sp. nov.）

（图版58，12）

壳体小，卵形。铰合线等于壳宽。腹壳强凸，后部凸隆均匀，向前强烈弯曲。耳翼小，无中槽。喙部弯曲，超越铰合缘。腹壳饰粗圆壳线，简单，偶尔分叉，约10条；间隙深圆，约与壳线等宽。后部壳皱与壳线形成近圆形瘤突，刺稀疏，在耳翼成行。

比较　新种壳小，壳线粗圆、稀少，腹强烈弯曲，后部颇隆凸等特征介于*T. grandicostata*及*T. pauciplicata*之间。不同之处在于新种小、无中槽、耳翼小，而又与*T. pauciplicata*相似，但后者壳线在拖曳部上消失，后部壳瘤长圆形。

产地层位　松滋市曲尺河黄连岩；二叠系阳新统栖霞组。

印度神瘤褶贝放射变种　*Tyloplecta vishnu* var. *radiata*（Hayasaka）

（图版50，11）

壳体中等，近方形。腹壳沿纵向强烈弯曲，壳顶缓凸；喙略伸过铰合线，横向弯曲强烈，体腔区强凸，两侧壳面几乎直立；中槽始于喙前，向前加宽。壳线粗圆，壳线与同心线组成网格区，耳翼上仅有同心线。

产地层位　宣恩县李家河、武汉市江夏区；二叠系阳新统栖霞组。

扬子瘤褶贝　*Tyloplecta yangtzeensis*（Chao）

（图版52，5、6）

壳体大，次方形。铰合线等于壳宽。腹壳强而匀圆的凸隆；耳翼微平；主端直角。壳线低圆粗疏,每10mm内有壳线5～6条;间隙宽,与同心线相交成显著壳瘤;壳刺散布于壳线上,并密集于耳翼外侧。

产地层位 宜昌市夷陵区、松滋市刘家场;二叠系乐平统。

线纹长身贝科 Linoproductidae Stehli,1954
线纹长身贝属 *Linoproductus* Chao,1927

壳体中等,近方形或五角形。腹顶区强凸,拖曳部长;喙阔而弯;体腔深。背壳膝曲强烈。壳面具平直或扭曲的壳线;波状同心皱出现于耳翼、边缘及背壳体腔区;刺基可以数条线合成;沿后缘常有1排壳刺;背壳无刺。主突起三叶型,中隔板始于主突起前方。闭肌痕呈树枝状。

分布与时代 世界各地;石炭纪至二叠纪。

阎婆线纹长身贝 *Linoproductus cora* (Orbigny)
(图版52,4)

壳体中等,三角形。铰合线为最大壳宽。腹壳凸隆,尤以后部凸隆最大;耳翼大,与壳面间有凹槽;中槽微弱。壳面具细密壳纹,前缘每1mm内约有壳纹20条;壳皱仅发育在耳翼及背体腔区;壳刺稀少,沿铰合缘有1排壳刺。

产地层位 京山市石龙水库;上石炭统黄龙组。

细丝线纹长身贝 *Linoproductus lineatus* (Waagen)
(图版52,1)

壳体中等,长卵形。铰合线略短于壳宽;喙强烈内曲,略超过铰合线。腹壳高凸,顶区显著地突出于铰合线的后方,前部壳面弯曲和缓而均匀;无中槽。壳面覆有细圆的壳纹;作插入式增多;线纹粗细始终一致;壳刺稀少;同心纹不明显。

产地层位 松滋市刘家场;二叠系乐平统吴家坪组。

俄克拉荷马线纹长身贝 *Linoproductus oklahomae* Dunbar et Condra
(图版50,6)

壳体大。铰合线为最大壳宽。腹壳高凸,耳翼平坦,拖曳部上具有明显中褶,为此种最显著的特征。背壳凹,前方强烈膝曲。壳线细密,部分壳线于中褶上逐渐消失,同心皱于耳翼、侧部及前缘较明显;沿铰合缘具1排壳刺。

产地层位 崇阳县白霓桥;二叠系阳新统茅口组。

秀美"线纹长身贝"（新种）

"Linoproductus" elegantus S. M. Wang（sp. nov.）

（图版52,2）

壳体中等,轮廓近长圆形。腹壳凸隆均匀,呈球面状;侧区壳面陡。喙部钝圆,微凸出于铰合线后方;壳顶缓平;耳翼不显;中槽缺失。壳面饰有十分纤细而低圆的壳纹,规则平直,偶有分叉或合并,每1mm内有壳纹3条;同心皱细、稀疏,分布在耳翼附近。无刺。

比较 新种壳体轮廓长圆形,凸隆浑圆呈球面状;壳纹纤细,规则;壳面无刺,仅耳翼处有数枚刺痕等特点。与 *L. velgurensis* Lapina 相似,但后者耳翼明显,其上壳皱发育,壳纹稍粗;腹喙突,超越铰合线。故二者甚易区别。

产地层位 松滋市刘家场;二叠系乐平统吴家坪组。

阿尼丹贝属 *Anidanthus* Hill,1950

壳体小,近方形。铰合线为最大壳宽。腹壳纵向强烈弯曲,横向伸展;壳顶高耸;喙尖而强烈弯曲;耳翼大且低平;中槽浅。背膝曲强。壳纹细匀,间隙宽浅;壳皱仅见于腹壳耳翼及背壳体腔区,呈叠瓦状,可切断壳纹。前缘附近具少数壳瘤,腹壳后缘处则排列成行。

分布与时代 亚洲、欧洲、北美洲,澳大利亚;石炭纪至二叠纪。

贵池阿尼丹贝 *Anidanthus guichiensis* Ching et Hu

（图版53,6）

壳体小,横长形。铰合线最宽;呈半球状。腹壳顶区强烈匀凸,轴部稍低平;喙圆凸,超越铰合线。壳面高耸;耳翼小而平;中隆缺失。背壳缓凹。壳线细直,间隙宽。背壳饰有10余圈叠鳞状壳层,细壳纹被壳层切断。

产地层位 大冶市保安;二叠系阳新统茅口组。

巴拉霍贝属 *Balakhonia* Sarytcheva,1963

壳体中等至巨大。腹强凸,背凹曲,体腔匀浅;耳翼宽三角形。放射线匀细,与同心线交织成十字形网栅状;壳皱仅分布于耳翼及喙部侧坡。刺稀疏,并沿铰合缘成行排列。背内无主脊;主突起冠低,双叶型;中隔板粗壮,前部变细;侧脊斜伸并围绕闭肌痕上方。

分布与时代 亚洲、欧洲;早石炭世。

云南巴拉霍贝 *Balakhonia yunnanensis*（Loczy）

（图版50,8）

壳体大,半圆形。铰合线为最大壳宽。腹壳中部略隆成圆球形;喙尖突,超过铰合线,耳翼平坦。放射线浑圆,作插入式增多;同心皱密集于耳部及侧部;壳面具极细密的网格。

壳刺沿铰合缘排列成行。假疹排列于网格的凹窝内。

产地层位 松滋市刘家场；下石炭统维宪阶。

波形贝属 *Fluctuaria* Muir-Wood et Cooper, 1960

壳体小至中等，亚圆形。腹壳凸隆；喙小，稍卷曲；耳翼小，平坦。背不膝曲。腹壳线细密；壳皱宽而不规则，遍布全壳。刺稀疏，沿铰合缘成行，在耳翼成簇。背壳皱窄，无刺。背内具小的双叶型主突起；中隔板窄。

分布与时代 中国，欧洲；早石炭世。

波形波形贝（相似种） *Fluctuaria* cf. *undata*（Defrance）
（图版52，12）

壳体小至中等，卵圆形。铰合线稍短于壳宽。喙小而圆，稍突伸；耳翼小；无中槽。背壳凹，不膝曲。同心皱呈波状，遍及全壳；壳线细圆，每5mm内有壳线约13条。壳刺稀疏。此标本与库兹涅茨克盆地所产很近似。

产地层位 武汉市江夏区花山；下石炭统。

波纹贝属 *Permundaria* Nakamura, Koto et Dong, 1970

壳体大，半圆形。体腔很薄，腹壳缓凸，背壳微凹。铰合线直，约等于壳宽。腹喙小，略突出于铰合线之外。两壳均有细密的放射线和不规则的壳皱；背壳上的放射纹和放射线相间出现，并均穿过壳皱。

分布与时代 亚洲；二叠纪船山世。

石子铺波纹贝 *Permundaria shizipuensis* Ching, Liao et Fang
（图版52，13）

壳体大。腹壳平缓，仅后部凸隆。铰合线直，略短于壳宽。腹喙小，略伸出于铰合缘之外。壳面饰有规则的棱脊状壳皱，有时插入，耳部壳皱较密。放射线细而均匀，凸棱状，间隙底部平坦，前部5mm内约7条。

产地层位 京山市义和；二叠系阳新统茅口组。

卵圆贝属 *Ovatia* Muir-Wood et Cooper, 1960

壳体长卵形。腹壳高凸，侧视呈螺旋形弯曲；耳翼小；铰合线为最大壳宽。背壳深凹。腹壳饰以细密壳线。壳刺细小直立，星散分布，沿铰合缘排列成行，在主端、耳翼上成簇；侧坡和耳翼有壳皱。背壳皱多，壳刺稀少。背内主突起三叶型，中隔板长达壳长的1/3～1/2；闭肌痕小，树枝状；主脊短。

分布与时代 中国、苏联，北美洲；早石炭世。

长刺卵圆贝 *Ovatia longispinosa* Ni

（图版52,3、10）

壳体中等,长卵形。铰合线为最大壳宽。腹壳强凸,壳顶尤甚。此种以壳体较小、密集而细长的壳刺及侧坡壳皱窄密而不同于 *O. elegantus*。

产地层位 松滋市刘家场;下石炭统维宪阶。

交织长身贝属 *Vitiliproductus* Ching et Liao,1974

壳体中等至巨大,横长形或卷曲。铰合线约等于壳宽。腹喙尖而小,强烈后弯,超过铰合线;侧坡缓倾,不膝曲。背壳缓凹。两组壳皱斜向相交,构成菱形块状突起。壳刺星散分布于壳面。同心纹仅见于后部。

分布与时代 中国、澳大利亚;早石炭世。

大塘交织长身贝 *Vitiliproductus datangensis* Yang

（图版52,11）

此种与 *V. gröberi* 的区别是:斜交壳皱数量多,排列密,组成细小的结节,每10mm内5～6条;壳体横宽,两耳翼显著。

产地层位 松滋市刘家场;下石炭统维宪阶。

群山贝属 *Monticulifera* Muir-Wood et Cooper,1960

壳体中等至大,近方形。铰合线为最大壳宽。腹壳顶微凸,前方膝曲;耳翼大而平;铰合面低。壳顶饰有略呈三角形的瘤突和细壳纹;同心纹发育,与壳纹交织成布纹状;壳皱发育于耳翼上。壳刺沿铰合缘排列成行,并散布于拖曳部的壳线上。背壳饰有壳纹及层状壳饰。

分布与时代 亚洲;二叠纪船山世(?)至二叠纪乐平世。

中华群山贝 *Monticulifera sinensis*（Frech）

（图版53,9、10）

壳体较大,次方形。腹体腔区平凸,与拖曳部直角形膝相连;耳翼大而平。主端近方。体腔区饰有极细壳纹和排列规则的壳瘤,至拖曳部消失,同时壳线变粗,不规则;同心纹细密;壳皱仅见于耳翼上。壳刺沿腹壳铰合缘成行。

产地层位 秭归县新滩;二叠系阳新统茅口组。

拟网格长身贝属 *Dictyoclostoidea* Wang et Ching,1964

壳体中等,方形。铰合线为最大壳宽。腹顶部平坦,前方弯曲;耳翼大而平;铰合面低,三角孔小。背壳深凹;铰合面线状;体腔匀浅。壳线细弱,并在壳皱顶部呈瘤状突起。拖曳部上具多数壳刺,并沿铰合缘排列成行。背壳满布细纹。背内主突起三叶型,平伸;主脊缺失;中隔板始于肌痕面前方,伸达体腔前缘。

分布与时代 中国;二叠纪船山世。

江西拟网格长身贝 *Dictyoclostoidea kiangsiensis* Wang et Ching
(图版 52,7~9)

壳体较大。腹体腔区隆凸缓和,腹铰合面发育,喙稍膨胀,略伸过铰合线,后部饰有呈方格状的瘤突,前部壳线变粗,较粗的壳纹间夹有细壳纹。背壳深凹,前方膝曲,布满细纹。

产地层位 京山市义和;二叠系阳新统茅口组。

宣恩拟网格长身贝 *Dictyoclostoidea xuanenensis* Ni
(图版 53,11~13)

壳体中等,方圆形。耳翼大,平坦;铰合面低,其侧缘平行于铰合线。背微凹,体腔薄匀。此种与 *D. kiangsiensis* 的区别是:个体小,顶部平坦,前方急剧弯曲,前部具扭曲的壳线,或于刺基前分叉;网格状瘤突发育。

产地层位 宣恩县沙道沟大咸池;二叠系阳新统茅口组。

扁平长身贝属 *Compressoproductus* Sarytcheva,1960

壳体小而长。壳顶狭窄、低平;耳翼显;主端方形。壳纹极细,通常每1mm内有壳纹4~8条;壳皱发育,遍布全壳。壳刺粗,稀疏地散布于耳翼及其毗邻部位。

分布与时代 亚洲、欧洲、拉丁美洲,澳大利亚;二叠纪。

扁平扁平长身贝 *Compressoproductus compressus*(Waagen)
(图版 55,5、6)

壳体中等,长三角形。壳喙尖锐,前缘浑圆。腹壳沿纵向作轻微而规则的拱凸,顶部弯曲呈半圆形;铰合面不发育;耳翼小;中槽缺失。壳纹较 *C. mongolicus* 稍粗、低圆,每2mm内有壳纹7~8条。耳翼边缘有少数壳针,其余壳面无壳针。

产地层位 秭归县新滩;二叠系阳新统茅口组。

蒙古扁平长身贝 *Compressoproductus mongolicus*(Diener)
(图版 54,20)

壳体中等,长卵形。腹壳缓凸,纵向凸度规则;铰合线短;喙尖;不明显;耳翼小;无中槽。壳面饰极细壳纹及显著的壳皱。壳刺稀少,仅见耳翼附近。

产地层位 松滋市曲尺河;二叠系乐平统。

大长身贝科 Gigantoproductidae Muir-Wood et Cooper,1960

大长身贝属 *Gigantoproductus* Prentice,1950

壳体巨大。壳壁厚,铰合线等于壳宽。腹壳高凸,背壳深凹;两壳不膝曲;耳翼大。壳纹细密、弯曲,有时集成纵脊;壳皱仅发育于铰合缘及耳翼附近。壳刺沿铰合缘排列成行,少数散布于其余壳面。背壳无刺;背内主突起三叶型;主脊缺失;具腕痕。

分布与时代 世界各地;早石炭世。

爱德堡大长身贝 *Gigantoproductus edelburgensis*(Phillips)

(图版53,1)

壳体巨大,常超过100mm,横长形。铰合线为最大壳宽。腹壳强烈凸隆,中部低平;耳翼大。放射线低圆、平直,宽度向前方逐渐增大,每5mm内有壳线3~4条;同心皱仅在喙部附近及两侧显著。

产地层位 松滋市磺厂;下石炭统维宪阶。

欧姆贝亚目 Oldhamindina Williams,1953

蕉叶贝超科 Lyttoniacea Waagen,1883

蕉叶贝科 Lyttoniidae Waagen,1883

欧姆贝属 *Oldhamina* Waagen,1883

壳体长卵形。铰合线直而短。腹壳高凸;腹内铰齿发育,隔板器长,中沟平直,无瘤突;两侧分出一系列侧隔板。背壳凹度与腹壳凸度相适应;壳内中央与侧叶相当发育,侧叶较薄,板顶锐角形,向前强烈倾斜,排成叠瓦状。

分布与时代 亚洲、欧洲;二叠纪。

欺骗欧姆贝规则变种 *Oldhamina decipiens* var. *regularis* Huang

(图版63,19)

壳体长不超过40mm,近圆形。腹壳凸度平缓,纵向弯曲圆滑而规则,铰合线直。侧隔板有12~13个,向前缓慢凸出,后部侧隔板凸度较大,前部的近平直;中隔板低而薄,始见于铰合线的前方,而消失于壳面的前缘;侧隔板与中隔板间有宽约2mm的无饰壳面。

产地层位 秭归县新滩;二叠系。

鳞板欧姆贝 *Oldhamina squamosa* Huang

(图版54,21)

壳体大,长卵形。腹壳近中部凸度最高,横向凸度匀强,略呈半圆形;侧隔板强烈倾斜,彼此叠覆呈鱼鳞状,其外段平直,内段强弯,超过20条;中隔板宽约5mm;后缘第一、二对侧隔板短。背壳内中叶前窄后宽,临近中叶的部分向前弯凸最显著。

产地层位 咸丰县;二叠系乐平统。

古勃贝属 *Gubleria* H. et G. Termier,1960

壳体卵圆形。腹壳缓凸,壳面具同心纹。一般特征如*Leptodus*,唯背壳内的中叶呈穿孔状,即中隔板较宽,为断续的凹孔穿成节状;中叶两侧饰有细沟;侧叶之间完全分离;侧隔板平宽,前后边缘呈细齿状。

分布与时代 亚洲、欧洲;二叠纪。

黄氏古勃贝 *Gubleria huangi* Wang et Ching
（图版58,11）

壳体中等,长卵形。腹壳微凸,侧缘壳面陡峻,前缘略呈半圆形。腹内中隔板中央穿孔,长卵形,成节状断续相连;侧隔板约14条,间距2.5～3.0mm。

产地层位 宣恩县李家河、崇阳县路口板桥;二叠系乐平统吴家坪组。

平坦古勃贝 *Gubleria planata* Ching,Liao et Fang
（图版64,14）

壳体轮廓长卵形。腹壳平坦,边缘向背方弯曲,两隔板间距离均匀,每侧各有15～20个;中隔板为断续的瘤脊。

产地层位 松滋市刘家场;二叠系乐平统吴家坪组。

凯撒林贝属 *Keyserlingina* Tschernyschew,1902

腹壳近锥状,由后部下垂处向上生长,壳顶附着;腹壳边脊像对称的圆环,腹内具长的中隔板和对称的外叶(侧隔板),可达7对。背内板相应的呈裂片状。

分布与时代 亚洲、欧洲;晚石炭世至二叠纪。

凯撒林贝(未定种) *Keyserlingina* sp.
（图版54,19）

壳体小,近圆三角形。腹壳缓凸,沿纵向近平坦,后侧缘陡;中叶为连续的浅沟,自喙延伸至前缘附近;具约4对宽平的外叶。表面具同心纹。

产地层位 崇阳县路口;二叠系乐平统吴家坪组。

蕉叶贝属 *Leptodus* Kayser,1883

壳体牡蛎状,两侧极不对称。腹壳缓凸。壳面饰有同心线,侧隔板弯曲,向前微凸,与壳面几乎成直角;侧隔板之间的壳面沿横板加厚;轴部有直立而薄的中隔板。背壳小而平,由中叶及侧叶组成,中叶较宽,在壳内形成中隔板。主突起呈双叶型。常保存为内模构造。

分布与时代 世界各地;二叠纪。

薄弱蕉叶贝 *Leptodus tenuis* Waagen
（图版53,7）

壳体较小,轮廓卵形。腹壳近平或稍微凸起,周围急剧弯曲,包卷背壳。隔板发育,向前微凸;中隔板前部较发育。

产地层位 松滋市刘家场;二叠系乐平统龙潭组。

李希霍芬蕉叶贝 *Leptodus richthofeni* Kayser
（图版64,8）

壳体中等,近三角形。腹壳缓凸,侧缘向后方相交成锐角。侧隔板平坦,略向前曲,每侧各有10个以上;侧隔板宽2～3mm,边缘镶有密集的细瘤;中叶强烈下凹。

产地层位 恩施市;二叠系乐平统。

目未定 Order Uncertain
艾希沃德贝科 Eichwaldiidae Schuchert,1893
网格贝属 *Dictyonella* Hall,1868

壳体轮廓亚三角形;双凸型。腹壳具宽阔的中槽;三角孔被低平的三角板覆盖。背壳具宽阔的中隆;背内中隔板高强。壳线相交成网格状。和*Eichwaldia* Biilings十分相似,其区别是壳饰不同,本属凹坑被交叉的细壳线所限制。

分布与时代 亚洲、欧洲、北美洲、南美洲;志留纪。

网格贝（未定种） *Dictyonella* sp.
（图版49,6）

仅有一个腹壳。壳体小,轮廓近三角形,最大壳宽位于中前部。喙部尖小;主端极宽阔;侧缘强烈弯曲,前缘较阔直;中槽宽浅,始于喙部附近,向前逐渐加宽加深。壳面由细的清楚的壳线相交成显著的细网格状。

产地层位 长阳县平洛胡家台;志留系兰多弗里统罗惹坪组。

五房贝目　Pentamerida Schuchert et Cooper,1931

共凸贝亚目　Syntrophiidina Ulrich et Cooper,1936

洞脊贝超科　Porambonitacea Davidson,1853

始扭贝科　Eostrophiidae Ulrich et Cooper,1936

分乡贝属　*Fenxiangella* Wang,1978

壳体小,亚三角形,宽微大于长。铰合线短,微弯。腹铰合面小,喙小微弯,顶端具圆形茎孔;侧视近等的双凸型,两壳最大凸度位于中部,沿纵中线缓降。前缘单褶型。腹内有1对平行齿板,相距较远;背内腕板平行。

分布与时代　湖北;早奥陶世。

三角分乡贝　*Fenxiangella deltoidea* Wang
（图版58,6）

壳体小,长约7mm,宽约7.5mm,宽微大于长。腹铰合面三角形;背铰合面不显著。腹壳凸度稍大于背壳,最大壳宽位于壳体近前部。腹壳前部具宽浅中槽,呈舌状弯向背方,背无明显中隆。壳面光滑无饰。

产地层位　宜昌市夷陵区分乡;下—中奥陶统大湾组上部。

四叶贝科　Tetralobulidae Ulrich et Cooper,1936
四叶贝属　*Tetralobula* Ulrich et Cooper,1936

壳体小,横椭圆形。铰合线短于壳宽;两壳凸度近等;密型壳纹。腹铰合面微弯,斜倾型;中槽始于壳体中部,向前迅速加宽;背铰合面低,正倾型;喙部不显;中隆在壳面的前半部显著。腹内铰齿长而尖,匙形台低,后部固着,前端由低的中隔板支持;膜痕深凹。背腕基短钝;腕板粗强,相向聚合,直接连于壳底;主突起弱或缺失;膜痕显著。

分布与时代　亚洲东部、北美洲;早奥陶世。

分乡四叶贝？　*Tetralobula？fenxiangensis* Zeng
（图版54,2～6）

壳体中等,横椭圆形。铰合线直,短于壳宽。腹、背三角孔均洞开。腹缓凸,中槽始于后方,深阔,并向背方作短距离舌状折曲;喙小。背中隆显著。壳线细密,2次分叉。

产地层位　宜昌市夷陵区分乡;下奥陶统南津关组中、上部。

黄花四叶贝　*Tetralobula huanghuaensis* Wang
（图版53,2～5）

壳体中等,半圆形。背双凸型。腹中槽、背中隆均始于壳体中部,腹中槽前端呈舌状弯向背方。腹铰合面高，弯曲；背铰合面低。两壳三角孔均洞开。壳线细密，分叉；表面饰有小瘤粒。

产地层位　宜昌市夷陵区黄花场；下奥陶统南津关组。

宜昌四叶贝？　*Tetralobula ? yichangensis* Zeng
（图版54，7、8、15）

壳体中等，横椭圆形。铰合线直，稍短于壳宽。腹、背两壳三角孔均洞开。腹壳顶区最凸；中槽始于壳面中部，向背方作短的舌状突伸；喙部小，微弯；铰合面低。背凸隆较腹壳强，隆顶圆；喙小，略肿胀。壳线细密，2次分叉；饰有显著而稀疏的同心层。

产地层位　宜昌市夷陵区分乡、宣恩县高罗；下奥陶统南津关组中、上部。

斑洞贝属　*Punctolira* Ulrich et Cooper，1936

外部轮廓似共凸贝类，具深的腹中槽和显著的背中隆。壳面放射线细密而清晰，壳线间隙内具放射状排列的细密斑洞。腹内具匙形台，后部固着，前部被低宽的中隔脊支持。背内腕基支板距离远。主突起脊状。

分布与时代　亚洲东部、北美洲；早奥陶世早期。

椭圆斑洞贝？　*Punctolira ? elliptica* Zeng
（图版54，1）

壳体小，椭圆形。铰合线直，稍短于壳宽；侧缘弯曲，前缘近直型。腹壳凸度适中，中部较强，前部较平坦；无中槽；喙小；铰合面不显著。背壳凸隆稍低于腹壳，无中隆；铰合面线状。壳线细密，间隙内具放射状小斑洞。

产地层位　松滋市卸甲坪；下奥陶统南津关组。

东方斑洞贝　*Punctolira orientalis* Wang et Xu
（图版47，5）

壳体横椭圆形。铰合线直，短于最大壳宽；双凸型。背壳较高强。槽、隆明显；两壳三角孔均洞开。壳面具规则均等的壳纹，使壳面呈斑洞状；同心层较发育。

产地层位　宜昌市夷陵区黄花场；下奥陶统南津关组。

假洞脊贝属　*Pseudoporambonites* Zeng，1977

壳体大，方圆形或横方形。铰合线直，短于壳宽；前缘单褶型；腹、背三角孔均洞开；不等的双凸型。腹中槽浅，喙部肿胀而弯曲，铰合面显著。背中隆弱，近前缘处较显著；铰合面低。放射线细密，间隙窄，其间有串珠式圆洞。腹内铰齿粗钝，齿板在壳底会合成强大的三柱型匙形台；背内腕基支板发育；无主突起和中隔脊。

分布与时代 中国南部；早奥陶世晚期。

宜昌假洞脊贝 *Pseudoporambonites yichangensis* Zeng

（图版54,9、10；图版55,2）

特征同属征。

产地层位 宜昌市夷陵区分乡；下—中奥陶统大湾组下部。

克拉克贝科 Clarkellidae Schuchert et Cooper,1931
克拉克贝属 *Clarkella* Walcott,1908

壳体呈球状，椭圆形，主端圆。腹双凸型；壳面具细的生长线和较粗的生长层。腹壳顶区隆凸，中槽强大，宽阔；铰合面低，三角孔较大。背顶区隆起，前方延展成为宽大的中隆。腹内具匙形台和中隔板，并有1对以上的副隔板；背窗腔深，腕基长，其下被2对或2对以上的副隔板支持。

分布与时代 亚洲东部、北美洲；早奥陶世。

伸展克拉克贝 *Clarkella extensa* Wang

（图版53,8）

壳体小，呈倒梯形。铰合线直，为最大壳宽，主端尖实；前缘直缘型；近等的双凸型。腹铰合面长，下倾型；背铰合面低，正倾型；腹、背三角孔均洞开。壳面光滑无饰。

产地层位 秭归县新滩；下—中奥陶统大湾组。

小凸贝属 *Stichotrophia* Cooper,1948

壳面同心层强，并具放射线；内部构造似 *Dipaphelasma* 和 *Syntrophina*。

分布与时代 亚洲东部、北美洲、欧洲；早奥陶世。

高罗小凸贝 *Stichotrophia gaoluoensis* Zeng

（图版54,11～14、18）

壳体中等，横椭圆形。铰合线直，稍短于壳宽，主端阔圆。腹壳凸隆中等；喙小；中槽阔浅，始于中前部。背壳隆凸稍强，最大凸度位于纵中线上，中隆仅在前缘处显著。放射线细密而弱，同心线多而显著。

产地层位 宣恩县高罗；下奥陶统南津关组。

小准共凸贝属 *Syntrophinella* Ulrich et Cooper,1934

壳体横椭圆形。铰合线短直；背壳凸度较大；腹铰合面斜倾型，三角孔洞开，中槽长而深；背铰合面斜倾型，低短；中隆高凸。壳面覆有密型壳纹。腹匙形台后部固着，前部支于中隔板之上,两侧有时具短小的副隔板;背内腕板相距甚远,二者之间的后方具有1个横板。

分布与时代 亚洲东部、北美洲;早奥陶世。

小准共凸贝(未定种) *Syntrophinella* sp.
(图版55,4)

壳体小,横椭圆形。铰合线直,短于最大壳宽;背凸度稍强;槽、隆始于喙部稍前方,向前逐渐加宽,并于前缘形成宽而不显的舌突;两壳铰合面均低矮,喙部稍弯曲。壳面覆有近等的细密壳线。

产地层位 松滋市卸甲坪;下奥陶统南津关组。

典型小准共凸贝 *Syntrophinella typica* Ulrich et Cooper
(图版55,9、11)

壳体椭圆形。铰合线直,小于壳宽,主端钝角状;背强凸的双凸型。自喙不远处发生腹中槽,向前变深,在前缘呈舌状,弯向背方,近直角状,铰合面强烈的斜倾型,喙微弯,不突出。背中隆凸,近龙骨脊状,喙区强烈拱凸;铰合面短,斜倾型。壳面饰低圆壳纹。

产地层位 长阳县秀峰桥;下奥陶统南津关组。

扬子贝属 *Yangtzeella* Kolarova,1925

壳体轮廓近方形。铰合线直,稍短于壳宽;背双凸型;腹、背三角孔均洞开。腹铰合面显著,斜倾型;中槽深凹,前端作舌状突伸。背铰合面低,稍弯曲,斜倾型;中隆显著。壳面光滑,仅有同心生长纹。腹铰齿强,齿板厚,形成后部固着的匙形台,前端为短而低的中隔脊支持,侧区具数条侧隔板。背内腕基支板低厚,相向聚合延伸,其下为横板支持,构成小而深的腕房,横板下方被1对或2对侧隔板支持。

分布与时代 中国西南部和湖北;早奥陶世。

透镜扬子贝 *Yangtzeella lensiformis* Wang
(图版55,10)

壳体较小,宽稍大于长,椭圆形。铰合线短而直,为壳宽的2/3;主端阔圆;近等的平缓双凸型,侧视呈透镜状;两壳铰合面呈三角形,三角孔均洞开;前缘呈微弱单褶型。壳面光滑,仅有微弱的同心纹。

产地层位 宜昌市夷陵区分乡;下—中奥陶统大湾组。

波罗扬子贝 *Yangtzeella poloi*(Martelli)
(图版54,17;图版57,3、4)

壳体中等,横方形,宽大于长。铰合线短直,主端阔圆。壳体前部覆有多数生长纹。腹壳凸度远低于背壳,壳顶凸隆,自壳顶前方发生向前增宽变深的中槽,呈圆舌状向背方突伸。背中隆强,中部凸隆呈半球状。

产地层位 宜昌市夷陵区分乡;下—中奥陶统大湾组。

松滋扬子贝 *Yangtzeella songziensis* Zeng
（图版55,1）

壳体小,方圆形。铰合线直,约为壳宽的2/3;前缘单褶型;壳体厚度大,呈扁球状。腹壳隆凸中等,顶区厚度较大,两侧区平缓;中槽始于壳体中部,向背方作舌状突伸;喙小,微弯;铰合面不显著。背中隆仅在中前部显露,隆顶宽平;喙小,微弯;铰合面不显。

产地层位 松滋市乌龟桥;下—中奥陶统大湾组底部。

宜昌扬子贝 *Yangtzeella yichangensis* Zeng
（图版54,22）

壳体中等,近梯形。最大壳宽位于中后部;铰合线直,短于壳宽;壳厚大,强烈不等的背双凸型,前缘强烈的单褶型。腹中槽始于中后部,向前迅速加宽加深,并向背方作高舌状折曲;背壳强烈凸隆,沿纵中线呈高脊状;中隆仅在前缘处显著。壳面光滑,前部具同心层。

产地层位 宜昌市夷陵区分乡;下—中奥陶统大湾组下部。

拟共凸贝科 Syntrophopsidae Ulrich et Cooper,1936
拟共凸贝属 *Syntrophopsis* Ulrich et Cooper,1936

壳体大小不等,椭圆形。铰合线直,甚短,主端阔圆;背双凸形;腹、背喙均弯曲;三角孔均洞开。腹中槽强大,仅见于壳体前部。壳面光滑,仅具生长线。腹铰齿小,匙形台固着于壳底或被粗厚的中隔板支持;背腕基钝突,窝侧支板短;腕板长,相距甚近,平行。

分布与时代 亚洲东部、北美洲、欧洲;早奥陶世。

小型拟共凸贝 *Syntrophopsis minor* Wang
（图版58,7）

壳体小,半圆形。铰合线直,稍短于壳宽,主端微圆。腹凸度稍强,两壳三角孔均洞开;铰合面低矮,微弯,斜倾型;自中部发生宽浅的中槽,前端呈圆舌状弯向背方。背铰合面线状,中隆发生于壳体前部,两侧以浅沟限制。壳面光滑。

产地层位 宜昌市夷陵区分乡;下—中奥陶统大湾组。

五房贝亚目 Pentameridina Schuchert et Cooper,1931

五房贝超科 Pentameracea M'Coy,1844

斯特克兰贝科 Stricklandiidae Schuchert et Cooper,1931

斯特克兰贝属 *Stricklandia* Billings,1859

壳体一般较巨大,长卵形或横卵圆形;侧视透镜状;铰合线直,主端圆。腹铰合面低,凹曲;三角孔洞开;中槽浅或缺失,或形成低弱的中隆。背通常具低弱的中隆。壳面光滑或具微弱壳褶。腹内铰齿小,齿板形成弱小的匙形台;中隔板短。背内腕突向前方伸展,内板小,外板在早期的种小,到晚期逐渐消失。

分布与时代 亚洲东部、欧洲西部、北美洲;志留纪兰多弗里世。

长阳斯特克兰贝 *Stricklandia changyangensis* Zeng

（图版55,12）

壳体中等,纵椭圆形。铰合线长,为最大壳宽;主端尖突呈翼状;前缘窄圆。腹壳隆凸低缓,沿纵中线微弱隆起,两侧区和主端均缓平。壳面仅具微弱同心层。

产地层位 长阳县平洛;上奥陶统至志留系兰多弗里统龙马溪组上段。

湖北斯特克兰贝 *Stricklandia hubeiensis* Zeng

（图版55,8;图版62,6～8）

壳体中等,近方形。铰合线直,前缘阔圆;壳体薄,喙部小;主端近直角状。腹壳凸隆较缓,顶区微凸,两侧区缓平,前区稍微低凹;铰合面显著。背沿纵中线稍微凸隆。壳面仅饰有微弱的同心层。

产地层位 长阳县平洛;上奥陶统至志留系兰多弗里统龙马溪组上段。

巨大斯特克兰贝（新种） *Stricklandia magnifica* S. M. Wang（sp. nov.）

（图版58,1）

壳体巨大,长60mm,宽130mm,长宽比约为1:2。铰合线约等于壳宽。腹铰合面低,微弯;中槽自喙前不远处发生,向前扩展并加深,中槽两侧壳面隆凸;侧区平缓;有强度不等、粗细不匀、长短不一的壳褶3～5条。除此外无其他纹饰。

比较 新种以其巨大的壳体、不规则的宽平壳褶与 *S. transversa* 有些近似,但因其壳体横宽,宽远大于长的特点,又可与属内其他种相区别。

产地层位 长阳县;志留系兰多弗里统罗惹坪组。

横宽斯特克兰贝 *Stricklandia transversa* Grabau
（图版57,6）

壳体大,轮廓横宽,主端方或稍尖。除同心生长线外,无其他纹饰。腹铰合面低;中槽阔;主端稍前的壳面微微凹曲,以至腹壳似乎有3个凹槽。背壳铰合面线状;中隆低宽。

产地层位 秭归县新滩;志留系兰多弗里统罗惹坪组。

小斯特兰贝属 *Stricklandella* Sapelnikov et Rukavischikova,
1973, emend. Rong et Yang,1981

壳体大,缓双凸;横宽,铰合线直长;腹、背铰合面均存在;腹中槽和背中隆发育。侧区有1～2条壳褶。中隔板缺失,匙形台短,完全游离或大部分被附加壳质所支持,唯前端空悬。背窗腔发育;腕突基棒状,几乎完全隐匿在壳质内;外板缺失;内板发育或退化。

分布与时代 中国西南部和湖北、哈萨克斯坦南部和东部;志留纪兰多弗里世晚期。

强壮小斯特兰贝 *Stricklandella robusta* Rong et Yang
（图版57,1、2）

壳体大,横宽。铰合线直长。腹中槽发育,始于喙部,槽底尖而深,与侧区以2条尖棱、粗强的隆脊为界;背壳中央顶区隆凸,中隆强壮、高耸,两侧为深沟所限;沟外侧则为巨棱形褶。

产地层位 宜城市板桥、宜昌市夷陵区分乡大中坝;志留系兰多弗里统罗惹坪组。

小库仑贝属 *Kulumbella* Nikiforova,1960

壳体大小不一,近方形或半圆形。平凸或双凸形;铰合线平直;腹、背均发育铰合面,腹中槽、背中隆发育程度不等。壳面具两组斜交的壳皱,织成筛状纹饰,成年壳体上具明显的同心皱。腹内匙形台宽浅;中隔板短。背内有短的腕突,前端稍伸出;外板缺失,内板宽阔异展;肌痕面小而明显。

分布与时代 中国湖北、苏联西伯利亚;志留纪兰多弗里世中至晚期。

宽褶小库仑贝 *Kulumbella latiplicata* Yan
（图版65,2、7）

壳体巨大,半圆形。铰合线平直,主端钝角状。腹壳具微弱的中槽,向前逐渐变宽、浅;背壳具低缓的中隆,隆顶圆,两侧各具1条宽圆而不明显的壳褶。除筛状壳饰外,前部尚具同心层。

产地层位 宜昌市夷陵区分乡;志留系兰多弗里统罗惹坪组。

京山小库仑贝（新种） *Kulumbella jingshanensis* S. M. Wang（sp. nov.）

（图版56,10、11）

壳体小,次圆形。铰合线直,约等于最大壳宽。腹铰合面斜倾型;无中槽和中隆。两壳扁平;前缘直缘型。两组斜向交叉的壳皱刻画清楚,布满全壳;同心皱不明显,可见生长层,匙形台前端有短的中隔板支持。

比较 新种以其个体小、扁平的外形、无中槽和中隆等特征,易与属内已有的种相区别。在苏联和我国已发现的一些种,个体均甚大且层位亦较高。据新种的生长层明显及自喙部发育的壳饰看,不似幼年个体。

产地层位 京山市、宜昌市夷陵区分乡;上奥陶统至志留系兰多弗里统龙马溪组。

小库仑贝（未定种1） *Kulumbella* sp. 1

（图版56,9）

壳体较大至中等,轮廓半圆形。铰合线为最大壳宽,腹、背两壳均缓凸,主端近直角状。腹中槽自喙部发生,向前逐渐加宽,中槽断面呈开阔的"V"字形,中槽两侧界线明显;背中隆圆凸,两侧壳面缓平。两组壳纹交织成网状。

产地层位 宜昌市夷陵区分乡;志留系兰多弗里统罗惹坪组。

小库仑贝（未定种2） *Kulumbella* sp. 2

（图版65,1）

壳体大,轮廓半圆形。近喙部腹壳凸隆较高;壳面饰有两组斜交壳皱和同心皱;具中槽,槽内有壳褶。

产地层位 宜昌市夷陵区分乡;志留系兰多弗里统罗惹坪组。

五房贝科 Pentameridae M'Coy,1844
五房贝属 *Pentamerus* Sowerby,1913

壳体大,轮廓长卵形或五边形。壳体前端呈三叶型;铰合线微弯,主端圆;双凸。壳顶不肿胀,不强烈弯曲;两壳均具缓凸的中隆,表面光滑。腹内匙形台长而窄深,中隔板高强;背内腕板长,分离,平行,超过壳长的1/3甚至1/2。腹中隔板及背外板与壳壁间的界线清楚。

分布与时代 北半球;志留纪兰多弗里世晚期至志留纪文洛克世。

背平五房贝 *Pentamerus dorsoplanus* Wang

（图版55,3;图版57,12;图版65,4）

成年期壳体巨大,轮廓狭长,两壳平凸型。前缘较平直;侧缘近直;铰合线特短,仅为壳宽的1/3;壳面光滑无饰。腹壳强凸,喙部弯曲,侧部壳面陡峻;背壳低平,轴部壳面缓凹,向前形成宽浅的中槽。

产地层位 宜昌市夷陵区分乡、京山市周湾；志留系兰多弗里统罗惹坪组。

板桥五房贝（新种） *Pentamerus banqiaoensis* S. M. Wang（sp. nov.）
（图版 56,4～8；图版 58,9、10）

壳体巨大，轮廓亚菱形。两壳凸度近等，均匀；铰合线很短，弯曲，主端收缩。最大壳宽位于中部近前方。腹喙不弯曲，中部有宽缓的隆起纵贯全壳，隆脊两侧壳面凹陷，前缘呈三叶型；背中隆低，极不明显。壳面光滑，局部偶见不明显的壳褶，前部有微弱的同心线。腹内具长形匙形台和中隔板，约为壳长的 1/3；背内腕板平行。

比较 与新种最接近的为 *P. oblongus*，两壳近等的双凸形外貌、三叶型的前缘、两壳均具低缓的中隆、喙部弯曲不强烈等特征，极为近似。但新种成年期标本壳体更大，前缘三叶型更为明显，呈裂片状，腹、背喙均甚小的特点，与后者则有别。

产地层位 宜城市板桥；志留系兰多弗里统罗惹坪组。

宜昌五房贝 *Pentamerus yichangensis* Rong et Yang
（图版 56,2）

壳体较大，近长方形，不等的双凸型，腹大于背壳；顶区宽阔，略短于最大壳宽；两壳最凸处位于壳体中部；壳厚极大，约等于壳宽，最宽处位于壳体前部。无中槽、中隆，前缘直缘型，侧缘近平行。腹喙强烈弯曲，超掩于背喙之上。铰合线甚短，弯曲。壳面光滑，仅有微弱的生长线。背内腕板长，近平行。

产地层位 宜昌市夷陵区分乡；志留系兰多弗里统罗惹坪组。

婺川五房贝 *Pentamerus muchuanensis* Wang
（图版 55,7）

壳体近球状，阔卵形，最大壳宽位于中前方。前缘阔圆，铰合线特短；两壳呈近等的双凸型。无中槽。

产地层位 宜昌市夷陵区分乡；志留系兰多弗里统罗惹坪组。

三角五房贝 *Pentamerus triangulatus* Yan
（图版 56,1）

壳体小至大，轮廓为近等的三角形，侧视不等的双凸型，最大厚度位于中部，最大宽度位于前部。前缘直缘型。槽、隆不发育。壳面光滑无饰。

产地层位 宜昌市夷陵区分乡；志留系兰多弗里统罗惹坪组。

肋房贝属 *Pleurodium* Wang,1955

壳体中等,横椭圆形或三角形。近等的双凸;铰合线短,微弯。腹喙强烈弯曲,三角孔大;背喙隐于腹喙之下。槽、隆不发育。壳面饰有简单的棱形壳线。腹内具匙形台,强烈弯曲,伸入背壳体腔内;中隔板特短;腕板短,分离。

分布与时代 中国南部;志留纪兰多弗里世。

宽褶肋房贝 *Pleurodium latesinuatus* Yan
(图版56,3)

壳体小,轮廓横椭圆形。侧视近等的双凸型。铰合线稍弯曲,小于最大壳宽。腹壳隆凸较高,喙部弯曲,不超越铰合缘。腹中槽宽而浅,始于喙的稍前方,向前迅速变宽。背喙小,背中隆低宽。前缘单褶型。壳线简单,侧区偶尔分叉。

产地层位 宜昌市夷陵区分乡;志留系兰多弗里统罗惹坪组。

狭褶肋房贝 *Pleurodium tenuiplicata*(Grabau)
(图版68,18)

壳体大,阔三角形。铰合线稍短于壳宽;近等的双凸型。壳面具棱状的粗强壳线,排列整齐,不分枝。腹壳隆凸,壳顶高耸;壳喙急剧地弯向背方;无中槽。背壳沿横向弯曲而规则,无中隆;铰合面缺失;喙部弯曲强烈,隐于腹壳喙的下方。

产地层位 宜昌市夷陵区分乡;志留系兰多弗里统罗惹坪组。

小嘴贝目 Rhynchonellida Kuhn,1949
小嘴贝超科 Rhynchonellacea Gray,1848
三角小嘴贝科 Trigonirhynchiidae Mclaren,1965
褶房贝属 *Ptychomaletoechia* Sartenaer,1961

壳体小至中等,双凸型。腹喙尖、弯曲,具宽深的中槽。腹内齿板短;背内铰板在前部较发育;隔板槽敞开。

分布与时代 亚洲、欧洲、北美洲;晚泥盆世。

佘田桥褶房贝 *Ptychomaletoechia shetianqiaoensis*(Tien)
(图版58,3)

壳体中等,近五边形。近等的双凸型;中隆、中槽与测区接界圆滑。腹壳缓凸,中槽宽浅,向前形成梯形前舌。背中隆顶部宽。壳线棱形,共有壳线20～24条,中槽内有3～7条。

产地层位 南漳县;上泥盆统至下石炭统写经寺组。

亚里丰褶房贝 *Ptychomaletoechia sublivoniformis*（Tien）

（图版58,5）

壳体近五边形。腹壳缓凸,中槽始于壳后1/3处,前舌高度适中,为宽阔的长方形。背壳凸度大于腹壳,中隆在前方显著。壳面具26～28条棱形壳线,中槽内4条,中隆上5条,均较强。

产地层位 长阳县弓剑崖;上泥盆统至下石炭统写经寺组。

钩形贝科 Uncinulidae Rzonsnitskaya,1956
准小钩形贝属 *Uncinunellina* Grabau,1932

壳体小,横宽的卵圆形。双凸型,壳厚。壳线细密低平,线脊前端具纵沟,后部及侧部壳线不发育;槽、隆发育于前部,前舌横方形。齿板相距甚远,后延达喙顶。背中隔板细长,无隔板槽及主突起,腕棒细。

分布与时代 亚洲、欧洲;石炭纪至二叠纪。

帝汶准小钩形贝 *Uncinunellina timorensis*（Beyrich）

（图版59,9）

壳体小,横卵形,最大壳宽位于中部。腹壳近平坦;中槽始于喙前方,向前增宽,在前缘形成方形的前舌。背壳沿中线微凸,中隆不明显。全壳具均匀放射线,与间隙等宽,中槽内有7～8条,侧区9条以上。

产地层位 崇阳县路口、建始县煤炭垭;二叠系乐平统吴家坪组。

狮鼻贝科 Pugnacidae Rzhonsnitskaya,1956
狮鼻贝属 *Pugnax* Hall et Clarke,1804

壳体大小不等,圆五边形或三角形。双凸型,背壳凸度大,槽、隆发育于前部,有时中槽向前方极度凸伸;壳前部具简单的壳褶,后部光滑。腹内齿板短,无中隔板。背内无隔板槽;铰板平,铰窝深。

分布与时代 世界各地;中泥盆世至二叠纪。

假犹他狮鼻贝 *Pugnax pseudoutah* Huang

（图版59,3～5）

壳体小,近五边形。腹壳微凸,喙尖;中槽宽阔,前部形成方形前舌。背壳强凸,中隆仅于壳体前部明显。壳后部光滑,前部具粗强壳褶,中槽内具2条,侧区各有2条短小壳褶。

产地层位 远安县杨家塘、崇阳县路口白霓桥;二叠系乐平统。

云南贝科 Yunnanellidae Rzhonsnitskaya, 1959

云南贝属 *Yunnanella* Grabau, 1931

壳体三角形。腹喙尖而高耸,顶端有茎孔;中槽宽浅,向前形成显著的舌状延伸。背中隆仅显露于壳体前端。壳面覆有圆形壳线;前端具棱角状壳褶,由若干壳线合并,或由单独的壳线扩粗而成。腹内齿板发育;背内中隔板短小,隔板槽呈开阔的"V"字形。

分布与时代 亚洲东部、欧洲;晚泥盆世。

陡缘云南贝中间变种 *Yunnanella abrupta* var. *media* Tien
(图版59,7)

壳体近三角形,宽大于长。腹壳后部凸隆较低,横向弯曲规则,中部低平,向前形成宽浅的中槽,强烈地弯向背方。背壳中部凸隆较低。壳面覆有圆形壳线,分叉式增加;中槽前端有2个壳褶,由2条壳线合并而成,侧区有3~4条壳褶。

产地层位 宣恩县长潭河天朝湾;上泥盆统至下石炭统写经寺组。

准云南贝属 *Yunnanellina* Grabau, 1931

壳体轮廓为不规则的三角形;背双凸型。腹喙尖而弯,中槽前端形成舌状延伸;中隆发育。壳面饰细密壳纹,多次分枝;前面具独立发育而成的粗强壳褶,褶顶平圆。腹内齿板发育;背内铰板平坦而分离,隔板槽宽浅,中隔板短。

分布与时代 亚洲东部,苏联;晚泥盆世(?)至早石炭世早期。

汉伯准云南贝亚横宽异种 *Yunnanellina hanburyi* mut. *sublata* Tien
(图版58,8;图版59,6)

壳体圆三角形,宽大于长,壳体较肥厚。腹中槽宽浅,急剧弯曲;壳喙尖,稍突伸。背凸隆稍低于腹壳,中部平缓,前缘凸隆成为中隆。壳褶限于壳体前部,中槽内有2条壳褶,中隆上3条,侧区有3~4条。壳面布满分叉的细放射纹。

产地层位 宣恩县李家河、长阳县弓剑崖;上泥盆统至下石炭统写经寺组。

湖南准云南贝 *Yunnanellina hunanensis* (Ozaki)
(图版57,8)

壳体小,近五边形,长宽近等;壳厚甚小。腹壳沿纵中线缓曲,前缘急剧弯倾,形成舌状延伸。宽浅的中槽内具2条短小壳褶,褶脊近棱角状;侧区壳褶极短弱;中隆上有3条。

产地层位 宣恩县长潭河;上泥盆统至下石炭统写经寺组。

晚小型准云南贝 *Yunnanellina postamodicaformis*（Ozaki）

（图版58,4）

壳体小,亚三角形;厚度较小。腹壳凸度适中;喙尖而小,微弯;中槽发生于中部,深度较大,前端形成宽阔的前舌。背壳沿中线稍隆起。中槽内具2条壳褶;侧区各具3条;中隆上亦有3条褶,呈短的棱角状;间隙宽而深。

产地层位 宣恩县长潭河;上泥盆统至下石炭统写经寺组。

三褶准云南贝 *Yunnanellina triplicata* Grabau

（图版57,7）

壳体较小,不等的五边形。腹喙尖,直伸;槽、隆仅在壳体前部明显;两壳凸度近相等。中槽内3条壳褶,槽缘各有1～2条褶、中隆4条褶、侧区无褶。壳体表面饰有细纹。

产地层位 长阳县弓剑崖;上泥盆统至下石炭统写经寺组。

准无窗贝超科 Athyrisinacea Grabau,1931
准无窗贝科 Athyrisinidae Grabau,1931
类准无窗贝属 *Athyrisinoides* Jiang,1973

壳体中等,圆形。槽、隆发育。全体覆以放射线,腹喙顶具圆形茎孔。壳壁较厚。腹内齿板不发育;背壳内具小的双叶型主突起。铰板分离,具中脊,略达壳长的2/5处。腕螺指向侧方,6～7圈。

分布与时代 中国南部;志留纪兰多弗里世。

石阡类准无窗贝 *Athyrisinoides shiqianensis* Jiang

（图版61,16）

壳体长、宽近相等,轮廓亚圆形。腹中槽由喙部发生,槽底宽圆,侧壁陡倾,全壳覆以圆形壳线,简单不分枝,线脊略不对称;槽内4～7根、隆上5～7根、侧区各有7～8根。

产地层位 京山市周湾;志留系兰多弗里统罗惹坪组。

小褶窗贝属 *Plectothyrella* Temple,1965

壳面具有放射褶和同心线,具腹中隆和背中槽。齿板宽;内脏腔深陷,肉茎腔与肌痕面之间具明显的腹台;两侧具强弱不等的弧形脊。分离的铰板不被中隔板支持,腕棒特长,与中隔脊聚合形成窄小的隔板槽。

分布与时代 亚洲、欧洲;晚奥陶世。

厚脊小褶窗贝 *Plectothyrella crassiocosta*（Dalman）

（图版57,9、11）

壳体大,主端阔圆。腹壳凸,喙部强烈弯曲;中槽始于壳体中后部,槽底浅平。背壳亦凸,中隆发育,隆顶平坦。壳面覆以浑圆、粗强而不分叉的壳褶及微弱的同心线,中槽内具3～5条壳褶,隆上有4～6条壳褶。

产地层位 宜昌市夷陵区分乡;上奥陶统顶部。

小褶窗贝（未定种） *Plectothyrella* sp.

（图版57,5）

壳横宽,主端圆。背喙缓凸;中隆自喙部发生,向前增宽。壳线圆,近主端处渐细,简单;背中隆上壳线较粗,自喙部发生,至壳体中部分枝,计有6条;两侧各有10多条。

产地层位 秭归县新滩;上奥陶统至志留系兰多弗里统龙马溪组。

石燕目 Spiriferida Waagen,1883
无洞贝亚目 Atrypidina Moore,1952
无洞贝超科 Atrypacea Gill,1871
无洞贝科 Atrypidae Gill,1871
小轭螺贝属 *Zygospiraella* Nikiforova,1961

壳体轮廓圆形;腹壳较凸的双凸型或平凸型;前接合缘直缘型。壳面饰有双分叉壳线及少量的生长线。齿板短;铰板分离,有时发育单叶型主突起;螺顶指向背中央。

分布与时代 亚洲、北美洲;志留纪兰多弗里世。

粗褶小轭螺贝 *Zygospiraella crassicosta* Rong et Yang

（图版62,2）

壳体小,长卵形。腹双凸型;铰合线短弯,小于壳宽。背壳有时具浅中槽。壳表饰有低圆的或棱脊状壳线。腹壳中央壳线较细,侧区有3～4条,间隙宽。背中央壳线较侧区壳线粗。腹内铰齿粗壮,齿板低短。

产地层位 宜昌市夷陵区分乡;志留系兰多弗里统罗惹坪组。

杜波伊斯小轭螺贝 *Zygospiraella duboisi*（Veneuil）

（图版59,1）

壳体小至中等,长卵形;平凸型。腹壳沿纵中线呈脊状凸隆;背有时微凹或稍凸,具中槽。铰合线微弯,小于壳宽。壳面饰有低圆的或棱脊状壳线,中央壳线作2次分叉,侧区不分叉,有细密的同心生长纹。腹内铰齿粗壮,齿板低短。背内铰板低矮,中隔脊粗强,主突起无或微弱。

产地层位 京山市周湾、通山县英沙；志留系兰多弗里统罗惹坪组。

准无洞贝属（似准无洞贝亚属） *Atrypina* (*Atrypinopsis*) Rong et Yang, 1981

壳体小，亚圆形。铰合线短，近等双凸型，腹中槽，背中隆发育。壳褶粗少，具叠瓦状同心层。腹喙尖锐，具茎孔。腹内无齿板和中隔板。背内具腕螺。

分布与时代 中国西南部和湖北；志留纪兰多弗里世中至晚期。

简单似准无洞贝 *Atrypina* (*Atrypinopsis*) *simplex* Rong et Yang
（图版59, 11）

壳体小。侧区壳褶数目少，一般仅有2～3条。长约5.6mm，宽约6.8mm，厚约3.7mm，中槽宽3.6mm。

产地层位 京山市周湾；志留系兰多弗里统罗惹坪组。

纳里夫金贝属 *Nalivkinia* Bublichenko, 1928

壳体小至中等，长形或亚方形，侧视为不等的双凸型。壳面具简单壳线。无中隆和中槽，前缘经常向背方弯曲。腹内具齿板。背内铰板分离；螺顶指向背中央；腕锁简单而短，位于后方。

分布与时代 亚洲、欧洲；志留纪至早泥盆世。

细线纳里夫金贝 *Nalivkinia capillata* Zeng
（图版64, 12）

壳体小，近圆形。铰合线直，短于壳宽；主端圆；无槽、隆。腹壳隆凸中等，侧区和前区凸度和缓；喙部小，微弯。壳线极细密，2次分叉，前缘5mm内有壳线18条。

产地层位 来凤县老峡口；志留系兰多弗里统纱帽组。

伸长纳里夫金贝 *Nalivkinia elongata* (Wang)
（图版61, 20）

壳体较小，长卵形至横椭圆形。近等的缓双凸型；喙小；铰合面低；铰合线短，最大壳宽位于中部；后侧缘缓慢弯曲，前缘略呈截切状；无中槽、中隆。壳线简单而低圆，不分叉。

产地层位 宜都市；志留系兰多弗里统罗惹坪组至纱帽组。

贵州纳里夫金贝 *Nalivkinia kweichouensis* (Wang)
（图版64, 13）

壳体小，近椭圆形。近等的双凸型，无槽、隆。壳线粗强而圆，约有16条以上，在壳前部作插入式增加。壳喙长而强烈弯曲。背壳顶阔隆。铰齿粗强,齿板异向平伸、分离;腕螺指向背中央,约8个螺圈。

产地层位 京山市王家湾、宜都市;上奥陶统至志留系兰多弗里统龙马溪组上段、志留系兰多弗里统罗惹坪组。

格伦沃尔德贝形纳里夫金贝 *Nalivkinia grünwaldtiaeformis*(Peetz)
(图版59,2)

壳体较大,长圆形或近圆形。不等的双凸型,背较凸;前缘单褶型。壳线细密。壳体前部有时具发育的同心层。铰齿粗强,齿板发育短;生殖腺痕位于齿板后侧方,呈短脊状。铰板分离,近于平伸,肌膈短;腕螺9～11圈,螺顶指向背中央。

产地层位 咸丰县金竹园;志留系兰多弗里统纱帽组。

准携螺贝属 *Spirigerina* d'Orbigny,1849

壳体五边形。壳线粗强分叉。两壳双凸型;具腹中槽和背中隆。腹内有齿板;启肌痕长卵形,印迹为非扇形;背铰板平伸、分离,腕螺指向背中央。

分布与时代 中国,欧洲、北美洲、南美洲;志留纪。

中华准携螺贝 *Spirigerina sinensis*(Wang)
(图版59,10)

壳体中等,椭圆形,主端浑圆,腹双凸型。腹喙直耸,铰合面发育;三角孔宽,上覆联合的三角板,顶端具圆形茎孔。壳褶粗强分叉;前端具同心层。齿板微弱发育;腹肌痕微凹陷。腕螺5～11圈。

产地层位 京山市周湾;志留系兰多弗里统罗惹坪组。

北塔贝属 *Beitaia* Rong et Yang,1974

壳体中等,背双凸型。壳线细密。腹中槽、背中隆十分发育;腹喙小而尖,强烈弯曲;齿板短。内铰板分离;腕螺指向背中央,螺环纤细,7～11圈。

分布与时代 湖北、贵州;志留纪兰多弗里世中至晚期。

适度北塔贝 *Beitaia modica* Rong, Xu et Yang
(图版63,29)

壳体中等,横圆形,宽大于长,背双凸型。腹喙小而尖,强烈弯曲;中槽始自壳体中部,至前缘逐渐弯向背方,呈舌状突伸;背中隆始自前部,与侧区壳面呈陡峻交角。全壳覆以细密壳线与微弱不匀的同心纹。

产地层位 宜昌市夷陵区分乡大中坝;志留系兰多弗里统罗惹坪组。

光无洞贝科 Lissatrypidae Twenhofel,1914

光无洞贝属 *Lissatrypa* Twenhofel,1914

壳体轮廓亚圆形。壳体呈近等的双凸型;槽、隆缺失。壳面光滑无饰。腹喙内弯;腹内铰齿大,无齿板。背内铰板与加厚壳质融合;腕棒基板状;腕螺5～11圈,顶端指向背中央。

分布与时代 亚洲、北美洲、欧洲;志留纪兰多弗里世至早泥盆世。

大光无洞贝 *Lissatrypa magna*(Grabau)
(图版64,3)

壳体较大,近圆形。两壳凸度近等,前缘单褶型。壳面光滑无饰。腹喙急剧弯曲;抱掩背喙;后转面极窄;前部有宽浅中槽,向背方弯折,舌突微弱。背壳圆隆,前部壳面凸起成为宽平的中隆。

产地层位 宜昌市夷陵区分乡;志留系兰多弗里统罗惹坪组。

隔板无洞贝属 *Septatrypa* Kozlowski,1929

壳体小,圆形或五边形。前缘截切状;背双凸型;壳面光滑无饰。腹喙尖锐,三角双板分离,有茎孔,中槽宽浅。背壳隆凸,喙钝,中隆宽大、平坦。具铰齿,齿板薄而高。铰板分离;中隔板粗厚,长约为壳长的1/4;顶端形成腕棒槽,腕棒自铰板伸出,螺旋5个,螺顶指向背壳中部。

分布与时代 亚洲东部、欧洲西部;志留纪至泥盆纪。

存疑隔板无洞贝?(新种) *Septatrypa*? *incerta* S. M. Wang(sp. nov.)
(图版59,8)

壳体中等,长五边形,近等的双凸型,背壳稍凸,侧缘钝圆,前缘截切状。腹喙尖锐,三角双板和茎孔不显;壳体前微凹陷,弯向背方,呈方形前舌。背喙钝,中隆宽平,仅在壳体前方显露。壳面光滑。内部构造不详。

比较 新种仅就其外形观之,诸如壳体轮廓,凸度大小,中槽、中隆的特征,壳面光滑等特点,颇近似*S. secreta*,因其内部构造尚不了解,故暂归此属。

产地层位 鄂西;志留系兰多弗里统纱帽组。

兰特诺依斯隔板无洞贝 *Septatrypa lantenoisi*(Termier)
(图版62,4)

壳体轮廓近五边形,壳宽约18mm,长约16mm。背稍凸的双凸型,中隆始于壳体中部,顶平或中央稍凹。腹中槽在前缘特别显著,并向背方形成舌状突伸。壳表光滑。齿板发育;铰板分离;无中隔板。

产地层位 咸丰县;志留系兰多弗里统纱帽组。

隔板无洞贝(未定种) *Septatrypa* sp.
（图版59,14、15）

壳体中等,近圆形。双凸型,背稍凸。腹喙尖耸,壳体前部有宽平的腹中槽,向背方弯曲成方形舌突。背中隆不显,仅由舌突影响而隆凸。壳面光滑。

产地层位 宜昌市夷陵区分乡;志留系兰多弗里统罗惹坪组。

莱采贝亚目 Retziidina Boucot, Johnson et Staton, 1964
莱采贝超科 Retziacea Waagen, 1883
莱采贝科 Retziidae Waagen, 1883
胡斯台贝属 *Hustedia* Hall et Clarke, 1893

壳体小,次卵形;铰合线直而短;双凸型。壳面具粗而简单的壳褶。腹喙明显,铰合面小;三角孔上覆有联合的三角双板,顶端为茎孔切割。腹内无齿板,但具开裂的管孔构造。背内铰板向后方突出于铰合线上;腕螺紧密。

分布与时代 世界各地;石炭纪至二叠纪。

横展胡斯台贝 *Hustedia lata* (Grabau)
（图版58,2）

壳体小,近五角形,近等的双凸型。腹壳匀凸;喙微弯;铰合面低,三角孔为联合的三角双板所盖;顶端具圆形茎孔。腹壳具14条圆形壳褶,与间隙等宽;背有13条,中央1条发生较迟,但与侧区壳线等宽;无槽、隆。

产地层位 崇阳县白霓桥张家岭;二叠系阳新统栖霞组。

无窗贝亚目 Athyrididina Boucot, Johnson et Staton, 1964
无窗贝超科 Athyridacea M'Coy, 1844
小双分贝科 Meristellidae Waagen, 1883
欣德贝属 *Hindella* Davidson, 1882

壳体轮廓次圆形,横宽,长卵形或亚方形;双凸型;腹中槽、背中隆或有或无。腹内有近平行的齿板;背内铰板分离,腕棒板相向延伸、聚合,形成狭窄的腕棒槽;具长而低的中隔板。

分布与时代 中国南部,北美洲;晚奥陶世至志留纪兰多弗里世。

厚欣德贝原始亚种 *Hindella crassa incipiens*（Williams）

（图版63,12～14）

壳体中等至大,长圆形。不等的双凸型;槽、隆不发育;壳面光滑或具强弱不等的同心线。铰齿粗强,齿板发育;肌痕面强烈凹陷,呈三角形或梯形;腹三角腔发育。背内铰板分离;腕棒板相向延伸、聚合;中隔脊低弱。

产地层位 宜昌市夷陵区分乡;上奥陶统顶部。

厚欣德贝 *Hindella crassa*（Sowerby）

（图版63,20、21）

该种与*Hindella crassa incipins*（Williams）接近,唯有本种脉管痕发育。

产地层位 宜昌市夷陵区分乡;上奥陶统顶部。

宜昌欣德贝 *Hindella yichangensis* Chang

（图版63,18）

壳体较小,长圆形。侧面双凸型。铰合线短;铰合面小。壳喙长尖,不弯曲或微曲。无中隆及中槽。壳表饰弱同心纹。

产地层位 宜昌市夷陵区分乡;上奥陶统至志留系兰多弗里统龙马溪组顶部。

无窗贝科 Athyrididae M'Coy,1844
布坎无窗贝属 *Buchanathyris* Talent,1956

壳体横卵圆形或长圆形。近等的双凸型;槽、隆或有或无。腹内具齿板。背内铰板平,与*Athyris*相同,后部具圆形洞孔;腕锁联合,尖端指向后方,但缺失腕锁主干及鞍形主部和分叉部分。

分布与时代 中国、澳大利亚;早—中泥盆世。

亚平布坎无窗贝 *Buchanathyris subplana*（Tien）

（图版59,16）

壳体次卵圆形,长、宽近相等。壳体较薄;腹壳缓凸;中槽不清楚,仅呈浅槽状;前缘阔圆;喙耸立,强烈弯曲;茎孔大。背壳平凸;中隆缺失,或前端微弱显露。壳面覆生长纹。

产地层位 南漳县;上泥盆统至下石炭统写经寺组。

无窗贝属 *Athyris* M'Coy,1844

壳体中等,横椭圆形或次圆形。近等的双凸型;槽、隆限于壳体前部,或缺失。腹喙弯,掩覆茎孔及三角孔,无三角板。壳面具宽阔同心层。腹内铰齿显著;齿板粗而短。背内铰板后部具圆形茎孔,腕棒与初带连接处呈弧形。

分布与时代 世界各地;泥盆纪至三叠纪。

尖喙无窗贝 *Athyris acutirostris* Grabau

（图版64,9）

壳体中等,椭圆形。近等的双凸型,最大凸度位于中部;主端钝圆。腹壳纵向弯曲均匀,横向侧坡陡,中槽始于前部,前端呈圆形舌突。背中隆限于前方,两侧为凹陷所限。具同心纹。

产地层位 宣恩县沙道沟、阳新县骆家湾;二叠系阳新统栖霞组。大冶市英山;二叠系乐平统大隆组。

缨饰无窗贝 *Athyris capillata* Waagen

（图版61,17）

壳体小,横椭圆形。腹壳最凸处位于后部,壳面沿纵、横两个方向的曲度近乎相等;喙部不明显,微曲,具圆形茎孔;肩部微凹;假铰合面稍发育;中槽不甚显著。背壳纵、横凸度均匀近等;喙部低宽。同心层密集,无层缘刺。

产地层位 宜都市毛胡垴;二叠系乐平统吴家坪组。

锁窗贝属 *Cleiothyridina* Buckman,1906

壳体椭圆形至长卵形。近等的双凸型。腹喙小,顶端具圆形茎孔;铰合面缺失。壳面具同心层和层缘刺。腹内具齿板。背内具顶部穿孔的新月形铰板;腕棒呈刀刃状;腕锁不呈*Athyris*特有的环形。

分布与时代 世界各地;晚泥盆世至二叠纪。

中等锁窗贝 *Cleiothyridina media* Hou

（图版59,17）

壳体小,圆形,最大壳宽位于中部,铰合线短,前缘略直。腹壳凸度稍大;喙略弯,具茎孔;中槽不发育。背喙隐卷,中隆缺失。同心层密而均匀,层缘具刺痕,与同心层组成网格状。

产地层位 松滋市观音崖;下石炭统杜内阶。

圆形锁窗贝 *Cleiothyridina orbicularis*（McChesney）

（图版60,6、7）

壳体小,圆形,最大壳宽位于中部,侧缘近直;近等的双凸型,背凸度稍大,最大凸度位于中部。腹喙小而宽,略弯;无槽、隆。壳面具叠瓦状同心层,层缘具细刺。

产地层位 秭归县新滩;二叠系阳新统茅口组。

洛易锁窗贝　*Cleiothyridina royssii*（Eveillé）

（图版59,12、13）

壳体较小,横椭圆形。铰合线短于壳宽,微弯;双凸型。腹喙尖而弯,具圆形茎孔;轴部壳面稍平。背喙尖,但不明显;中隆不发育。壳面具同心线,呈层状或鳞片状,亦具浑圆的放射线。

产地层位　崇阳县路口板桥;二叠系乐平统。

南丹锁窗贝（相似种）　*Cleiothyridina* cf.*nantanensis* Grabau

（图版61,18）

壳体较小,长、宽近相等。两壳凸度均匀,厚度近等,呈透镜状;无槽、隆。腹壳顶稍收缩,喙尖突。壳层均匀、密集。圆形刺痕明显,似梳状齿痕。

产地层位　宣恩县沙道沟;二叠系阳新统。

锁窗贝（未定种1）　*Cleiothyridina* sp. 1

（图版64,6）

壳体大,长宽近相等,约25mm。腹壳缓凸,喙圆钝;中槽自喙部不远处发生,向前稍增宽。同心层细密;层缘刺小,紧密排列,规则有序。

产地层位　松滋市刘家场;下石炭统维宪阶。

锁窗贝（未定种2）　*Cleiothyridina* sp. 2

（图版63,22）

壳体长卵形。腹喙稍尖,顶端具圆形茎孔。背喙掩在腹喙之下。两壳凸度近相等,均匀缓凸。同心层明显,扁平的壳刺在层缘排列整齐。

产地层位　秭归县新滩;二叠系阳新统茅口组。

接合贝属　*Composita* Brown,1849

壳体近圆形。腹壳强凸;喙弯曲明显;茎孔大,卵圆形;无铰合面;中槽或有或无。壳面光滑,常具多层同心纹饰。腹内齿板部分伸到壳底;背内铰板近方形,前端伸出腕棒。

分布与时代　世界各地;晚泥盆世至二叠纪。

卵形接合贝（新种）　*Composita ovata* S. M. Wang（sp. nov.）

（图版63,15）

壳体小,轮廓长卵形。两肩收缩,顶角75°左右。背壳凸度稍大,最凸处位于中部;腹壳均匀凸隆,最凸处位于后部。腹壳具浅沟,无铰合面;喙部具圆形茎孔。背壳亦有隐约的细沟,自喙部发生,直达前缘。腹内具齿板。

比较 新种以其长卵形的轮廓、近等的双凸型而与库兹涅茨克盆地所产 *O. oblonga* 相似。所不同之处在于,前者壳厚,凸度大,前缘直型,无宽短舌突。二者极易区别。

产地层位 松滋市刘家场;下石炭统杜内阶。

松滋接合贝(新种) *Composita songziensis* S. M. Wang(sp. nov.)
(图版64,2)

壳体大,轮廓近圆角菱形。两壳为近等的双凸型,侧视均匀凸隆。腹喙弯曲,顶端具圆形茎孔;背喙掩伏于腹喙之下。腹壳具宽浅的中槽,在前端形成短的方形舌突。壳表偶见同心线。腹内具齿板,伸达壳底。

比较 新种颇接近 *C. megala*(Tolmatchow),但前者个体甚大。背壳具浅沟的特点又极似 *Araxathyris yuananensis* Yang,但由于背内未见中隔脊,铰板特征不明,暂置于此属。

产地层位 松滋市刘家场;上石炭统黄龙组。

携螺贝属 *Spirigerella* Waagen, 1883

壳体多呈次圆形。铰合线短;侧视呈平凸状。背壳凸度甚大。腹喙强烈弯曲,覆于背喙之上,掩没小的茎孔;中槽前端呈舌状。背中隆低圆。壳面仅前部具同心层。腹内壳质强烈加厚;背内主突起粗大,腕锁呈屋顶状,前端发展成薄的刀刃状隔板。

分布与时代 世界各地;二叠纪。

中型携螺贝(相似种) *Spirigerella* cf. *media* Waagen
(图版61,19)

壳体圆五角形,长略大于宽。两壳强烈隆凸;壳喙顶部具茎孔。腹壳顶区凸隆较高,前方较平坦,中槽在前部变宽明显。背壳较腹壳凸隆更强,中隆仅在壳体前部显露,前缘呈单褶型。壳面光滑。

产地层位 通山县;二叠系阳新统。

肥厚携螺贝 *Spirigerella obesa* Huang
(图版62,3)

壳体小,肥厚,长卵形;两壳强凸。腹喙强烈弯曲,紧覆于背喙之上,沿纵向均匀凸隆,沿横向侧缘附近壳面陡峻;无槽、隆。背后部凸,喙宽。壳面具同心线及细弱的放射纹。

产地层位 咸丰县白岩;二叠系阳新统栖霞组。

巨大携螺贝（相似种） *Spirigerella* cf. *grandis* Waagen

（图版 60,4）

壳体较小,长大于宽,侧缘近平直。腹中槽前缘呈舌状弯曲,背壳凸度稍逊于腹壳,两壳隆凸,但均匀。新滩标本个体较小,其他特征均同。

产地层位 秭归县新滩;二叠系阳新统茅口组。

五角携螺贝 *Spirigerella pentagonalis* Chao

（图版 61,14）

壳体小,长五角形。两壳强烈隆凸,具显著的中槽和不显著的中隆。腹喙尖,强烈弯曲,紧覆于背喙之上,茎孔被掩没;中槽狭窄。背壳顶区凸度较大,掩伏于腹喙之下。壳面覆有同心线。

产地层位 京山市吴家岭;二叠系阳新统茅口组。

阿腊克斯贝属 *Araxathyris* Grunt,1965

壳体大小不一,凸度中等或强烈。腹壳具中槽;背中隆为二褶所限,前缘呈"W"字形。腹喙短厚,并强烈弯曲;茎孔小,浑圆形。腹内齿板近平行,伸达壳底,直角状或弓形弯曲。背内主突起不高,2次分叉;铰板窄,呈盖形;腕锁简单,腕锁突起短;腕螺10～15圈;中隔板短。

分布与时代 中国、苏联;二叠纪。

典型阿腊克斯贝 *Araxathyris araxensis* Grunt

（图版 60,5;图版 61,15）

壳体小,圆五角形,近等的双凸型。腹喙短厚,强烈弯曲;中槽始于喙部,向前加深,稍加宽,前端作阔形伸向背方;侧缘弓形。背喙凸伏于腹喙之下;中隆上具浅的中沟,两侧微弱凹陷。壳面光滑。

产地层位 长阳县资坵、崇阳县路口;二叠系乐平统吴家坪组。

贵州阿腊克斯贝 *Araxathyris guizhouensis* Liao

（图版 60,2）

壳体在属内较小,长卵形。侧面为近等的双凸型。腹壳凸隆高强,喙短,弯曲;后转面小;中槽始于中前部。背壳为圆五边形;中隆发育,前接合缘为高强的旁槽型。

产地层位 松滋市刘家场;二叠系乐平统吴家坪组。

京山阿腊克斯贝（新种） *Araxathyris jingshanensis* S. M. Wang（sp. nov.）

（图版60,3、8）

壳体小,长五边形,长16mm左右,宽14mm左右。腹壳强烈而均匀的凸隆,凸度稍大于背壳;腹喙弯曲,覆于背喙之上;中槽始自喙部,向前稍变宽,呈"V"字形。背中隆高凸,中沟始自喙部,侧区各有明显的壳褶。同心线稀疏,但清晰。腹内齿板呈弧形延伸,达于壳底;背内具中隔脊。

比较　由于新种侧区具粗强壳褶,故外形极似 *Tongzithyris episulcata* ,但前者个体甚小,内部构造不同。新种腹内有弧形齿板,背内具中隔脊,因此置于 *Araxathyris* 属内应无问题。

产地层位　京山市石龙水库;二叠系阳新统茅口组。

远安阿腊克斯贝　*Araxathyris yuananensis* Yang

（图版62,13）

壳体较大,轮廓方圆形。两壳为近等的双凸型,侧缘陡峻;中槽弱,前缘具方圆前舌。背壳中隆弱,仅前缘升起若台。壳面具细的同心纹。

产地层位　远安县杨家塘;二叠系阳新统茅口组。

核螺贝科　Nucleospiridae Davidson,1881
核螺贝属　*Nucleospira* Hall,1859

壳体小,近圆形。两壳凸度近等;铰合线短,主端圆;腹中槽及背中隆浅。壳面覆有细密的短刺。腹喙短小,三角孔覆有假三角板。腹内铰齿显著;肌痕面叶状;中隔板长,伸达前缘。背内具主突起,腕棒直而细,腕螺6～10圈,螺顶指向侧方;中隔板伸达前缘。

分布与时代　亚洲东部、欧洲、北美洲;志留纪至早石炭世。

美好核螺贝　*Nucleospira pulchra* Rong et Yang

（图版63,1、2）

壳体近圆形。平缓双凸型;前缘直型;同心线发育,线上排列规则的小刺;铰齿粗强,齿板缺失;肌痕面微凹,宽阔,近五边形;肌隔低弱;铰板发育,联合成块状突起,肌痕面后方深凹;中隔板低长,有时达壳长的2/3。

产地层位　宜昌市夷陵区分乡;志留系兰多弗里统纱帽组。

罗城贝科　Lochengidae Ching et Yang,1977
隐石燕属　*Cryptospirifer*（Grabau,1931）Huang,1933

壳体巨大,壳壁厚,近圆形。腹铰合面直倾型,为背铰合面所隐掩,不显露;喙弯,覆于弯曲的背喙之上，中槽、中隆浅或缺失。壳线有时宽平，或模糊或消失。壳面光滑，仅饰同心线。背内铰板巨大而复杂，具发达的背孔。

分布与时代 中国；二叠纪船山世。

峨眉山隐石燕 *Cryptospirifer omeishanensis* Huang

（图版62,12）

壳体巨大，横卵形或近圆形。铰合面不显，铰合线短；两壳为近等的双凸型，最大凸度位于中后部，侧视楔形。腹喙低而弯，背喙掩伏其下。无槽、隆。壳面光滑，仅具细密的同心纹及同心层，表层剥落后可见微弱放射线。

产地层位 长阳县刘家堂；二叠系阳新统茅口组。

半褶隐石燕 *Cryptospirifer semiplicatus* Huang

（图版62,1）

壳体巨大，椭圆形。铰合线短，主端浑圆，近等的双凸型。腹喙阔，弯曲，紧覆于背喙之上；无中槽。自壳后1/3处开始出现壳褶，作插入式或分枝式增多；同心层不甚规则。

产地层位 大冶市姜桥；二叠系阳新统茅口组。

线纹隐石燕 *Cryptospirifer striatus* Huang

（图版57,10；图版60,1）

壳体巨大，宽140mm，近圆形。腹壳后部凸隆强烈；沿横向中部阔凸，侧部急曲；喙阔而不明显，贴于背壳之上；无槽、隆。壳面饰以细密低圆的壳纹，向前作分枝式或插入式增多。

产地层位 松滋市刘家场；二叠系阳新统茅口组。

石燕亚目 Spiriferidina Waagen,1883
穹石燕超科 Cyrtiacea Fredericks,1919
穹石燕科 Cyrtiidae Fredericks,1919（1924）
始石燕属 *Eospirifer* Schuchert,1913

壳体中等，轮廓横宽。无壳褶，仅具细密的壳纹或密集的同心纹；铰合线短于壳宽；槽、隆发育。腹内齿板长而高，交角或大或小，中隔板缺失；背内铰板向前方逐渐分离，内缘与壳底相接触。

分布与时代 世界各地；志留纪至中泥盆世。

中国始石燕 *Eospirifer sinensis* Rong et Yang

（图版63,8）

壳体近五边形。铰合线约为壳宽的1/2；主端浑圆。腹中槽始于壳喙，槽底浅平，槽缘与侧区以浑圆的隆脊为界。背中隆亦始自壳喙，隆缘以凹沟与侧区相连，致使前缘呈显著的旁槽型。壳表具细密的壳纹。

产地层位　京山市周湾；志留系兰多弗里统罗惹坪组。

放射始石燕　*Eospirifer radiatus*（Sowerby）
（图版62,5）

本种与 *E. sinensis* 的区别是：壳体较大，壳宽约20mm，长约17mm；铰合线直长，约等于壳宽；腹中槽浅宽，与侧区相接处十分浑圆，无隆脊状突起。

产地层位　鄂西；志留系兰多弗里统纱帽组。

次放射始石燕　*Eospirifer subradiatus* Wang
（图版63,6、7）

壳体中等，横方形。铰合线约等于壳宽。腹壳高隆，最凸处位于壳顶的前方；喙部小，强烈弯曲；中槽始于喙部，槽底半圆形。背壳缓凸，中隆狭而低，隆顶平圆，两侧具深而窄的纵沟。壳面具64～68条细的壳纹，中槽前端有14～16条。

产地层位　咸丰县；志留系兰多弗里统纱帽组。

三角"始石燕"　*"Eospirifer" triangulatus* Yan
（图版62,9）

壳体小，近三角形；双凸型。铰合线短而弯，约为壳宽的1/3。腹喙小而曲；中槽始于喙部，向前迅速变宽、加深，前缘具明显的前舌，槽底宽浅。背中隆始于喙部，与侧区分界明显。壳表饰有分叉式及插入式增多的壳线。

产地层位　宜昌市夷陵区分乡；志留系兰多弗里统罗惹坪组。

咸丰始石燕　*Eospirifer xianfengensis* Zeng
（图版61,13;图版62,10、11）

壳体横椭圆形，长3.5mm，宽5mm。铰合线直，短于壳宽，主端阔圆；近等的双凸型。腹中槽始于喙部附近；喙小。背中隆始于喙部，宽阔，两侧以深沟与侧区分界，中隆后端与喙部之间具显著中后沟。壳面放射纹细密，作2次分叉。

产地层位　咸丰县大田坝；志留系兰多弗里统纱帽组。

条纹石燕属　*Striispirifer* Cooper et Muir-Wood, 1951

除壳体两侧具许多分离的壳褶和壳褶间隙呈窄"V"字形的间沟外，其他特征与 *Eospirifer* 相同；腹中槽和背中隆光滑。

分布与时代　亚洲、北美洲、欧洲；志留纪至中泥盆世。

尖褶条纹石燕 *Striispirifer acuninplicatus* Rong et Yang
（图版61，2、9）

壳体较小，宽10～14mm。侧区壳褶数目少，仅有2～3条近棱形的壳褶；壳面布满细放射纹。中槽宽浅，槽底近平，从不作"V"字形。

产地层位 京山市；志留系兰多弗里统罗惹坪组。

谢氏条纹石燕 *Striispirifer hsiehi*（Grabau）
（图版63，3）

壳体小，横宽。铰合线约等于壳宽的4/5；主端尖突；近等的双凸型。腹壳适度隆凸；中槽始于喙部附近，深凹，槽底呈"V"字形，无褶；背中隆显著，始于喙部附近，隆顶浑圆，并在中后部具细沟。背壳侧区各有5～6条壳褶，腹壳各有6～7条。

产地层位 大冶市殷祖、赤壁市石坑；志留系兰多弗里统坟头组。

湖北条纹石燕 *Striispirifer hubeiensis* Zeng
（图版64，7）

壳体中等，厚度大，长、宽和厚近等。铰合线稍短于壳宽。腹壳隆凸高强；喙大，强烈弯曲；中槽窄深，强烈折向背方，槽底近"V"字形，无褶；铰合面高，近等边三角形，弯曲。背中隆始于喙部，高强，隆顶窄圆，有时具微弱中沟。两侧区各饰5～6条近圆形的壳褶。

产地层位 通山县官塘区；志留系兰多弗里统纱帽组。

京山条纹石燕（新种） *Striispirifer jingshanensis* S. M. Wang（sp. nov.）
（图版61，11、12）

壳体中等，横的五边形，宽大于长。近等的双凸型；铰合线直，稍短于壳宽，主端呈钝角状。铰合面直伸，直倾型，微凹；喙微弯，三角孔洞开；中槽始自喙部，槽内无褶，呈"V"字形。背喙小，微弯；中隆自喙部发生，中间有同时自喙部起始的中沟，向前变宽成槽。侧区壳褶少，圆棱形，各有3～4条；并有细的放射纹和规则的同心纹组成细密的网格状。幼年期标本宽远大于长。腹铰合面斜倾型，槽底宽圆，中隆特点与成年期标本无异。

比较 新种的特点在于中隆上有中沟，将中隆一分为二，形成二褶。除此以外，其他特点与 *S. acuninplicatus* 相同。

产地层位 京山市周湾；志留系兰多弗里统罗惹坪组。

石阡条纹石燕　*Striispirifer shiqianensis* Rong，Xu et Yang

（图版63,4）

壳体小,横宽,近半圆形。背双凸型。腹中槽始于喙部,槽底呈"V"字形;背中隆显著,亦始于喙部。槽与隆上均无壳褶,侧区各有6～7条壳褶,全壳面覆细的放射纹。腹壳内齿板发育。

产地层位　通山县杨林场、大冶市双港口;志留系兰多弗里统坟头组。

条纹石燕（未定种）　*Striispirifer* sp.

（图版63,16、17）

壳体中等。铰合面高,近直伸,后端弯曲。槽、隆性质同 *S．shiqianensis*。侧区壳褶少,又与 *S．acuniniplicatus* 相似,故兼有上述二者之特点。

产地层位　京山市汤堰畈、赤壁市石坑;志留系兰多弗里统坟头组。

尼氏石燕属　*Nikiforovaena* Boucot,1963

外形接近 *Striispirifer* Cooper et Muir-Wood,侧区壳线圆形,被"U"字形间隙分开;中隆上具1个或更多的明显的凹沟;中槽内具1个或更多的显著的壳线。

分布与时代　亚洲,澳大利亚;志留纪文洛克世至拉德洛世。

费尔干尼氏石燕　*Nikiforovaena ferganensis*（Nikiforova）

（图版61,1、10;图版62,14）

壳体中等,横的椭圆形。两壳近等的双凸型。中槽内有中褶;中隆上有纵沟;侧区壳褶圆形、粗强,间隙圆,两侧各有7～8条壳褶。

产地层位　京山市;志留系兰多弗里统纱帽组。

费尔干尼氏石燕次褶亚种（新亚种）
Nikiforovaena ferganensis subplicata S．M．Wang（subsp．nov．）

（图版61,6、7;图版63,5、23）

特点同 *N．ferganensis*,只是本种中槽内除有中褶外,其旁尚有侧褶。

产地层位　京山市;志留系兰多弗里统纱帽组。

凯里尼氏石燕　*Nikiforovaena kailiensis* Xian

（图版61,8;图版64,4）

壳体中等,横三角形。主端微展伸、尖突。腹中槽始于喙部,窄三角形,槽底深,中央具单褶;侧区壳线粗圆,间隙窄沟状,每侧4～5条。背中隆上具窄沟,将隆顶分为两部分。

产地层位 京山市；志留系兰多弗里统纱帽组。

京山尼氏石燕（新种） *Nikiforovaena jingshanensis* S. M. Wang（sp. nov.）
（图版61，3～5）

壳体中等，长18～22mm，宽28～36mm。背壳半圆形，中隆低平，中沟明显，其两侧各有短沟。中沟两侧各有2个壳褶，十分对称；中隆两侧以深沟为界。侧区各有圆形壳褶6～7条。

比较 新种与*N. flabellum*近似，只是中隆上中沟的两侧只有短沟，将中隆分为4褶，而后者中隆有6褶。

产地层位 京山市；志留系兰多弗里统纱帽组。

郝韦尔石燕属 *Howellella* Kozlowski，1946

壳体中等。侧区具简单壳褶。槽、隆光滑。同心层密覆全壳，层缘具梳状刺。腹内齿板发育，中隔板缺失。背内铰窝支板内缘与壳壁相连，朝背方延伸。

分布与时代 亚洲、欧洲、北美洲；志留纪至早泥盆世。

贵州郝韦尔石燕 *Howellella guizhouensis* Rong et Yang
（图版63，27）

壳体小。腹中槽、背中隆发育；槽内无中褶，中隆上有时发育浅弱的中沟；侧区具1～2条圆而低的放射褶；壳饰由放射纹和稀疏的同心层组成。

产地层位 宜都市；志留系兰多弗里统纱帽组。

来凤郝韦尔石燕 *Howellella laifengensis* Zeng
（图版63，26；图版64，1）

壳体小，主端近直角状。腹铰合面高，微弯；背铰合面低。腹、背两壳三角孔狭窄，均被假三角板覆盖。腹双凸型。腹中槽始于喙部附近，窄深，槽底呈"V"字形，无褶。背中隆显著，隆顶阔圆，具细沟。侧区各具4条壳褶，全壳覆有细长的前倾细刺。主突起强大，由六叶组成。

产地层位 来凤县老峡；志留系兰多弗里统纱帽组。

双腔贝科 Ambocoeliidae George，1931
股窗贝属 *Crurithyris* George，1931

壳体小，略呈五角形。主端圆；平凸或不等的双凸型。腹壳高凸；喙耸而微弯。两壳具发育的铰合面。腹三角孔覆以分离三角双板；中槽浅显。背壳在轴部有时具宽浅中沟。壳面饰有同心纹及简单稀少的壳刺。腹内无齿板；背内主突起低；闭肌痕长叶形，铰窝支板短、平行。

分布与时代 世界各地；泥盆纪至二叠纪。

薄弱股窗贝 *Crurithyris pusilla* Chan
（图版63，24、25、28）

壳体甚小，长径5mm左右，长卵形或横卵形。侧面平凸；铰合线略短于最大壳宽，主端浑圆。腹壳高凸，顶区狭隆而高耸；喙小，弯曲颇强；中槽窄而浅。背壳半圆形，平坦。壳面光滑。

产地层位 钟祥市胡集董冲、大冶市凤凰山、建始县建阳坪；二叠系乐平统顶部。

大股窗贝 *Crurithyris magna*（Ustriscki）
（图版64，10）

壳体中等，近圆形。铰合线短于壳宽，主端钝圆。腹壳高凸；喙部尤甚，喙弯；铰合面凹曲；三角孔大。背壳微凸；喙略凸起，并伸过铰合线；铰合面低。无槽、隆。壳面光滑。

产地层位 咸丰县白岩；二叠系阳新统茅口组。

平凸股窗贝 *Crurithyris planoconvexa*（Shumard）
（图版64，11）

壳体小，近半圆形。不等的双凸型；铰合线稍短于壳宽，主端圆。腹壳高凸；喙小而弯，但不越过铰合线；铰合面凹曲。背壳近平。壳面光滑；无槽、隆。

产地层位 阳新县星潭铺；上石炭统。

美丽股窗贝 *Crurithyris speciosa* Wang
（图版40，12、18）

壳体小，近圆形。铰合线微短于壳宽，主端钝圆。腹壳强烈凸隆，最大凸处位于壳面中部；喙小，强烈弯曲；壳顶狭隆，向背方耸伸，超越铰合缘颇远；铰合面微凹，斜倾型；三角孔大，覆有分离的狭窄三角双板。背壳低隆。

产地层位 京山市石龙水库；二叠系阳新统栖霞组。

拟股窗贝属 *Paracrurithyris* Liao，1979

壳体微小，卵圆形。腹壳高凸，铰合面小，喙部强烈弯曲，中槽窄深。背壳平坦，半圆形，发育有宽浅中槽。表面有细的放射纹及同心纹。腹内无齿板；中隔脊弱，肌痕长条形。背内腕棒支板长，略呈"八"字形斜伸，闭肌痕大，内侧1对紧贴中隔脊，外侧1对肺叶状。

分布与时代 中国南部；二叠纪乐平世至早三叠世。

矮小拟股窗贝 *Paracrurithyris pigmaea*（Liao）

（图版63,9～11）

壳体小,宽稍大于长,长径5mm左右。腹壳高凸,铰合面小,喙部强烈后弯,中槽窄深,向前稍扩宽。背壳平坦,半圆形,壳面上发育有凹槽。壳面饰有放射纹和同心纹,有时组成网格状。此种除见于硅质岩相的长兴阶,也发现于下三叠统的泥岩中。

产地层位 建始县建阳坪、大冶市凤凰山;二叠系乐平统顶部。大冶市;下三叠统底部。

弓石燕科 Cyrtospiriferidae H. Termier et G. Termier,1949
弓石燕属 *Cyrtospirifer* Nalivkin,1918

壳体中等,菱形。铰合线为最大壳宽,近等的双凸型或腹双凸型。腹铰合面低,三角形,凹曲;槽隆发育,其上壳线较细,分枝;侧区壳线较粗,不分枝。全部壳面覆有放射状排列的细瘤延展而成的细放射纹。腹壳内齿板长;背壳内主突起粗大,腕棒支板宽平且不高。

分布与时代 世界各地;晚泥盆世至早石炭世早期。

长阳弓石燕（新种）
Cyrtospirifer changyangensis S. M. Wang（sp. nov.）

（图版67,1、2）

壳体大,长卵形。铰合线短于最大壳宽,主端圆。腹壳高凸,壳顶强烈弯曲,腹喙高悬于背喙之上;铰合面极度挠曲;三角孔洞开;中槽自喙部不远处发生,向前稍扩展、变浅,槽底圆形。背壳长宽近相等;凸度小于腹壳;中隆圆凸。壳线细密、低圆、均匀,间隙窄;侧区壳线简单,中槽内壳线细、分叉,数目众多,有20余条。同心纹细而密集。齿板长,约为壳长的1/3。

比较 新种轮廓为长卵形;腹壳顶区强烈弯曲、凸隆,特征明显。

产地层位 长阳县弓剑崖;上泥盆统至下石炭统写经寺组。

分离弓石燕 *Cyrtospirifer disjunctus* Sowerby

（图版66,4、5）

壳体中等,强烈翼展。铰合线直长,为最大壳宽,主端尖锐;前缘单褶型。腹壳凸度均匀,稍大于背壳;耳翼近平坦;喙尖而微弯;中槽始于喙部,向前加宽,槽底浑圆。背壳缓凸;铰合面低,直立;中隆自喙部开始具纵沟。壳线在侧区不分叉,槽、隆上壳线分叉、细密。

产地层位 长阳县弓剑崖;上泥盆统至下石炭统写经寺组。

北平弓石燕　*Cyrtospirifer pekingensis*（Grabau）

（图版66,2）

壳体中等至稍小，横长，最大壳宽在铰合线上。近等的双凸型；主端方，侧缘圆。腹喙尖而直；铰合面高；中槽深，棱形，向背方强烈突伸，致使轮廓呈双叶型。中槽内主壳线简单，中部有简单的中央壳线及2对中侧壳线，侧部2～4对壳线，侧区壳线阔圆，间隙窄，各有16条。

产地层位　长阳县弓剑崖；上泥盆统至下石炭统写经寺组。

毕里查弓石燕　*Cyrtospirifer pellizzarii*（Grabau）

（图版66,3、8）

壳体较肥厚，横长，主端尖突，侧缘较圆，两壳为近等的双凸型。腹喙直，铰合面较高，中槽较浑圆，槽内中央壳线分叉，有2对侧壳线，主壳线简单，侧部有2～3对壳线，内侧1对分枝。侧区壳线圆，有20～26条。

产地层位　长阳县弓剑崖；上泥盆统至下石炭统写经寺组。

菱形弓石燕　*Cyrtospirifer rhomboidalis* Jiang

（图版66,14）

壳体中等，近等的双凸型；轮廓菱形；铰合线直，明显地短于壳宽，主端浑圆。腹喙弯曲，高悬于背喙之上，铰合面三角形、凹曲，三角孔洞开。中槽自喙顶发生，舌突中等高度。全壳覆以低圆的壳线，槽内壳线粗细不匀，线式复杂。

产地层位　松滋市刘家场；上泥盆统至下石炭统写经寺组。

四川弓石燕　*Cyrtospirifer sichuanensis* Chen

（图版66,7）

壳体较小，近圆形或方圆形。铰合线略短于最大壳宽，中部最宽，主端方圆。腹中槽始于喙部，向前逐渐变宽，槽底窄深，前缘微弯向背方，形成低的舌突。中隆前部高凸。壳线细而均匀，中槽内在前缘处有10条，中槽边缘壳线比较粗强。

产地层位　宣恩县李家河、川箭河；上泥盆统至下石炭统写经寺组。

亚阿卡斯弓石燕　*Cyrtospirifer subarchiaci*（Martelli）

（图版66,1）

壳体中等，肥厚，横长，有时近方形。铰合线直长。腹壳凸度较高，背壳仅为其1/2。腹喙直或微弯，铰合面稍高、略凹。主端略呈翼状展伸。中槽较深圆，前缘作强烈的折转。中槽内主壳线少，不分枝，中央壳线与主壳线间有3对壳线，侧部各有壳线3～6条，分枝或不分枝。侧区壳线细圆,有20～25条。

产地层位 长阳县落雁山马颈垴;上泥盆统至下石炭统写经寺组。

弓石燕(未定种) *Cyrtospirifer* sp.
(图版66,12)

壳体小,除顶区外,呈横方形。双凸型,最凸处位于壳体中后部。主端近直角,铰合线为最大壳宽;三角孔大,洞开。侧缘近平行。腹壳顶高隆,喙微弯;铰合面凹曲;中槽自喙部发生,向前变为深阔,与侧区界线清楚。背中隆凸圆。壳线浑圆、均匀、不分叉,侧区有17～18条;中隆上壳线约13条。

产地层位 长阳县弓剑崖;上泥盆统至下石炭统写经寺组。

平石燕属 *Platyspirifer* Grabau,1931

壳体中等,近圆形。铰合线略短于壳宽,近等的双凸型。腹喙直而尖,铰合面低而弯,三角孔洞开;槽、隆均低浅。中槽内壳线复杂,中央壳线多次分枝;侧区壳线宽平,间隙窄;壳面尚有细放射纹和同心纹。

分布与时代 中国;晚泥盆世。

三角平石燕 *Platyspirifer trigonalis* Yang
(图版66,10)

壳体中等,近三角形。铰合线短;两壳近等的双凸型。腹喙尖耸、弯曲,但不超过铰合线;铰合面斜倾型,三角孔大且洞开;主端钝圆;中槽始于喙前;槽底宽平,前舌宽圆。背中隆不高,向前增宽。壳线宽平,间隙窄;槽内壳线多分枝。

产地层位 长阳县弓剑崖;上泥盆统至下石炭统写经寺组。

帐幕石燕属 *Tenticospirifer* Tien,1938

壳体中等,双凸型。腹壳高凸,呈半锥状;背壳缓凸或近平。腹铰合面高耸,三角形;三角孔洞开;槽、隆显著;槽内壳线组合形式近似*Cyrtospirifer*,但中央壳线常不发育。齿板薄长;无中隔板。主突起低平,具短中隔板。

分布与时代 世界各地;晚泥盆世至早石炭世早期。

早坂帐幕石燕 *Tenticospirifer hayasakai*(Grabau)
(图版66,9)

壳体中等,轮廓略方形,最大壳宽位于铰合线上;主端尖翼状。腹壳凸于背壳;喙部强烈凸伸,但不弯曲;中槽后部陡深,略呈棱角状,前部浑圆;边缘壳线粗而高,中槽内壳线复杂;有同心纹。背喙弯,略伸过铰合线,中隆低圆。

产地层位 宣恩县沙道沟两河口；上泥盆统至下石炭统写经寺组。

中庸帐幕石燕广西变种 *Tenticospirifer vilis* var. *kwangsiensis* Tien
（图版66,6；图版68,19）

壳体中等，略呈半圆形。铰合线稍短或等于壳宽。腹铰合面高而平直，喙部稍弯曲，两肩完全位于壳顶之外。背壳近于平坦。

产地层位 宣恩县沙道沟两河口；上泥盆统至下石炭统写经寺组。

石燕科 Spiriferidae King,1846
纺锤贝属 *Fusella* M'Coy,1844

壳体小至中等，横展。铰合线为最大壳宽。腹铰合面低，凹曲；喙尖而弯。两侧壳线简单，近中槽处偶分叉，槽内壳线稀少，除中央及边界壳线外，尚有1～2对分枝于边缘壳线的线，壳面覆有叠瓦状同心纹；放射纹细弱。腹内齿板异向展伸；老年壳体具内窗板。

分布与时代 世界各地；早石炭世。

五角纺锤贝 *Fusella pentagonus*（Koninck）
（图版68,8～11）

壳体中等，近三角形。铰合线长为最大壳宽，耳翼稍展；双凸型。腹壳凸度稍大；喙尖而弯；铰合面窄；窄浅的中槽始于喙部。背中隆明显，以深沟与侧区为界。壳线宽而浑圆，与间隙等宽；中槽内有壳线5～6条，中隆上有4～5条；同心纹细密。

产地层位 宜都市毛湖埫梯子口；下石炭统杜内阶。

新石燕属 *Neospirifer* Fredericks,1919

壳体中等至大，最大壳宽位于铰合线上。腹喙尖而弯；背喙微弯。壳线于侧区分枝，呈簇状；中槽内壳线分枝，但不成簇。壳面具显著鳞片状生长纹及极微弱的放射纹。腹内齿板低，向前分叉。

分布与时代 世界各地；石炭纪至二叠纪。

龙潭新石燕 *Neospirifer lungtanensis* Ching
（图版64,5）

壳体中等，铰合线长等于壳宽，约为壳长的2倍。主端尖。腹壳凸隆较强，中槽浅；背壳较低，中隆高而显著。壳线粗细不等，多数2条1束。

产地层位 松滋市刘家场；下石炭统杜内阶。

腕孔贝科　Brachythyrididae Fredericks, 1919（1924）
腕孔贝属　*Brachythyris* M'Coy, 1844

壳体大小不等，长、宽近等；主端圆。背凸度低于腹壳；铰合线短，铰合面三角形、凹曲；槽隆明显，始于喙部；槽内壳线有时分枝，侧区壳线简单、宽平。腹内无齿板，仅沿三角孔侧缘发育有低矮的隆脊。

分布与时代　世界各地；石炭纪至二叠纪。

腕孔贝（未定种）　*Brachythyris* sp.
（图版66,13）

壳体小，长宽近等，近菱形。铰合线短，主端圆；近等的双凸型。腹铰合面三角形，三角孔洞开；中槽始于喙部，槽内壳线细，自喙部发生中央壳线，两侧各有短壳线，槽缘1条较粗，并有细同心纹；局部可见放射纹。

产地层位　咸宁市咸安区学堂胡；上石炭统黄龙组。

鳍石燕属　*Finospirifer* Yin, 1981

壳体中等，横向展伸。双凸型，铰合线为最大壳宽，主端尖。腹喙小，铰合面低；三角孔洞开；中槽始于喙部，槽内中央壳线不分枝，近中央的1对有时弱分枝。背铰合面窄，喙不显，中隆上壳线分枝。侧区壳线简单、粗强，近中槽处偶分叉，并有同心纹及放射纹。腹内齿板厚、短，齿板间以内窗板相连。

分布与时代　湖北、湖南；早石炭世。

奇异鳍石燕（新种）　*Finospirifer peregrinus* S. M. Wang（sp. nov.）
（图版69,1、2）

标本产于下石炭统下部粉砂质页岩中，故壳表常脱落。

壳体中等，横宽，宽约为长的2倍；主端呈尖翼状突伸。腹壳均匀凸隆，中槽自喙部发生，槽内壳线2次分叉，计有7条；背壳凸度稍强，中隆窄而凸，其上有壳线6条。侧区壳线简单，仅在近中槽处弱分枝，粗细均匀，每侧有壳线14～16条。腹内齿板短、厚。

比较　新种与*Eochoristites neipentaiensis alatus* Ching 的轮廓近似，不同之处在于新种主端更加尖突。与该属模式种相同点在于主端呈尖翼状，槽内壳线简单，侧区近中槽处壳线弱分枝。但新种由于前缘稍有破损，中隆鳍状不明显，侧区壳线更为规则。

产地层位　宜都市毛湖埫梯子口；下石炭统杜内阶。

始分喙石燕属　*Eochoristites* Chu, 1933

壳体中等，近圆形。铰合面阔三角形，强烈斜倾；壳喙略曲；槽、隆均始于喙尖且发育；

槽内壳线简单或分枝,侧区壳线简单扁平。腹内齿板短而厚,且向内侧隆凸;背内腕棒支板短而薄。

分布与时代 亚洲;早石炭世。

横宽始分喙石燕 *Eochoristites transversa* Chu
（图版67,8～10）

壳体中等。铰合线略短于壳宽。两壳缓凸。腹中槽平浅而清晰,槽内有壳线5条,中央壳线几乎与内侧壳线同时出现,或略迟于后者;中隆上的壳线分枝;侧区壳线简单而浑圆,每侧各有15条。

产地层位 松滋市刘家场;下石炭统杜内阶。

擂彭台始分喙石燕翼状亚种 *Eochoristites neipentaiensis alatus* Ching
（图版65,5）

壳体中等,横三角形。近等的双凸型;铰合线为最大壳宽。腹喙尖而弯,不伸过铰合线;铰合面三角形;中槽始于喙部,槽底呈棱形,前方作短舌状凸伸。背喙低凸,铰合面线状;中隆与侧区界线清楚。壳线宽圆,间隙窄,槽内有壳线8～9条;侧区壳线简单,每侧14～15条。

产地层位 宜都市毛湖堖、松滋市;下石炭统。

擂彭台始分喙石燕宜都亚种（新亚种） *Eochoristites neipentaiensis yiduensis* S. M. Wang（subsp. nov.）
（图版66,11;图版67,7）

壳体中等,长24～28mm,宽28～38mm。铰合线长度为最大壳宽;耳翼稍展。两壳双凸型,腹壳凸度稍大。腹喙弯曲,铰合面窄,宽浅的中槽始于喙部;背中隆微凸。壳面布有简单、平圆的壳线17～22条,个别分叉1次;槽内壳线除中央壳线外,尚有1对简单或分叉1次的主壳线及发生于边缘的2对壳线,计有7～8条;壳面饰有叠瓦状的同心层;壳纹细弱,偶尔在壳线间隙内见到。

比较 新亚种与 *Eochoristites neipentaiensis alatus* Ching 较接近,不同点在于前者主端稍呈尖突状;中槽内主壳线较明显,中央壳线较弱;侧区壳线较多,有17条以上。后者侧区壳线较少。

产地层位 宜都市毛湖堖;下石炭统杜内阶。

准石燕科 Spiriferinidae Davidson,1884
疹石燕属 *Punctospirifer* North,1920

壳体小至中等。两壳凸度不等。腹壳近锥形,背壳半椭球状或半球状;槽、隆发育,较侧区壳褶或间隙为宽。腹喙直；铰合面甚高，三角形，与其余壳面为尖棱喙脊所分开。壳褶粗强简单，壳层叠瓦状。腹内具小而微作叉状伸展的齿板及中隔板；背内具主突起。

分布与时代　世界各地；石炭纪至二叠纪。

马列夫克疹石燕　*Punctospirifer malevkensis* Sokoloskaya
（图版67,6）

壳体小，半圆形。铰合线为最大壳宽。腹壳高凸；喙高耸而微弯；铰合面高，略凹；三角孔洞开；中槽始于喙部，向前增宽。背喙微凸，铰合面线状；中隆前部平。壳面具12～14条圆棱形壳褶及不规则的同心线。

产地层位　松滋市刘家场；下石炭统维宪阶。

准小石燕属　*Spiriferellina* Fredericks,1919

壳体中等，近半圆形。铰合线为最大壳宽；腹双凸型。腹喙弯曲；铰合面高或中等；三角孔覆有三角板；中槽深强，前部常有1个小的中央壳褶。背铰合面低；中隆显著，顶部稍微平坦。侧区壳面覆有少数棱形壳褶，有密集而耸突的刺瘤及同心线。齿板弱，中隔板强，次生壳质将中隔板和齿板联合成为匙形台。背内铰窝强，具铰窝支板；主突起低。

分布与时代　亚洲、北美洲；石炭纪至二叠纪。

远安准小石燕?（新种）　*Spiriferellina*? *yuananensis* S. M. Wang（sp. nov.）
（图版67,5）

壳体小，近半圆形。铰合线略短于壳宽；主端微圆。腹壳高凸；喙尖耸而微弯；铰合面高，凹曲；三角孔洞开；中槽始于喙部，底为棱形；中槽两侧各有微弱小褶，前端呈尖舌状。背中隆高凸，两侧亦各有小褶。侧区壳褶近棱形，间隙略窄，每侧各有7条。壳面覆有规则的壳层，层缘有细刺。内部构造不详。

比较　新种与*Punctospirifer octoplicata*在壳体轮廓上很近似，不同点在于中隆上两侧各有小褶。与*Punctospirifer subrhomboidalis*的区别在于后者中隆上具纵沟，将中隆分割为二褶。

产地层位　远安县杨家塘；二叠系阳新统栖霞组。

爱莉莎贝科　Elythidae Fredericks,1919
纹窗贝属　*Phricodothyris* George,1932

壳体椭圆形或近圆形。铰合线短于壳宽，主端圆。腹壳凸度常大于背壳；槽、隆发育或微弱。腹铰合面狭小，三角孔覆以三角双板。壳面具规则的同心层，层缘密布双筒形空心壳刺。腹内无齿板，无中隔板；背内缺失中隔板及腕棒支板。

分布与时代　世界各地；石炭纪至二叠纪。

亚洲纹窗贝 *Phricodothyris asiatica*（Chao）

（图版69,5～7）

壳体中等,次圆形。壳宽大于壳长,主端圆。腹壳后部凸隆较强,沿纵轴微低凹;喙短而尖,拱起超过铰合面;铰合面三角形。背壳缓凸,椭圆形;中隆缺失。壳表饰有明显而窄的同心层,间隔成凹沟,层缘具密集细壳纹。

产地层位 秭归县新滩、咸丰县白岩落水洞红石畈;二叠系阳新统茅口组。

棘刺纹窗贝 *Phricodothyris echinata*（Chao）

（图版68,3）

壳体小,次圆形。铰合线短,主端圆。腹壳凸度大,喙尖,强烈拱凸;铰合面高,微凹,三角孔大。背壳椭圆形,凸度稍低于腹壳,壳顶肿大。无槽、隆。

产地层位 宜都市;二叠系阳新统栖霞组。

鱼鳞贝属 *Squamularia* Gemmellaro,1899

壳体椭圆形或次圆形。铰合线短于壳宽;两壳喙小,相向弯曲;腹壳双凸型。槽、隆缺失,或者微弱。壳面覆有规则的鳞片状同心层,层缘具排列紧密的梳状刺痕,细刺简单不分叉。腹内无齿板,中隔板;背内无腕棒支板及中隔板。

分布与时代 世界各地;石炭纪至二叠纪。

巨大鱼鳞贝 *Squamularia grandis* Chao

（图版69,8）

壳体大,卵圆形。铰合线长约为壳宽的1/2。腹壳沿纵向弯曲强而规则;喙微弯;两肩直;铰合面高;三角孔大;中槽始于壳顶前方,壳层低平,层缘有1行珠形壳刺。

产地层位 远安县杨家塘;二叠系乐平统。

浆水鱼鳞贝 *Squamularia jiangshuiensis* Chang

（图版68,14）

壳体小,横椭圆形。腹双凸型,主端钝圆;最大壳宽近中部。腹壳纵向均匀弯曲,顶部高凸,喙耸,尖而微弯;铰合面高,微凹,三角孔大;中槽不明显。背喙高凸,无中隆。壳表饰以窄脊状壳层,间隙稍宽,层缘具梳状细刺。

产地层位 通山县梅府;二叠系乐平统吴家坪组。

核形鱼鳞贝 *Squamularia nucleola* Grabau

（图版68,1）

壳体小,两壳作核仁状。铰合线之长约为壳宽的1/2。顶瘦长,两侧微凹;喙弯曲;铰合面不显著;三角孔巨大;无槽、隆。同心层密集,规则而显著,后坡宽缓,前坡陡峻。

产地层位 松滋市刘家场;二叠系乐平统吴家坪组。

鱼鳞贝?（未定种） *Squamularia?* sp.

（图版69,4）

壳体巨大,长卵形。腹喙钝圆;中槽自喙部发生,中间有沟,槽两侧宽缓,侧区界线圆滑。壳层厚。同心层窄细,层缘齿状刺模糊。表层脱落后,可见同心层及放射纹。

产地层位 松滋市刘家场;二叠系乐平统吴家坪组。

瓦刚鱼鳞贝 *Squamularia waageni*（Lócozy）

（图版65,6）

壳体中等,长卵形。腹壳凸度稍强,规则;喙尖且高;铰合面小;三角孔宽大;中槽清楚,后端窄,向前增宽。背壳次方形,侧角圆;中隆不发育。同心层强,中部每4mm内有壳纹4～5条,层上梳状小刺明显。

产地层位 宜昌市夷陵区;二叠系乐平统吴家坪组。

马丁贝科 Martiniidae Waagen,1883
马丁贝属 *Martinia* McCoy,1844

壳体大小不等,亚圆形。铰合线短于壳宽。腹双凸型。腹喙突伸,弯曲;铰合面小;三角孔洞开;中槽前缘呈舌状,向背方突伸。壳面饰同心纹;当外层壳面剥落后,显露出连续的细放射纹。腹内无齿板、三角孔缘脊和中隔板;背内无腕棒支板及中隔板。

分布与时代 世界各地;石炭纪至二叠纪。

乐平马丁贝 *Martinia lopingensis* Chao

（图版68,17）

壳体中等,卵圆形。铰合线长小于壳宽的1/2。腹壳凸隆强烈而规则;壳顶短厚,铰合面三角形;喙尖而微曲;三角孔洞开;中槽始于喙部,似深沟,向前增强。壳面饰同心纹,表层剥落后,出现细放射纹。

产地层位 恩施市;二叠系乐平统吴家坪组。

蒙古马丁贝　*Martinia mongolica* Grabau

（图版68，20）

壳体中等，主端钝角形。腹壳强烈凸隆；喙部弯曲，但不越过铰合线；铰合面高，与其余壳面以棱形的肩部分开。中槽始于中后部，向前增宽加深，前端呈棱角状的舌突。背凸隆低；中隆不显著。壳面饰有同心纹，表层脱落后，显露细放射纹。

产地层位　武穴市荞麦塘；二叠系乐平统大隆组。

圆形马丁贝　*Martinia orbicularis* Gemmellaro

（图版69，10）

壳体略大，次圆形。铰合线短，略大于壳宽的1/2，最大壳宽位于中部；腹双凸型。腹喙弯，与背喙接近；壳顶向后方狭缩，两侧微凹；铰合面凹曲；中槽始于中后部，不很发育，前缘呈平圆舌突。背喙稍凸，中隆不明显。壳表具同心纹。

产地层位　松滋市；二叠系阳新统。

瓦斯马丁贝　*Martinia warthi* Waagen

（图版68，15）

壳体小，近五边形。腹双凸型。铰合线短于壳宽；喙耸而弯，但不超过铰合线；宽平的中槽始于喙部，前端形成方圆形前舌，伸向背方。背壳中部隆起，形成宽圆的中隆，两侧壳面向腹方弯趋，前缘呈旁槽型。

产地层位　恩施市；二叠系乐平统吴家坪组。

阳新马丁贝（新种）　*Martinia yangxinensis* S. M. Wang（sp. nov.）

（图版68，4）

壳体中等，长的圆五边形。铰合线短，约为壳宽的1/2；腹双凸型；壳面向前规则的弯曲，壳顶长，两侧收缩；喙部弯曲；铰合面三角形；三角孔大；中槽自喙部发生，窄长，至前端稍变宽。背壳凸度低；中隆平缓。壳面光滑，仅有稀疏的同心线；表皮脱落后，可见放射状细纹。腹内无齿板及中隔板。

比较　新种的轮廓介于*M. manchuriensis*和*M. undatifera*之间；大于前者，小于后者；较后者形长，较前者的顶区肥厚。

产地层位　阳新县骆家湾；二叠系阳新统栖霞组。

小马丁贝属　*Martiniella*（Grabau et Tien）Chu，1933

壳体中等，稍圆。铰合线短于壳宽，背略低的双凸型。腹喙弯；铰合面发育，三角孔洞开；中槽前缘呈舌状，伸向背方。背喙微突，铰合面极窄，具中隆。壳面饰同心纹。腹内具齿板及中隔脊；背内无中隔脊及腕棒支板。

分布与时代 中国南部；早石炭世。

青龙小马丁贝 *Martiniella chinglungensis* Chu
（图版69,3）

壳体中等，浑圆。最大壳宽位于主端略前方；主端阔圆。腹喙弯，越过铰合线；铰合面凹曲，三角孔洞开；横向曲度大，两侧较陡；窄而深的中槽始于喙部，向前渐增宽、加深。背凸度小，喙弯曲；铰合面窄；中隆清楚。壳面具同心纹。

产地层位 宜都市毛湖塝；下石炭统杜内阶。

穿孔贝目 Terebratulida Waagen,1883
穿孔贝亚目 Terebratulina Waagen,1883
两板贝超科 Dielasmatacea Schuchert,1913
两板贝科 Dielasmatidae Schuchert,1913
####### 两板贝属 *Dielasma* King,1859

壳体大小及形状变化大，小至中等，长卵形。两壳均缓凸，腹凸较强；前缘呈直缘型或单褶型；光滑或仅具弱生长层。腹壳顶肿隆，具中槽；喙弯；茎孔大。腹内齿板显著，垂直于壳底；背内具腕棒支板，铰板分离。

分布与时代 世界各地；石炭纪至二叠纪。

双编两板贝 *Dielasma biplex* Waagen
（图版68,7）

壳体近中等，长五边形。双凸型，最大凸度近壳体后部。腹喙强烈弯曲，伸过背喙；顶端具圆形茎孔。壳面除后部强烈弯曲外，其余壳面缓凸，前缘截切状，中前部具微弱中槽。背壳近平坦，前侧边缘壳面陡倾，前部有宽浅凹陷。槽、隆两侧均被低圆壳褶所限。

产地层位 崇阳县路口尖山；二叠系阳新统栖霞组。

朱里桑两板贝早熟异种 *Dielasma juresanensis* mut. *antecedens* Grabau
（图版67,3）

壳体中等，近直长的五边形。壳体中部为最大壳宽。腹壳沿纵向弯曲成规则的半圆形；后转面不显著；喙部拱曲，突伸超过铰合线；前部具十分宽浅的凹槽，两侧各具弱的壳褶。

产地层位 通山县；上石炭统。

马平两板贝　*Dielasma mapingensis* Grabau

（图版68,12、13）

壳体大,长卵形。壳长约为壳宽的2倍,最大壳宽位于壳体的中部,后侧缘直,与壳顶相交成圆锐角状;前侧缘窄圆,前端截切状。腹强烈凸隆,最大凸隆位于中后部,喙部弯曲。背壳轴部微平,前端呈截切状。

产地层位　京山市义和;二叠系阳新统茅口组。咸宁市咸安区;上石炭统黄龙组。

密疹两板贝蒙古变种　*Dielasma millepunctatum* var. *mongolicum* Grabau

（图版66,15）

壳体中等,盾形。最大壳宽位于中部的稍前方;前缘阔圆,最大壳厚位于中部,壳体前部扁薄。腹壳弯曲规则,喙部截切状,中槽始于壳体后部,前方阔凹。背壳凸度平缓。

产地层位　阳新县学刘畈;二叠系阳新统。

背孔贝科　Notothyrididae Likharev,1960
背孔贝属　*Notothyris* Waagen,1882

壳体一般较小,阔卵圆形或五角形。两壳凸度适中,腹壳凸度稍大,最大壳厚位于前部;铰合线短而弯;壳体前部具少数粗强壳褶。腹喙短小且弯曲,茎孔小,具三角板,具隆、槽。腹内铰齿短而强,无齿板。背内铰板完整、阔大,顶端具穿孔。

分布与时代　亚洲、欧洲;石炭纪至二叠纪。

双槽背孔贝?（新种）　*Notothyris*? *bisulcata* S. M. Wang（sp. nov.）

（图版67,4）

壳体较小,长卵形。两壳近等的双凸型。腹壳强烈凸隆,壳顶尖缩而弯曲,顶端具小而圆的茎孔。后部发生中槽,呈沟状。背喙掩伏于腹喙之下,自喙部不远处即发生深沟状的中槽,致使前缘呈双叶型。在壳体前半部布有规则的同心状壳层,呈带状。内部构造不详。

比较　新种以其具有腹、背的沟状深槽和带状壳层而不同于属内其他各种,但因不了解其内部构造,暂置此属。

产地层位　阳新县学刘畈;二叠系阳新统栖霞组。

薄弱背孔贝（相似种）　*Notothyris* cf. *exilis*（Gemmellaro）

（图版69,9）

壳体小,卵圆形。近等的双凸型;后部壳面光滑,最前部覆有短的壳褶。腹壳沿纵向均匀的弯曲;壳顶颇弯隆,自喙部发生浅沟,向前方渐深凹,两侧有2条圆形壳褶。背前方有3

条模糊的短壳褶。

产地层位　阳新县；上石炭统黄龙组。

卵形背孔贝　*Notothyris ovalis*（Gemmellaro）
（图版65,3）

壳体小,长稍大于宽,卵形,最大壳宽近中部。腹双凸型。腹喙小,耸弯,覆于背喙之上,顶端具圆形茎孔；背壳近五边形。全壳覆5～6条粗棱形壳褶,始于后部,中间的2条最为粗壮,在壳面隆起,似具凹槽的中隆,背中央1条稍宽且低于两侧的壳线似中槽,槽底为中央壳线。

产地层位　阳新县星潭铺骆家湾；上石炭统。

亚核状背孔贝　*Notothyris subnucleolus* Zhang et Ching
（图版68,16）

壳体小,长五边形；最大壳宽近中部。两壳强凸,腹凸度略大。腹喙高凸,向背方弯曲；茎孔大而圆；铰合线弯而短。背喙低钝,被腹喙超掩；具中槽,槽内具1褶；侧区壳褶始于中部。背具2条弱褶,外侧1对壳褶发生于前部。

产地层位　长阳县、咸丰县白果坝；二叠系乐平统。

三褶背孔贝　*Notothyris triplicata* Diener
（图版68,2）

壳体中等,长大于宽,最大宽度位于中部的后方。不等的双凸型,最大壳厚位于中前方。腹喙厚,微弯,伸过后缘；茎孔小；前半部的中央具2条粗强壳褶,侧区有1条弱壳褶。背壳前方1/4处有4条显著壳褶。

产地层位　阳新县；上石炭统黄龙组。

瓦斯背孔贝　*Notothyris warthi* Waagen
（图版68,6）

壳体小；卵圆形。最大壳宽位于壳体前部1/3处,两壳凸度缓和而规则。壳褶粗,棱角状,显于壳面前方,通常每壳各6条。

产地层位　咸丰县白果坝；二叠系乐平统。

异板贝科　Heterelasminidae Likharev, 1956
毕涉贝属　*Beecheria* Hall et Clarke, 1893

壳体外形似*Dielasma*,轮廓长卵形；双凸型。壳面光滑无褶饰,无中槽。腹壳匀凸,前缘稍低平。腹内齿板缺失；背内铰板融合于壳壁上；腕环甚短、简单,高离壳底。

· 182 ·

分布与时代　世界各地；石炭纪至二叠纪。

微小毕涉贝　*Beecheria minima*（Merla）
（图版68,5）

壳体极小，长卵形，前半部为半圆形，后侧缘几乎与喙部成一条直线。腹壳凸度大于背壳，喙尖而弯，掩伏于背喙之上；顶端具茎孔。壳面具稀疏的生长线，无中槽和中隆。前接合缘直缘型。

产地层位　阳新县星潭铺骆家湾；上石炭统。

二、属种拉丁名、中文名对照索引

A

化石名称	层位	页	图版	图
Acosarina Cooper et Grant，1969　阿柯斯贝属		82		
A．indica (Waagen)　印度阿柯斯贝	P_3	82	40	8、9
A．regularis Liao　规则阿柯斯贝	P_3d	82	40	6、7
Acrotreta Kutorga，1848　顶孔贝属		68		
A．magna Cooper　大型顶孔贝	$O_{2-3}m$	68	36	3
Aegiria Öpik，1933　埃吉尔贝属		100		
A．grayi (Davidson)　格雷埃吉尔贝	S_1s	100	49	19～21
Aegiromena Havliček，1961　埃及月贝属		98		
A．interstrialis Wang　间纹埃及月贝	$O_{2-3}m$、O_3^3	99	47	15、16
A．ultima (Marek et Havliček)　终埃及月贝	O_3S_1l	99	49	16～18
A．yichangensis Chang　宜昌埃及月贝	O_3S_1l	99	45	22
Allotropiophyllum Grabau，1928　奇壁珊瑚属		11		
A．hubeiense Xu　湖北奇壁珊瑚	P_2m	11	15	12
A．sinense var．*heteroseptatum* Grabau				
中国奇壁珊瑚异隔壁变种	P_2	11	16	3
Amplexoides Wang，1947　拟包珊瑚属		5		
A．? chaoi (Grabau)　赵氏拟包珊瑚？	S_1lr	5	11	1
A．lindstroemi (Wang)　林德斯却姆拟包珊瑚	S_1lr	8	12	5
Amygdalophylloides Dobrolyubova et Kabakovich，1948				
似杏仁珊瑚属		19		
A．zhongguoensis Xu　中国似杏仁珊瑚	C_2h	19	17	10
Anidanthus Hill，1950　阿尼丹贝属		133		
A．guichiensis Ching et Hu　贵池阿尼丹贝	P_2m	133	53	6
Anoptambonites Williams，1962　无脊贝属		95		
A．incerta Xu　存疑无脊贝	$O_{2-3}m$	96	47	33、34
Antiquatonia Miloradovich，1945　古长身贝属		129		
A．sp. 古长身贝（未定种）	C_1^2	129	51	8
Aphanomena Bergström，1968　隐月贝属		105		
A．ultrix (Marek et Havliček)　过多隐月贝	O_3^3	105	49	3、4
Apheoorthis Ulrich et Cooper，1936　原始正形贝属		71		
A．oklahomensis Ulrich et Cooper	$O_{1-2}d$	71	36	23～25、
俄克拉荷马原始正形贝				27
Arachnastraea Yabe et Hayasaka，1916　棚星珊瑚属		18		
A．asiatica (Lee et Yü)　亚洲棚星珊瑚	C_2	18	17	9
Araxathyris Grunt，1965　阿腊克斯贝属		162		

化石名称	层位	页	图版	图
A. araxensis Grunt　典型阿腊克斯贝	P_3w	162	60；61	5；15
A. guizhouensis Liao　贵州阿腊克斯贝	P_3w	162	60	2
A. jingshanensis S. M. Wang (sp. nov.)　京山阿腊克斯贝（新种）	P_2m	163	60	3、8
A. yuananensis Yang　远安阿腊克斯贝	P_2m	163	62	13
Araxopora Morozova，1965　阿拉克斯苔藓虫属		53		
A. araxensis (Nikiforova)　典型阿拉克斯苔藓虫	P_2m	54	32；33	2；2
A. chinensis (Girty)　中国阿拉克斯苔藓虫	P_2m	53	28	4
A. fistulata Li　管状阿拉克斯苔藓虫	P_2m	53	28	3
A. hayasakai (Yabe et Sugiyama)　早坂氏阿拉克斯苔藓虫	P_2m	53	27	3
A. minor Li　小型阿拉克斯苔藓虫	P_2m	53	27	2
A. obovata Li　椭圆阿拉克斯苔藓虫	P_3w	54	27；29	4；2
A. sichuanensis Yang et Lu　四川阿拉克斯苔藓虫	P_2m	54	33	4
A. variana (Yang)　多变阿拉克斯苔藓虫	P_2m	54	28；33；34	1；1；7
A. xuanenensis S. M. Wang (sp. nov.)　宣恩阿拉克斯苔藓虫（新种）	P_2m	54	29	4
Asioproductus Chan，1979　亚洲长身贝属		119		
A. bellus Chan　精致亚洲长身贝	P_2m、P_3	119	51	6
Atactotoechus Duncan，1939　变壁苔藓虫属		51		
A. carinatus (Yang)　纵脊变壁苔藓虫	D_3C_1x	51	30；32	4；4
Athyris M'Coy，1844　无窗贝属		158		
A. acutirostris Grabau　尖喙无窗贝	P_2q、P_3d	159	64	9
A. capillata Waagen　缨饰无窗贝	P_3w	159	61	17
Athyrisinoides Jiang，1973　类准无窗贝属		152		
A. shiqianensis Jiang　石阡类准无窗贝	S_1lr	152	61	16
Atrypina (*Atrypinopsis*) Rong et Yang，1981　准无洞贝属（似准无洞贝亚属）		154		
A. (*A.*) *simplex* Rong et Yang　简单似准无洞贝	S_1lr	154	59	11

B

化石名称	层位	页	图版	图
Balakhonia Sarytcheva，1963　巴拉霍贝属		133		
B. yunnanensis (Loczy)　云南巴拉霍贝	C_1^2	133	50	8
Batostomella Ulrich，1882　小攀苔藓虫属		52		
B. antiqua Yabe et Hayasaka　古小攀苔藓虫	O	52	1	4
Beecheria Hall et Clarke，1893　毕涉贝属		182		

化石名称	层位	页	图版	图
B. minima (Merla) 微小毕涉贝	C_2	183	68	5
Beitaia Rong et Yang，1974 北塔贝属		155		
B. modica Rong，Xu et Yang 适度北塔贝	S_1lr	155	63	29
Bilobia Cooper，1956 双叶贝属		96		
B. huanghuaensis Chang 黄花双叶贝	$O_{2-3}m$	97	45	7、9
B. sp. 双叶贝（未定种）	$O_{2-3}m$	97	44；46	13；13
Botsfordia Matthew，1891 博特斯佛贝属		69		
B. changyangensis S. M. Wang (sp. nov.) 长阳博特斯佛贝（新种）	$\textPounds_{1-2}n$	69	36	4、5
Brachythyris M'Coy，1844 腕孔贝属		174		
B. sp. 腕孔贝（未定种）	C_2h	174	66	13
Buchanathyris Talent，1956 布坎无窗贝属		158		
B. subplana (Tien) 亚平布坎无窗贝	D_3C_1x	158	59	16

C

化石名称	层位	页	图版	图
Casquella Percival，1978 小盔贝属		67		
C. yichangensis Chang 宜昌小盔贝	O_3m	67	36	20
Catenipora Lamarck，1816 镣珊瑚属		42		
C. lojopingensis minor Gu 罗惹坪镣珊瑚小型亚种	S_1lr	42	14	3
Cathaysia Ching，1965 华夏贝属		117		
C. chonetoides (Chao) 戟形华夏贝	P_3w	117	48	20
C. jianshiensis S. M. Wang (sp. nov.) 建始华夏贝（新种）	P_3d	117	48	26
C. orbicularis Liao 圆凸华夏贝	P_3d	118	48	27
C. sulcatifera Liao 沟痕华夏贝	P_3w	118	48	24
C. transversa S. M. Wang (sp. nov.) 横宽华夏贝（新种）	P_3^2	118	47	21
Ceriaster Lindstrom，1883 角星珊瑚属		15		
C. hubeiensis Wu 湖北角星珊瑚	S_1lr	16	11	4
Chaetetes Fischer，1829 刺毛虫属		46		
C. lungtanensis Lee et Chu 龙潭刺毛虫	C_2h	46	26	8
Christiania Hall et Clarke，1892 圣主贝属		102		
C. oblonga (Pander) 长方圣主贝	$O_{2-3}m$	103	44；47	20、21；14
C. sulcata Williams 凹槽圣主贝	$O_{2-3}m$	103	44	22～25
Chusenophyllum Tseng，1948 朱森珊瑚属		24		
C. tunliangense (Yü) 屯粮朱森珊瑚	P_2q	24	21	3

Clarkella Walcott，1908　克拉克贝属　142

　C. extensa Wang　伸展克拉克贝　$O_{1-2}d$　142　53　8

Clathrodictyon Nicholson et Murie，1878　方格层孔虫属　4

　C. variolare (von Rosen) Nicholson　变异方格层孔虫　S_1lr　4　1　3

　C. vesiculosum Nicholson et Murie　泡沫方格层孔虫　S_1lr　4　1　1、2

Cleiothyridina Buckman，1906　锁窗贝属　159

　C. media Hou　中等锁窗贝　C_1^1　159　59　17

　C. cf. *nantanensis* Grabau　南丹锁窗贝（相似种）　P_2　160　61　18

　C. orbicularis (McChesney)　圆形锁窗贝　P_2m　159　60　6、7

　C. royssii (Eveillé)　洛易锁窗贝　P_3　160　59　12、13

　C. sp. 1　锁窗贝（未定种 1）　C_1^2　160　64　6

　C. sp. 2　锁窗贝（未定种 2）　P_2m　160　63　22

Cliftonia Foerste，1909　克里顿贝属　92

　C. sanxiaensis Chang　三峡克里顿贝　O_3S_1l　93　39　20、21

　C. sp.　克里顿贝（未定种）　O_3S_1l　92　38；41　27；5

Clisiophyllum Dana，1846　蛛网珊瑚属　20

　C. curkenense hubeiense Wu　库肯蛛网珊瑚湖北亚种　C_1^2　20　18　2

Clistotrema Rowell，1963　闭洞贝属　69

　C. sp. 闭洞贝（未定种）　$O_{2-3}m$　69　36　1

Coenites Eichwald，1861　共槽珊瑚属　38

　C. hubeiensis Jia　湖北共槽珊瑚　S_1lr　38　12　8

Composita Brown，1849　接合贝属　160

　C. ovata S. M. Wang (sp. nov.) 卵形接合贝（新种）　C_1^1　160　63　15

　C. songziensis S. M. Wang (sp. nov.)

　　松滋接合贝（新种）　C_2h　161　64　2

Compressoproductus Sarytcheva，1960　扁平长身贝属　136

　C. compressus (Waagen)　扁平扁平长身贝　P_2m　136　55　5、6

　C. mongolicus (Diener)　蒙古扁平长身贝　P_3　136　54　20

Crurithyris George，1931　股窗贝属　168

　C. magna (Ustriscki)　大股窗贝　P_2m　169　64　10

　C. planoconvexa (Shumard)　平凸股窗贝　C_2　169　64　11

　C. pusilla Chan　薄弱股窗贝　P_3^2　169　63　24、25、28

　C. speciosa Wang　美丽股窗贝　P_2q　169　40　12、18

Cryptospirifer (Grabau，1931) Huang，1933　隐石燕属　163

　C. omeishanensis Huang　峨眉山隐石燕　P_2m　164　62　12

　C. semiplicatus Huang　半褶隐石燕　P_2m　164　62　1

　C. striatus Huang　线纹隐石燕　P_2m　164　57；60　10；1

Cyrtospirifer Nalivkin，1918　弓石燕属　170

　C. changyangensis S. M. Wang (sp. nov.)

化石名称	层位	页	图版	图
长阳弓石燕（新种）	D_3C_1x	170	67	1、2
C. disjunctus Sowerby　分离弓石燕	D_3C_1x	170	66	4、5
C. pekingensis (Grabau)　北平弓石燕	D_3C_1x	171	66	2
C. pellizzarii (Grabau)　毕里查弓石燕	D_3C_1x	171	66	3、8
C. rhomboidalis Jiang　菱形弓石燕	D_3C_1x	171	66	14
C. sichuanensis Chen　四川弓石燕	D_3C_1x	171	66	7
C. subarchiaci (Martelli)　亚阿卡斯弓石燕	D_3C_1x	171	66	1
C. sp.　弓石燕（未定种）	D_3C_1x	172	66	12
Cysticonophyllum Zaprudskaja et Ivanovsky，1962				
泡沫锥珊瑚属		28		
C. crassum Yü et Ge　厚型泡沫锥珊瑚	S_1lr	28	12	3
C. omphymiforme (Grabau)　脐形泡沫锥珊瑚	S_1lr	28	12	1
Cystiphyllum Lonsdale，1839　泡沫珊瑚属		27		
C. cylindricum Lonsdale　柱状泡沫珊瑚	S_1lr	27	12	7
Cystomichelinia Lin，1962　泡沫米氏珊瑚属		36		
C. xintanensis Xiong　新滩泡沫米氏珊瑚	P_2q	36	25	2

D

化石名称	层位	页	图版	图
Dalmanella Hall et Clarke，1892　德姆贝属		85		
D. testudinaria (Dalman)　龟形德姆贝	O_3	86	39	23～26
Delepinea Muir-Wood，1962　戴利比贝属		114		
D. comoides (Sowerby)　发形戴利比贝	C_1^2	114	46	1、2
D. subcarinata Ching et Liao　次龙骨戴利比贝	C_1^2	115	46	17
Derbyia Waagen，1884　德比贝属		111		
D. mucronata Liao　展翼德比贝	P_3w	111	46	8、9
Desmorthis Ulrich et Cooper，1936　链正形贝属		77		
D. dysprosa Xu，Rong et Liu　难得链正形贝	$O_{1-2}d$	77	38	28
D. sp.　链正形贝（未定种）	$O_{2-3}m$	77	44	4
Diambonia Cooper et Kindle，1936　分脊贝属		98		
D. miaopoensis Chang　庙坡分脊贝	$O_{2-3}m$	98	45	10～12
Dictyoclostoidea Wang et Ching，1964　拟网格长身贝属		135		
D. kiangsiensis Wang et Ching　江西拟网格长身贝	P_2m	136	52	7～9
D. xuanenensis Ni　宣恩拟网格长身贝	P_2m	136	53	11～13
Dictyonella Hall，1868　网格贝属		139		
D. sp.　网格贝（未定种）	S_1lr	139	49	6
Dielasma King，1859　两板贝属		180		

D. biplex Waagen 双编两板贝	P_2q	180	68	7
D. juresanensis mut. *antecedens* Grabau				
朱里桑两板贝早熟异种	C_2	180	67	3
D. mapingensis Grabau 马平两板贝	P_2m、C_2h	181	68	12、13
D. millepunctatum var. *mongolicum* Grabau				
密疹两板贝蒙古变种	P_2	181	66	15
Dinobolus Hall，1871 恐圆货贝属		67		
D. hubeiensis Rong et Yang 湖北恐圆货贝	S_1lr	68	36	21、22
Dinophyllum Lindström，1882 卷心珊瑚属		16		
D. yunnanense Wang 云南卷心珊瑚	S_1	16	11	6
Diparelasma Ulrich et Cooper，1936 偶板贝属		76		
D. cassinense (Whitfield) 喀森偶板贝	$O_{1-2}d$	76	40	16
D. silicum Ulrich et Cooper 短角偶板贝	O_1h	76	37；38	11、20；9
Dolerorthis Schuchert et Cooper，1931 欺正形贝属		75		
D. digna Rong et Yang 适宜欺正形贝	S_1lr	75	37	12～14
D. sp. 欺正形贝（未定种）	S_1lr	75	38；43	25；5
Douvillina Oehlert，1887 窦维尔贝属		105		
D. sp. 窦维尔贝（未定种）	S_1lr	106	49	1
Draborthis Marek et Havlicek，1967 德拉勃正形贝属		86		
D. sp. 德拉勃正形贝（未定种）	O_3S_1l	86	39	22
Dybowskiella Waagen et Wentzel，1886				
戴宝斯基氏苔藓虫属		48		
D. hupehensis Yang 湖北戴宝斯基氏苔藓虫	P_2q	48	30	1

E

化石名称	层位	页	图版	图
Echinaria Muir-Wood et Cooper，1960 棘刺贝属		127		
E. fasciatus (Kutorga) 簇形棘刺贝	C_2h	127	51	11
Echinoconchus Weller，1914 轮刺贝属		127		
E. sp. 轮刺贝（未定种）	C_1^2	127	51	5
Edriosteges Muir-Wood et Cooper，1960 椅腔贝属		116		
E. kayseri (Chao) 凯撒椅腔贝	P_3w	116	49	9、10
E. poyangensis (Kayser) 鄱阳椅腔贝	P_3l	116	48	6、7
Ekvasophyllum Parks，1951，emend. Sutherland，1958				
爱克伐斯珊瑚属		17		
E. sp. 爱克伐斯珊瑚（未定种）	C_1h	18	17	8
Enteletes Fischer de Waldheim，1825 全形贝属		79		

化石名称	层位	页	图版	图
E. hemiplicata (Hall)　半褶全形贝	C_2h	80	37	22
E. kayseri Waagen　凯撒全形贝	P_3w	80	37	27
E. lukouensis Yang　路口全形贝	P_3w	80	37	21、24
E. subaequivalis Gemmellaro　近等壳全形贝	P_3	80	37	23
E. tschernyschewi Diener　车尔尼雪夫全形贝	P_3w	80	39	1、2、9
Enteletina Schuchert et Cooper，1931　准全形贝属		81		
E. sublaevis (Waagen)　次光滑准全形贝	P_3	81	39	4
E. zigzag (Huang)　锯齿准全形贝	P_3	81	39	3
Entelophyllum Wedekind，1927　全珊瑚属		12		
E. zhongguoense Wu　中国全珊瑚	S_1lr	12	11	3
Eochoristites Chu，1933　始分喙石燕属		174		
E. neipentaiensis alatus Ching　擂彭台始分喙石燕翼状亚种	C_1	175	65	5
E. neipentaiensis yiduensis S. M. Wang (subsp. nov.)　擂彭台始分喙石燕宜都亚种 (新亚种)	C_1^1	175	66；67	11；7
E. transversa Chu　横宽始分喙石燕	C_1^1	175	67	8～10
Eomarginifera Muir-Wood，1930　始围脊贝属		125		
E. timanica (Tschernyschew)　提曼始围脊贝	C_2h	125	48	19
Eoroemerolites Yang，1975　始罗默巢珊瑚属		37		
E. lojopingensis Xiong　罗惹坪始罗默巢珊瑚	S_1lr	37	13	2
Eospirifer Schuchert，1913　始石燕属		164		
E. radiatus (Sowerby)　放射始石燕	S_1s	165	62	5
E. sinensis Rong et Yang　中国始石燕	S_1lr	164	63	8
E. subradiatus Wang　次放射始石燕	S_1s	165	63	6、7
"*E.*" *triangulatus* Yan　三角 "始石燕"	S_1lr	165	62	9
E. xianfengensis Zeng　咸丰始石燕	S_1s	165	61；62	13；10、11
Eostropheodonta Bancroft，1949　始齿扭贝属		105		
E. ultrix (Marek et Monliceu)　极端始齿扭贝	O_3^3	105	49	2、5
Euorthisina Havliček，1950　准美正形贝属		77		
E. paucicostata Xu (MS)　疏线准美正形贝 (未刊)	$O_{1-2}d$	77	38	10、11

F

化石名称	层位	页	图版	图
Fardenia Lamont，1935　法顿贝属		109		
F. ? lauta Xu et Rong　华美法顿贝 ?	S_1s	110	46	18
F. scotica Lamont　苏格兰法顿贝	O_3^3	110	45	21
Favosites Lamarck，1816　蜂巢珊瑚属		32		

F. *amkardakensis fenxiangensis* Gu 阿姆卡达克蜂巢珊瑚分乡亚种	S_1lr	32	2	1
F. *dictyofavositoides* Gu 网格蜂巢珊瑚型蜂巢珊瑚	S_1lr	33	2	2
F. *godlandicus* Lamarck 哥特兰蜂巢珊瑚	S_1lr	33	2	3
F. *kokulaensis* Sokolov 柯古拉蜂巢珊瑚	S_1lr	33	3	1
F. *nanshanensis* Yü 南山蜂巢珊瑚	S_1lr	33	10	3
F. aff. *subgothlandcus* Sokolov 亚哥特兰蜂巢珊瑚（亲近种）	S_1lr	33	2	4
F. *xuanenensis* Jia 宣恩蜂巢珊瑚	S_1lr	34	3	2
F. sp. 蜂巢珊瑚（未定种）	S_1	34	14	5
Fenestella Lonsdale，1839 窗格苔藓虫属		56		
F. *hangchouensis* Lu 杭州窗格苔藓虫	P_2q	56	35	4
F. cf. *subconstans* Yang et Lu 亚坚窗格苔藓虫（相似种）	P_2q	56	35	1
Fenxiangella Wang，1978 分乡贝属		140		
F. *deltoidea* Wang 三角分乡贝	$O_{1-2}d$	140	58	6
Finospirifer Yin，1981 鳍石燕属		174		
F. *peregrinus* S. M. Wang (sp. nov.) 奇异鳍石燕（新种）	C_1^1	174	69	1、2
Fistulipora McCoy，1850 笛苔藓虫属		47		
F. *maanshanensis* Yang 马鞍山笛苔藓虫	P_3w	48	30	3
F. *microparallela pseudosepta* Yang et Lu 细平行笛苔藓虫假隔板亚种	P_3w	48	30	7
F. *sinensis* Yoh 中国笛苔藓虫	P_2q	48	27	1
Fistuliramus Astrova，1960 笛枝苔藓虫属		49		
F. *hubeiensis* S. M. Wang (sp. nov.) 湖北笛枝苔藓虫（新种）	P_2q	49	31	1
F. *hunanensis* Li 湖南笛枝苔藓虫	P_2q	49	34	2
Fluctuaria Muir-Wood et Cooper，1960 波形贝属		134		
F. cf. *undata* (Defrance) 波形波形贝（相似种）	C_1	134	52	12
Fusella M'Coy，1844 纺锤贝属		173		
F. *pentagonus* (Koninck) 五角纺锤贝	C_1^1	173	68	8～11
Fusichonetes Liao，1982 纺锤戟贝属		114		
F. *dissulcata* (Liao) 无槽纺锤戟贝	P_3	114	46；47	7；32

G

化石名称	层位	页	图版	图
Gigantoproductus Prentice，1950　大长身贝属		137		
G. edelburgensis (Phillips)　爱德堡大长身贝	C_1^2	137	53	1
Gshelia Stuckenberg，1888　雪尔珊瑚属		13		
G. tongshanensis Xu　通山雪尔珊瑚	C_2h	13	16	5
Gubleria H. et G. Termier，1960　古勃贝属		138		
G. huangi Wang et Ching　黄氏古勃贝	P_3w	138	58	11
G. planata Ching，Liao et Fang　平坦古勃贝	P_3w	138	64	14
Gunnarella Spjeldnaes，1957　枪孔贝属		102		
G. sp. 枪孔贝（未定种）	S_1	102	44	15

H

化石名称	层位	页	图版	图
Halysites Fischer，von Waldheim，1828　链珊瑚属		41		
H. pycnoblastoides yabei (Hamada) 密枝链珊瑚矢部亚种	S_1lr	41	6	3
Halysites (*Acanthohalysites*) Hamada，1957　针链珊瑚亚属		41		
H. (*A.*) *pycnoblastoides* Eth　密枝状针链珊瑚	S_1lr	41	6	4
H. (*A.*) *pycnoblastoides* subsp. *yabei* Hamada 密枝状针链珊瑚矢部亚种	S_1lr	42	13	4
Hayasakaia Lang，Smith et Thomas，emend. Sokolov，1947 早坂珊瑚属		40		
H. infundibula Zhao et Chen　漏斗早坂珊瑚	P_2q	40	26	6
H. raricystata Zhao et Chen　少泡沫早坂珊瑚	P_2q	40	26	2
H. syringoporoides (Yoh)　笛管型早坂珊瑚	P_2	41	26	4
Haydenella Reed，1944　海登贝属		119		
H. kiangsiensis (Kayser)　江西海登贝	P_3w	119	49	23
Heliolitella Lin 似日射珊瑚属		44		
H. fenxiangensis Xiong　分乡似日射珊瑚	S_1lr	44	8	3、4
H. hubeiensis Xiong　湖北似日射珊瑚	S_1lr	44	9	1
Heliolites Dana，1846　日射珊瑚属		43		
H. bohemicus Wentzel　波希米日射珊瑚	S_1lr	43	7	1
H. luorepingensis Wu　罗惹坪日射珊瑚	S_1lr	43	7	2
H. salairicus Tchernychev　莎来里日射珊瑚	S_1lr	43	7	3

化石名称	层位	页	图版	图
Helioplasmolites Chekhovich，1955　网射珊瑚属		43		
H. fenxiangensis Xiong　分乡网射珊瑚	S_1lr	44	8	1、2
H. minor Yü et Ge　小型网射珊瑚	S_1lr	44	7	4
Heterocaninia Yabe et Hayasaka，1920　异犬齿珊瑚属		14		
H. tahopoensis Yü　大河坡异犬齿珊瑚	C_1^2	14	17	3
Hindella Davidson，1882　欣德贝属		157		
H. crassa (Sowerby)　厚欣德贝	O_3^3	158	63	20、21
H. crassa incipiens (Williams)　厚欣德贝原始亚种	O_3^3	158	63	12～14
H. yichangensis Chang　宜昌欣德贝	O_3S_1l	158	63	18
Hinganotrypa Romantchuk et Kiseleva，1968　兴安苔藓虫属		56		
H. sichuanensis (Yang et Hsia)　四川兴安苔藓虫	P_2	57	31；32	2；1
Hirnantia Lamont，1935　赫南特贝属		83		
H. magna Rong　大型赫南特贝	O_3	83	42	10
H. sagittifera (M' Coy)　箭形赫南特贝	O_3S_1l	83	39	5～8
H. sagittifera fecunda Rong　箭形赫南特贝丰富亚种	O_3	83	42	11
H. yichangensis Chang　宜昌赫南特贝	O_3	83	42	12～15
Howellella Kozlowski，1946　郝韦尔石燕属		168		
H. guizhouensis Rong et Yang　贵州郝韦尔石燕	S_1s	168	63	27
H. laifengensis Zeng　来凤郝韦尔石燕	S_1s	168	63；64	26；1
Hustedia Hall et Clarke，1893　胡斯台贝属		157		
H. lata (Grabau)　横展胡斯台贝	P_2q	157	58	2

I

化石名称	层位	页	图版	图
Ipciphyllum Hudson，1958　伊泼雪珊瑚属		26		
I. elegantum (Huang)　雅致伊泼雪珊瑚	P_2m、P_3	26	22	4、5
I. flexuosa Huang　曲折状伊泼雪珊瑚	P_2q	26	22	3
Isorthis Kozlowski，1929　等正形贝属		86		
I. qianbeiensis (Rong et Yang)　黔北等正形贝	S_1lr、O_3S_1l	86	39；40	17～19；1～3

K

化石名称	层位	页	图版	图
Keyserlingina Tschernyschew，1902　凯撒林贝属		138		

化石名称	层位	页	图版	图
K. sp. 凯撒林贝（未定种）	P_3w	138	54	19
Kinnella Bergström，1968　辛奈尔贝属		84		
K. *robusta* Chang　隆凸辛奈尔贝	O_3	84	39	28～30
Koninckophyllum Thomson et Nicholson，1876 康宁珊瑚属		17		
K. cf. *tushanense* Chi　独山康宁珊瑚（相似种）	C_2	17	17	6
Kozlowskites Havliček，1952　卡札洛夫贝属		98		
K. *yichangensis* Chang　宜昌卡札洛夫贝	$O_{2-3}m$	98	45	1～3
Kritomyonia Xu(MS)　分筋贝属（未刊）		77		
K. *orientalis* Xu(MS)　东方分筋贝（未刊）	$O_{1-2}d$	78	38	26
Kueichouphyllum Yü，1931　贵州珊瑚属		14		
K. *heishihkuanense* Yü　黑石关贵州珊瑚	C_1^2	14	16	6、7
K. *planotabulatum* Wu　平缓横板贵州珊瑚	C_1^2	14	16	4
K. *sinense* Yü　中国贵州珊瑚	C_1^2	15	17	7
Kueichowpora Chi，1933　贵州管珊瑚属		39		
K. *tushanensis major* Lin　独山贵州管珊瑚大型亚种	C_1	39	25	3
Kulumbella Nikiforova，1960　小库仑贝属		146		
K. *jingshanensis* S. M. Wang(sp. nov.) 京山小库仑贝（新种）	O_3S_1l	147	56	10、11
K. *latiplicata* Yan　宽褶小库仑贝	S_1lr	146	65	2、7
K. sp. 1　小库仑贝（未定种 1）	S_1lr	147	56	9
K. sp. 2　小库仑贝（未定种 2）	S_1lr	147	65	1
Kutorginella Ivanova，1951　小库脱贝属		126		
K. *yohi* (Chao)　乐氏小库脱贝	C_2h	126	50	4

L

化石名称	层位	页	图版	图
Leangella Öpik，1933　乐昂贝属		97		
L. *hubeiensis* Chang　湖北乐昂贝	$O_{2-3}m$	97	44	14
L. *yichangensis* Chang　宜昌乐昂贝	$O_{2-3}m$	97	44	6、8
Leioproductus Stainbrook，1947　光秃长身贝属		122		
L. *guangdongensis* Ni　广东光秃长身贝	D_3C_1x	122	48	14
Lepidorthis Wang，1955　鳞正形贝属		75		
L. *rectangula* Zeng　长方鳞正形贝	$O_{1-2}d$	76	37	28
L. *typicalis* Wang　标准鳞正形贝	$O_{1-2}d$	76	42	21、22
Leptaena Dalman，1828　薄皱贝属		103		
"*L*." *songziensis* S. M. Wang(sp. nov.)				

"松滋"薄皱贝（新种） $O_{1-2}d$ 103 44 19

Leptaenopoma Marek et Havliček，1967　薄盖贝属 103

　L. *trifidum* Marek et Havliček　三分薄盖贝 $O_3—S_1$ 104 46 3～6

Leptagonia McCoy，1844　薄膝贝属 104

　L. *distorta* (Sowerby)　二分薄膝贝 C_1^1 104 47 24、25

Leptella Hall et Clarke，1892　小薄贝属 96

　L. *grandis* Xu　巨大小薄贝 $O_{1-2}d$ 96 44 10～12

　L. *hubeiensis* Zeng　湖北小薄贝 $O_{1-2}d$ 96 44 16～18

Leptellina Ulrich et Cooper，1936　准小薄贝属 94

　L. *huanghuaensis* Chang　黄花准小薄贝 $O_{2-3}m$ 94 45 16

Leptodus Kayser，1883　蕉叶贝属 138

　L. *richthofeni* Kayser　李希霍芬蕉叶贝 P_3 139 64 8

　L. *tenuis* Waagen　薄弱蕉叶贝 P_3l 139 53 7

Leptostrophia Hall et Clarke，1892　薄扭贝属 106

　L. sp. 薄扭贝（未定种） S_1s 106 46；47 12；27、28

Leptotrypa Ulrich，1883　薄层苔藓虫属 51

　L. *mui* Yang　穆氏薄层苔藓虫 D_3C_1x 51 30 5

Lingula Bruguiere，1797　舌形贝属 65

　L. *gaoluoensis* Zeng　高罗舌形贝 S_1s 65 36 13、14

Lingulepis Hall，1863　鳞舌形贝属 66

　L. cf. *acuminata* (Conrad)　尖锐鳞舌形贝（相似种） O_1n 66 36 11

　L. *yunnanensis* Rong　云南鳞舌形贝 $\mathocal{C}_1$ 66 36 2

Linoproductus Chao，1927　线纹长身贝属 132

　L. *cora* (Orbigny)　阎婆线纹长身贝 C_2h 132 52 4

　"*L*." *elegantus* S. M. Wang (sp. nov.)

　　秀美"线纹长身贝"（新种） P_3w 133 52 2

　L. *lineatus* (Waagen)　细丝线纹长身贝 P_3w 132 52 1

　L. *oklahomae* Dunbar et Condra

　　俄克拉荷马线纹长身贝 P_2m 132 50 6

Linostrophomena Xu，1974　线纹扭月贝属 101

　L. *convexa* Xu　凸线纹扭月贝 S_1s、S_1f 101 47 9、10

Lioleptaena Xian，1978　光滑薄皱贝属 104

　L. cf. *kailiensis* Xian　凯里光滑薄皱贝（相似种） S_1f 104 44；48 26；18

Lissatrypa Twenhofel，1914　光无洞贝属 156

　L. *magna* (Grabau)　大光无洞贝 S_1lr 156 64 3

Lithostrotionella Yabe et Hayasaka，1915　小石柱珊瑚属 18

　L. *tingi* Chi　丁氏小石柱珊瑚 C_2 18 17 11

Lophocarinophyllum Grabau，1922　脊板顶轴珊瑚属 10

　L. *karpinskyi* Fomitchev　卡宾斯基脊板顶轴珊瑚 P_3w 11 15 11

L. lophophyllidum Liao et Xu				
顶轴珊瑚状脊板顶轴珊瑚	P_3w	11	15	10
Lophophyllidium Grabau，1928　顶轴珊瑚属		10		
L. multiseptum (Grabau)　多隔壁顶轴珊瑚	P_2q	10	15	7

M

化石名称	层位	页	图版	图
Marginifera Waagen，1884　围脊贝属		124		
M. hubeiensis Ni　湖北围脊贝	P_2q	125	49	27
Martellia Wirth，1936　马特贝属		90		
M. fenxiangensis Zeng　分乡马特贝	$O_{1-2}d$	91	40；42	4；5～8
M. orbicularis Zeng　圆形马特贝	$O_{1-2}d$	91	39	12
M. transversa Fang　横宽马特贝	$O_{1-2}d$	91	40；41	5；1
Martinia McCoy，1844　马丁贝属		178		
M. lopingensis Chao　乐平马丁贝	P_3w	178	68	17
M. mongolica Grabau　蒙古马丁贝	P_3d	179	68	20
M. orbicularis Gemmellaro　圆形马丁贝	P_2	179	69	10
M. warthi Waagen　瓦斯马丁贝	P_3w	179	68	15
M. yangxinensis S. M. Wang (sp. nov.)				
阳新马丁贝（新种）	P_2q	179	68	4
Martiniella (Grabau et Tien) Chu，1933　小马丁贝属		179		
M. chinglungensis Chu　青龙小马丁贝	C_1^1	180	69	3
Meekella White et St. John，1867　米克贝属		107		
M. arakeljani (Sokolskaya)　阿拉克凉米克贝	P_2q	108	42	9
M. garnieri Bayan　加纳米克贝	P_2q	108	49	26
M. uralica Tschernyschew　乌拉尔米克贝	P_3w	108	44	29
Megachonetes Sokolskaya，1950　大戟贝属		115		
M. papilionacea (Phillips)　蝶形大戟贝	C_1^2	115	47	31
Merciella Lamont et Gilbert，1945　小墨西哥贝属		95		
M. striata Xu　条纹小墨西哥贝	O_3S_1l、S_1lr	95	44	9
Mesofavosites Sokolov，1951　中巢珊瑚属		31		
M. angustus Yü　窄状中巢珊瑚	S_1lr	32	14	1
M. hubeiensis Jia　湖北中巢珊瑚	S_1lr	31	3	4
M. obliquus Sokolov　斜中巢珊瑚	S_1lr	31	3	3
M. orientalis Yü　东方中巢珊瑚	S_1lr	32	14	4
M. xuanenensis Jia　宣恩中巢珊瑚	S_1lr	31	3	5
M. yumenensis Yü　玉门中巢珊瑚	S_1lr	31	4	1

化石名称	层位	页	图版	图
M. sp. 中巢珊瑚（未定种）	S_1	32	14	2
Mesosolenia Mironova，1960　中管巢珊瑚属		37		
M. hubeiensis Wu　湖北中管巢珊瑚	S_1lr	37	10	4
Mezounia Havliček，1967　美棕贝属		97		
M. bicuspis (Barrande)　双尖美棕贝	$O_{2-3}m$	98	45	8、23
Michelinia de Koninck，1841　米氏珊瑚属		36		
M. aequalis Chu　不等米氏珊瑚	C_1	36	24	5
Mimella Cooper，1930　拟态贝属		78		
M. formosa Wang　美丽拟态贝	$O_{1-2}d$	79	38	1～3
Monticulifera Muir-Wood et Cooper，1960　群山贝属		135		
M. sinensis (Frech)　中华群山贝	P_2m	135	53	9、10

N

化石名称	层位	页	图版	图
Nalivkinia Bublichenko，1928　纳里夫金贝属		154		
N. capillata Zeng　细线纳里夫金贝	S_1s	154	64	12
N. elongata (Wang)　伸长纳里夫金贝	S_1lr — S_1s	154	61	20
N. grünwaldtiaeformis (Peetz)　格伦沃尔德贝形纳里夫金贝	S_1s	155	59	2
N. kweichouensis (Wang)　贵州纳里夫金贝	O_3S_1l、S_1lr	154	64	13
Nanorthis Ulrich et Cooper，1936　矮正形贝属		72		
N. hamburgensis (Walcott)　汉伯矮正形贝	O_1n	72	37 47	8～10； 2、3
Neochonetes Muir-Wood，1962　新戟贝属		112		
N. uralicus (Moeller)　乌拉尔新戟贝	C_2h	113	48	2
"*N.* "*xingshanensis* Chang　兴山"新戟贝"	P_2m	112	49	24
N. sp. 新戟贝（未定种）	C_1^1	113	48	1
Neoplicatifera Ching et Liao，1974　新轮皱贝属		123		
N. costata Ni　粗线新轮皱贝	P_2m	123	50	13
N. elongata (Huang)　狭长新轮皱贝	P_2q	123	48	25
N. huangi (Ustriski)　黄氏新轮皱贝	P_2m、P_3w	124	48	15、17
N. lukouensis S. M. Wang (sp. nov.)　路口新轮皱贝（新种）	P_2m	124	48	10～12
N. multispinosa Ni　多刺新轮皱贝	P_2m	124	50	12
Neospirifer Fredericks，1919　新石燕属		173		
N. lungtanensis Ching　龙潭新石燕	C_1^1	173	64	5
Nicholsonella Ulrich，1889　尼克逊苔藓虫属		49		

	层位	页	图版	图
N. sp. 尼克逊苔藓虫（未定种）	$O_{1-2}d$	50	1	5
Nicolella Reed，1917　艾克贝属		72		
N. yichangensis Chang　宜昌艾克贝	$O_{2-3}m$	72	42	20
Nikiforovaena Boucot，1963　尼氏石燕属		167		
N. ferganensis (Nikiforova)　费尔干尼氏石燕	S_1s	167	61；62	1、10；14
N. ferganensis subplicata S. M. Wang (subsp. nov.)				
费尔干尼氏石燕次褶亚种（新亚种）	S_1s	167	61；63	6、7；5、23
N. jingshanensis S. M. Wang (sp. nov.)				
京山尼氏石燕（新种）	S_1s	168	61	3～5
N. kailiensis Xian　凯里尼氏石燕	S_1s	167	61；64	8；4
Nikiforovella Nekhoroshev，1956　尼基福洛娃氏苔藓虫属		59		
N. sp. 尼基福洛娃氏苔藓虫（未定种）	P_2m	59	29	3
Nothorthis Ulrich et Cooper，1936　伪正形贝属		72		
N. pennsylvanica Ulrich et Cooper				
宾夕法尼亚伪正形贝	$O_{1-2}d$	73	47	1、4
N. transversa Xu (MS)　横宽伪正形贝（未刊）	$O_{1-2}d$	73	37；43	6、7；9、10
N. ? zhongxiangensis S. M. Wang (sp. nov.)				
钟祥伪正形贝？（新种）	$O_{1-2}d$	73	47	12、13
Notothyris Waagen，1882　背孔贝属		181		
N. ? bisulcata S. M. Wang (sp. nov.)				
双槽背孔贝？（新种）	P_2q	181	67	4
N. cf. *exilis* (Gemmellaro)　薄弱背孔贝（相似种）	C_2h	181	69	9
N. ovalis (Gemmellaro)　卵形背孔贝	C_2	182	65	3
N. subnucleolus Zhang et Ching　亚核状背孔贝	P_3	182	68	16
N. triplicata Diener　三褶背孔贝	C_2h	182	68	2
N. warthi Waagen　瓦斯背孔贝	P_3	182	68	6
Nucleospira Hall，1859　核螺贝属		163		
N. pulchra Rong et Yang　美好核螺贝	S_1s	163	63	1、2

O

化石名称	层位	页	图版	图
Obolella Billings，1861　小圆货贝属		70		
O. chinensis Resser et Endo　中国小圆货贝	$\text{\large$\in$}_2s$	71	36	26
Ogbinia Sarytcheva，1965　奥格比贝属		118		
O. hexaspinosa Ni　六刺奥格比贝	P_2q	119	49	11、13
Oldhamina Waagen，1883　欧姆贝属		137		
O. decipiens var. *regularis* Huang				

化石名称	层位	页	图版	图
欺骗欧姆贝规则变种	P	137	63	19
O. squamosa Huang　鳞板欧姆贝	P$_3$	137	54	21
Onychophyllum Smith，1930　爪珊瑚属		12		
O. pringlei Smith　普林格爪珊瑚	S$_1$*lr*	12	11	2
Orbiculoidea d'Orbigny，1847　圆凸贝属		69		
O. sp. 圆凸贝（未定种）	O$_3$S$_1$*l*	70	36	9
Orthis Dalman，1828　正形贝属		71		
O. calligramma var. *hubeiensis* Chang 美痕正形贝湖北变种	O$_{1-2}$*d*	71	37	1～3
O. calligramma var. *sinensis* Chang 美痕正形贝中华变种	O$_{1-2}$*d*	72	37	4、5
Orthotetes Fischer de Waldheim，1829　直形贝属		109		
O. armeniacus Arthaber　亚美尼亚直形贝	P	109	45	14
Orthotetina Schellwien，1900　准直形贝属		108		
O. yuananensis Ni　远安准直形贝	P$_2$*m*	108	39	31
Orthotichia Hall et Clarke，1892　直房贝属		81		
O. chekiangensis Chao　浙江直房贝	P$_2$*q*	81	40	17
O. derbyi var. *nana* Grabau　德比直房贝侏儒变种	P$_2$	81	43	12
O. trigona Yang　三角直房贝	P$_2$*q*	82	39	10
Ovatia Muir-Wood et Cooper，1960　卵圆贝属		134		
O. longispinosa Ni　长刺卵圆贝	C$_1^2$	135	52	3、10
Oxoplecia Wilson，1913　锐重贝属		93		
O. sp. 锐重贝（未定种）	S$_1$	93	38	12～14

P

化石名称	层位	页	图版	图
Palaeofavosites Twenhofel，1914　古巢珊瑚属		29		
P. balticus septosa Sokolov 波罗的海古巢珊瑚隔壁亚种	S$_1$*lr*	29	4	2
P. changi Chen　张氏古巢珊瑚	S$_1$*lr*	29	4	3
P. fenxiangensis Gu　分乡古巢珊瑚	S$_1$*lr*	29	4	4
P. lojopingensis Gu　罗惹坪古巢珊瑚	S$_1$*lr*	30	5	1、2
P. paulus subsp. *sinensis* Chen　小型古巢珊瑚中国亚种	S$_1$*lr*	30	5	3
P. sanxiaensis Xiong　三峡古巢珊瑚	S$_1$*lr*	30	5	4
P. yichangensis Gu　宜昌古巢珊瑚	S$_1$*lr*	30	13	1
P. sp. 古巢珊瑚（未定种）	S$_1$	30	14	6、7
Palaeophyllum Billings，1858　古珊瑚属		16		

P. *hubeiense* Yü et Ge 湖北古珊瑚	S_1lr	16	11	5
Paracaninia Chi，1937 拟犬齿珊瑚属		9		
P. *crassoseptata* Chen et Huang 厚壁型拟犬齿珊瑚	P_2m	9	15	6
P. *liangshanensis* (Huang) 梁山拟犬齿珊瑚	P_2m	9	15	8
P. *minor* Wu 小型拟犬齿珊瑚	P_2m	10	15	9
P. *tzuchiangensis* (Huang) 紫江拟犬齿珊瑚	P_2m	10	16	1、2
Paracarruthersella Yoh，1960 拟卡拉瑟斯珊瑚属		19		
P. *hubeiensis* Wu 湖北拟卡拉瑟斯珊瑚	C_2	20	18	4
Paracrurithyris Liao，1979 拟股窗贝属		169		
P. *pigmaea* (Liao) 矮小拟股窗贝	P_3^2—P_1^1	170	63	9～11
Paraleioclema Morozova，1961 副光枝苔藓虫属		50		
P. *dayeense* S. M. Wang (sp. nov.) 大冶副光枝苔藓虫（新种）	P_2m	51	29	1
P. *hubeiense* Li 湖北副光枝苔藓虫	P_2m	50	28	2
P. *elegantum* S. M. Wang (sp. nov.) 雅致副光枝苔藓虫（新种）	P_2m	50	30；33	6；3
Parastriatopora Sokolov，1949 拟沟管珊瑚属		37		
p. *xuanenensis* Jia et Xu 宣恩拟沟管珊瑚	S_1lr	38	13	3
Paromalomena Rong，1979 平月贝属		101		
P. *polonica* (Temple) 波兰平月贝	O_3^3	101	45；47	17；17
P. *yichangensis* Chang 宜昌平月贝	O_3^3	101	45	4～6
Paurorthis Schuchert et Cooper，1931 小正形贝属		84		
P. *circularis* (Wang) 圆形小正形贝	$O_{1\text{-}2}d$	85	38	22～24
P. *sinuata* (Wang) 凹槽小正形贝	$O_{1\text{-}2}d$	85	38	20、21
P. *typa* (Wang) 标准小正形贝	$O_{1\text{-}2}d$	85	38	17、18
P. *unsulcata* (Wang) 无槽小正形贝	$O_{1\text{-}2}d$	85	38	19
Pentamerus Sowerby，1913 五房贝属		147		
P. *banqiaoensis* S. M. Wang (sp. nov.) 板桥五房贝（新种）	S_1lr	148	56；58	4～8；9、10
P. *dorsoplanus* Wang 背平五房贝	S_1lr	147	55；57；65	3；12；4
P. *muchuanensis* Wang 婺川五房贝	S_1lr	148	55	7
P. *triangulatus* Yan 三角五房贝	S_1lr	148	56	1
P. *yichangensis* Rong et Yang 宜昌五房贝	S_1lr	148	56	2
Pentlandina Bancroft，1949 准五片贝属		102		
P. sp. 准五片贝（未定种）	S_1s	102	47	11
Perigeyrella Wang，1955 近瑞克贝属		109		
P. *costellata subquadrata* Zhang et Ching 线纹近瑞克贝亚方亚种	P_2	109	40	11

Permundaria Nakamura，Koto et Dong，1970　波纹贝属　　　　134

　P．*shizipuensis* Ching，Liao et Fang　石子铺波纹贝　P_2m　134　52　13

Petrozium Smith，1930　岩珊瑚属　　　　13

　P．*zhongguoense* Jia　中国岩珊瑚　D_3^1　13　16　8

Pholidostrophia Hall et Clarke，1892　鳞扭贝属　　　　107

Pholidostrophia (*Mesopholidostrophia*) Williams，1950

　　鳞扭贝属（中鳞扭贝亚属）　　　　107

　P．(*M*．) *minor* (Rong，Xu et Yang)　小型中鳞扭贝　S_1s　107　47　29、30

　P．(*M*．) *rectangularia* Xian　矩形中鳞扭贝　S_1s　107　44　30～32

Phricodothyris George，1932　纹窗贝属　　　　176

　P．*asiatica* (Chao)　亚洲纹窗贝　P_2m　177　69　5～7

　P．*echinata* (Chao)　棘刺纹窗贝　P_2q　177　68　3

Platyspirifer Grabau，1931　平石燕属　　　　172

　P．*trigonalis* Yang　三角平石燕　D_3C_1x　172　66　10

Plectorthis Hall et Clarke，1892　褶正形贝属　　　　78

　P．sp．褶正形贝（未定种）　$O_{2-3}m$　78　42　16、17

Plectothyrella Temple，1965　小褶窗贝属　　　　152

　P．*crassiocosta* (Dalman)　厚脊小褶窗贝　O_3^3　153　57　9、11

　P．sp．小褶窗贝（未定种）　O_3S_1l　153　57　5

Pleurodium Wang，1955　肋房贝属　　　　149

　P．*latesinuatus* Yan　宽褶肋房贝　S_1lr　149　56　3

　P．*tenuiplicata* (Grabau)　狭褶肋房贝　S_1lr　149　68　18

Plicochonetes Paeckelmann，1930　线戟贝属　　　　112

　"*P*." sp．"线戟贝"（未定种）　P_2m　112　47　22、23

Polypora McCoy，1844　多孔苔藓虫属　　　　57

　P．cf．*koninckiana* Waagen et Pinchl

　　康宁克氏多孔苔藓虫（相似种）　P_2m　57　34；35　3；3

　P．*sinokoninckiana* Yang et Loo

　　中华康宁克氏多孔苔藓虫　P_2m　57　34　5

　P．sp．多孔苔藓虫（未定种）　P_2q　57　34　6

Polythecalis Yabe et Hayasaka，1916　多壁珊瑚属　　　　22

　P．*chinensis* (Girty)　中国多壁珊瑚　P_2q　22　19　2

　P．*chinensis* mut．*beta* Huang　中国多壁珊瑚贝塔异种　P_2q　22　19　5

　P．*chinmenensis* Huang　荆门多壁珊瑚　P_2q　23　19　3

　P．*dupliformis* Huang　双型多壁珊瑚　P_2　23　20　1

　P．*flatus* Huang　气泡多壁珊瑚　P_2　23　19　4

　P．*hochowensis* Huang　和州多壁珊瑚　P_2　23　20　2

　P．*raritabellata* Wu　少斜板多壁珊瑚　P_2q　22　20　3

　P．*verbeekielloides* Huang　费伯克珊瑚状多壁珊瑚　P_2　24　20　4

属种名		层位			
P. xuanenensis Wu 宣恩多壁珊瑚		P_2q	24	20；21	5；2
P. yangtzeensis Huang 扬子多壁珊瑚		P_2q	23	21	1
Pomatotrema Ulrich et Cooper，1932 覆孔贝属			90		
P. xintanense Zeng 新滩覆孔贝		O_1n	90	42	1～3
Productella Hall，1867 小长身贝属			120		
P. shetienchiaoensis Tien 佘田桥小长身贝		D_3C_1x	121	50	9
P. subaculeata (Murchison) 亚锐刺小长身贝		D_3C_1x	121	50	5
P. sp. 小长身贝（未定种）		D_3C_1x	121	50	1
Productellana Stainbrook，1950 等小长身贝属			121		
P. linglingensis Wang 零陵等小长身贝		D_3C_1x	121	50	14、15
Protomichelinia Yabe et Hayasaka，1915 原米氏珊瑚属			34		
P. abnormis (Huang) 异常原米氏珊瑚		P_2m	34	23	1
P. guizhouensis Lin 贵州原米氏珊瑚		P_2m	35	23	2、3
P. microstoma (Yabe et Hayasaka) 微型原米氏珊瑚		P_2m	35	24	1
P. multisepta (Huang) 多隔壁原米氏珊瑚		P_2q	34	22	7
P. multitabulata (Yabe et Hayasaka) 多横板原米氏珊瑚		P_2m	35	24	4
P. cf. placenta (Waagen et Wentzel) 脑盘原米氏珊瑚（相似种）		P_2m	35	24	2、3
P. sinensis Lin 中国原米氏珊瑚		P_2m	35	25	1
P. submicrostoma Lin 次微型原米氏珊瑚		P_2m	36	25	4
Prototreta Bell，1938 原孔贝属			68		
p. sp. 原孔贝（未定种）		$\text{€}_{1\text{-}2}n$	68	36	6、7
Pseudobatostomella Morozova，1960 假小攀苔藓虫属			55		
P. hubeiensis S. M. Wang (sp. nov.) 湖北假小攀苔藓虫（新种）		P_2m	55	34；35	1；5
Pseudoplasmopora Bondarenko，1963 假网膜珊瑚属			45		
P. hubeiensis Xiong 湖北假网膜珊瑚		S_1lr	45	9	2
P. lojopingensis Xiong 罗惹坪假网膜珊瑚		S_1lr	45	10	1、2
P. sanxiaensis Xiong 三峡假网膜珊瑚		S_1lr	45	9	3
P. yichangensis Xiong 宜昌假网膜珊瑚		S_1lr	45	9	4
Pseudopolythecalis Xu，1977 假多壁珊瑚属			24		
P. hubeiensis G. X. Liu (sp. nov.) 湖北假多壁珊瑚（新种）		P_2m	25	21	5
Pseudoporambonites Zeng，1977 假洞脊贝属			141		
P. yichangensis Zeng 宜昌假洞脊贝		$O_{1\text{-}2}d$	142	54；55	9、10；2
Pseudouralinia Yü，1931 假乌拉珊瑚属			15		
P. gigantea Yü 大型假乌拉珊瑚		C_1^2	15	17	1、2
P. irregularis Yü 不规则假乌拉珊瑚		C_1^2	15	17	5

Ptychomaletoechia Sartenaer，1961　褶房贝属 149

  P. shetianqiaoensis (Tien)　佘田桥褶房贝　D_3C_1x　149　58　3

  P. sublivoniformis (Tien)　亚里丰褶房贝　D_3C_1x　150　58　5

Pugilis Sarytcheva，1949　狮鼻长身贝属 130

  P. hunanensis (Ozaki)　湖南狮鼻长身贝　C_1^2　130　51　4

Pugnax Hall et Clarke，1804　狮鼻贝属 150

  P. pseudoutah Huang　假犹他狮鼻贝　P_3　150　59　3～5

Pustula I. Thomas，1914　刺瘤贝属 127

  P. sp. 刺瘤贝（未定种）　C_1^1　128　51　13

Punctolira Ulrich et Cooper，1936　斑洞贝属 141

  P. ? *elliptica* Zeng　椭圆斑洞贝？　O_1n　141　54　1

  P. orientalis Wang et Xu　东方斑洞贝　O_1n　141　47　5

Punctospirifer North，1920　疹石燕属 175

  P. malevkensis Sokoloskaya　马列夫克疹石燕　C_1^2　176　67　6

R

化石名称	层位	页	图版	图
Rhipidomella Oehlert，1890　扇房贝属		87		
R. michelini (Leveille)　米契林扇房贝	C_1	87	39	11
R. uralica var. *minor* Grabau　乌拉尔扇房贝细小变种	P_3l、P_3d	87	40	10
Rhizophyllum Lindstroem，1866　根珊瑚属		28		
R. minor (Grabau)　小型根珊瑚	S_1lr	28	12	2
R. sp. 根珊瑚（未定种）	S_1lr	28	12	4
Rhombopora Meek，1872　菱苔藓虫属		59		
R. maanshanensis Yang　马鞍山菱苔藓虫	D_3C_1x	59	32	6
Richthofenia Kayser，1881　李希霍芬贝属		120		
R. sinensis Waagen　中华李希霍芬贝	P_3w	120	48	9
Rugauris Muir-Wood et Cooper，1960　皱耳贝属		123		
R. sp. 皱耳贝（未定种）	C_1^2	123	48	5

S

化石名称	层位	页	图版	图
Saffordotaxis Bassler，1952　萨福德苔藓虫属		58		
S. hubeiensis S. M. Wang (sp. nov.)				
湖北萨福德苔藓虫（新种）	P_3w	58	30；32	2；5

Salopina Boucot，1960　萨罗普贝属		84		
S. *minuta* Rong et Yang　小型萨罗普贝	S_1f	84	40	13～15
S. ? *yichangensis* Rong et Yang　宜昌萨罗普贝？	S_1lr	84	45	25
Sanxiaella Rong et Chang，1981　三峡贝属		67		
S. *partibilis* (Rong)　可分三峡贝	O_3^3	67	36	15～19
Scaphorthis Cooper，1956　船正形贝属		78		
S. *sinensis* Xu (MS)　中华船正形贝（未刊）	$O_{1-2}d$	78	37	25
Schedophyla Xu et Liu（MS）　匾形贝属（未刊）		93		
S. *minor* Xu et Liu（MS）　小型匾形贝（未刊）	$O_{1-2}d$	94	44	7
Schimidtites Schuchert et Le Vene，1929　施密特贝属		65		
S. sp. 施密特贝（未定种）	$O_{2-3}m$	66	36	10
Schizophoria King，1850　裂线贝属		82		
S. *resupinata* (Martin)　颠倒裂线贝	C_1	83	43	11
Schuchertella Girty，1904　舒克贝属		110		
S. *hunanensis* Wang　湖南舒克贝	D_3C_1x	110	44；47	33；7
S. *semiplana* (Waagen)　半面舒克贝	P_2q	110	47	6
S. sp. 舒克贝（未定种）	C_1^2	111	47	8
Septatrypa Kozlowski，1929　隔板无洞贝属		156		
S. ? *incerta* S. M. Wang (sp. nov.) 存疑隔板无洞贝？（新种）	S_1s	156	59	8
S. *lantenoisi* (Termier)　兰特诺依斯隔板无洞贝	S_1s	156	62	4
S. sp. 隔板无洞贝（未定种）	S_1lr	157	59	14、15
Septopora Prout，1859　隔板苔藓虫属		58		
S. *ovata* S. M. Wang (sp. nov.) 卵形隔板苔藓虫（新种）	P_2m	58	34；35	4；2
Sericoidea Lindström，1953　拟丝线贝属		99		
S. *hubeiensis* Chang　湖北拟丝线贝	$O_{2-3}m$	100	45	19、20
S. *shanxiensis* Fu　陕西拟丝线贝	O_3^3	99	45	18
S. *virginica* (Cooper)　条纹拟丝线贝	$O_{2-3}m$	99	45	13
Shensiphyllum Yü et Ge，1974　陕西珊瑚属		12		
S. *hubeiense* (Wu)　湖北陕西珊瑚	S_1lr	13	11	7
Sinopora Sokolov，1955　中国喇叭孔珊瑚属		42		
S. *dendroides* (Yoh)　枝状中国喇叭孔珊瑚	P_2q	42	26	7
Sinoproductella Wang，1955　中华小长身贝属		122		
S. *hemispherica* (Tien)　半球中华小长身贝	D_3C_1x	122	48	8
Sinorthis Wang，1955　中华正形贝属		73		
S. *transversa* Zeng　横宽中华正形贝	$O_{1-2}d$	74	43	6
S. *typica* Wang　标准中华正形贝	$O_{1-2}d$	74	37；38	16、17；4～6

S. yichangensis Zeng 宜昌中华正形贝	$O_{1-2}d$	74	37	29、30
Siphonotreta de Verneuil，1845 管洞贝属		70		
S. ? *spiciosa* S. M. Wang（sp. nov.） 优美管洞贝？（新种）	O_1h	70	36	8
Skenidioides Schuchert et Cooper，1931 拟帐幕贝属		79		
S. cf. *perfectus* Cooper 完全拟帐幕贝（相似种）	$O_{2-3}m$	79	38；42	7、8； 18、19
Spinilingula Cooper，1956 刺舌形贝属		66		
S. *elegantula* S. M. Wang（sp. nov.） 精美刺舌形贝（新种）	O_1h	66	36	12
Spinochonetes Liu et Xu，1974 刺戟贝属		111		
S. *notata* Liu et Xu 显见刺戟贝	S_1s	111	45	15
S. sp. 刺戟贝（未定种）	S_1lr	112	48	21
Spinomarginifera Huang，1932 刺围脊贝属		125		
S. *kueichowensis* Huang 贵州刺围脊贝	P_3w	125	48；50	16；3
S. *lopingensis* (Kayser) 乐平刺围脊贝	P_3w	126	54	16
S. *sintanensis* (Chao) 新滩刺围脊贝	P_2	126	48	22、23
S. *spinosocostata* (Abich) 刺纹刺围脊贝	P_2	126	48	13
Spiriferellina Fredericks，1919 准小石燕属		176		
S. ? *yuananensis* S. M. Wang（sp. nov.） 远安准小石燕？（新种）	P_2q	176	67	5
Spirigerella Waagen，1883 携螺贝属		161		
S. cf. *grandis* Waagen 巨大携螺贝（相似种）	P_2m	162	60	4
S. cf. *media* Waagen 中型携螺贝（相似种）	P_2	161	61	19
S. *obesa* Huang 肥厚携螺贝	P_2q	161	62	3
S. *pentagonalis* Chao 五角携螺贝	P_2m	162	61	14
Spirigerina d'Orbigny，1849 准携螺贝属		155		
S. *sinensis* (Wang) 中华准携螺贝	S_1lr	155	59	10
Squamularia Gemmellaro，1899 鱼鳞贝属		177		
S. *grandis* Chao 巨大鱼鳞贝	P_3	177	69	8
S. *jiangshuiensis* Chang 浆水鱼鳞贝	P_3w	177	68	14
S. *nucleola* Grabau 核形鱼鳞贝	P_3w	178	68	1
S. *waageni* (Lócozy) 瓦刚鱼鳞贝	P_3w	178	65	6
S. ? sp. 鱼鳞贝？（未定种）	P_3w	178	69	4
Stegacanthia Muir-Wood et Cooper，1960 剑刺贝属		122		
S. sp. 剑刺贝（未定种）	C_1	123	50	2
Stenodiscus Crockford，1945 窄板苔藓虫属		52		
S. *xifanliensis* S. M. Wang（sp. nov.） 西畈李窄板苔藓虫（新种）	P_2m	52	32	3

Stichotrophia Cooper，1948　小凸贝属　　　　　　　　　　142

　S. *gaoluoensis* Zeng　高罗小凸贝　　　　　　　O_1n　142　54　11～14、18

Stricklandella Sapelnikov et Rukavischikova，1973,

　　emend. Rong et Yang，1981　小斯特兰贝属　　　146

　S. *robusta* Rong et Yang　强壮小斯特兰贝　　　S_1lr　146　57　1、2

Stricklandia Billings，1859　斯特克兰贝属　　　　　145

　S. *changyangensis* Zeng　长阳斯特克兰贝　　　O_3S_1l　145　55　12

　S. *hubeiensis* Zeng　湖北斯特克兰贝　　　　　O_3S_1l　145　55；62　8；6～8

　S. *magnifica* S. M. Wang（sp. nov.）

　　巨大斯特克兰贝（新种）　　　　　　　　　S_1lr　145　58　1

　S. *transversa* Grabau　横宽斯特克兰贝　　　　S_1lr　146　57　6

Striispirifer Cooper et Muir-Wood，1951　条纹石燕属　165

　S. *acuninplicatus* Rong et Yang　尖褶条纹石燕　S_1lr　166　61　2、9

　S. *hsiehi*（Grabau）　谢氏条纹石燕　　　　　　S_1f　166　63　3

　S. *hubeiensis* Zeng　湖北条纹石燕　　　　　　S_1s　166　64　7

　S. *jingshanensis* S. M. Wang（sp. nov.）

　　京山条纹石燕（新种）　　　　　　　　　　S_1lr　166　61　11、12

　S. *shiqianensis* Rong，Xu et Yang　石阡条纹石燕　S_1f　167　63　4

　S. sp. 条纹石燕（未定种）　　　　　　　　S_1f　167　63　16、17

Strophalosia King，1844　扭面贝属　　　　　　　　115

　"S." *plicatifera* Chao　有皱"扭面贝"　　　　P_2　115　45　24

Strophomena Blainville，1825　扭月贝属　　　　　　100

　S. *depressa*（Xu）　扁平扭月贝　　　　　　　S_1s　101　44　27、28

　S. *maxima*（Xu）　巨型扭月贝　　　　　　　O_3S_1l　100　49　14、15

Syntrophinella Ulrich et Cooper，1934　小准共凸贝属　142

　S. *typica* Ulrich et Cooper　典型小准共凸贝　O_1n　143　55　9、11

　S. sp. 小准共凸贝（未定种）　　　　　　　O_1n　143　55　4

Syntrophopsis Ulrich et Cooper，1936　拟共凸贝属　　144

　S. *minor* Wang　小型拟共凸贝　　　　　　　$O_{1-2}d$　144　58　7

Syringopora Goldfuss，1826　笛管珊瑚属　　　　　　38

　S. *nanshanensis* Yü　南山笛管珊瑚　　　　　S_1lr　39　6　1

　S. *xuanenensis* Jia　宣恩笛管珊瑚　　　　　S_1lr　38　6　2

T

化石名称	层位	页	图版	图
Tabulipora Young，1883　板状苔藓虫属		55		
T. *tuberosa* S. M. Wang（sp. nov.）				

瘤形板状苔藓虫（新种） P_3w 55 31 3

Tachylasma Grabau，1922　速壁珊瑚属 8

　T. asymmetros Chen et Huang　不对称速壁珊瑚 P_2m 8 15 1

　T. magnum Grabau　大型速壁珊瑚 P_2 8 15 2

　T. rectum Wu　正速壁珊瑚 P_2m 8 15 3

　T. regulare Xu　规则速壁珊瑚 P_3w 9 15 4

　T. yiduense Xu　宜都速壁珊瑚 P_2m 9 15 5

Taphrorthis Cooper，1956　沟正形贝属 74

　T. fenxiangensis Wang　分乡沟正形贝 $O_{2-3}m$ 74 37；38 19；15、16

Tarfaya Xu (MS)　塔法贝属（未刊） 74

　T. intercalare (Chang)　嵌插塔法贝 $O_{1-2}d$ 75 37；43 15、18、26；8

Tastaria Havliček，1965　塔斯塔贝属 106

　T. yichengensis S. M. Wang (sp. nov.)
　　宜城塔斯塔贝（新种） S_1s 106 46 14～16

Tenticospirifer Tien，1938　帐幕石燕属 172

　T. hayasakai (Grabau)　早坂帐幕石燕 D_3C_1x 172 66 9

　T. vilis var. *kwangsiensis* Tien　中庸帐幕石燕广西变种 D_3C_1x 173 66；68 6；19

Tenuichonetes Ching et Hu，1978　细戟贝属 113

　T. baituensis (Ni)　白土细戟贝 P_2m 113 47 18～20

　T. sublatesinuata (Chan)　次阔槽细戟贝 P_2m 113 46 10、11

Tetralobula Ulrich et Cooper，1936　四叶贝属 140

　T. ? fenxiangensis Zeng　分乡四叶贝？ O_1n 140 54 2～6

　T. huanghuaensis Wang　黄花四叶贝 O_1n 140 53 2～5

　T. ? yichangensis Zeng　宜昌四叶贝？ O_1n 141 54 7、8、15

Tetraodontella Jaanusson，1962　小四齿贝属 94

　T. ? sp. 小四齿贝？（未定种） $O_{2-3}b$ 94 44 5

Tetraporinus Sokolov，1947　拟方管珊瑚属 39

　T. aequitabulata (Huang)　匀板拟方管珊瑚 P_2q 39 26 3

　T. anhuiensis Zhao et Chen　安徽拟方管珊瑚 P_2q 40 26 1

　T. hanshanensis Zhao et Chen　含山拟方管珊瑚 P_2q 40 26 5

Thysanophyllum Nicholson et Thomson，1876，emend.
　Yü，1962　泡沫柱珊瑚属 19

　T. circulocysticum Chu，emend. Yü
　　环泡沫状泡沫柱珊瑚 C_1^2 19 18 1

Trimerellina Mitchell，1977　准三分贝属 95

　T. jingshanensis S. M. Wang (sp. nov.)
　　京山准三分贝（新种） O_3S_1l 95 47 26

Triplesia Hall，1859　三重贝属 91

	层位	页	图版	图
T. fenxiangensis Yan 分乡三重贝	O_3S_1l	92	39	27
T. sanxiaensis Chang 三峡三重贝	O_3	92	39	13～16
T. yichangensis Zeng 宜昌三重贝	O_3S_1l	92	41	7、8
Tritoechia Ulrich et Cooper，1936 三房贝属		87		
T. acutirostris Wang 尖喙三房贝	O_1n、$O_{1-2}d$	87	43	3
T. dawanensis Zeng 大湾三房贝	$O_{1-2}d$	88	42	4
T. gaoluoensis Zeng 高罗三房贝	$O_{1-2}d$	88	41	13
T. lianghekouensis Wang 两河口三房贝	O_1n	88	44	3
T. mucronata Wang 尖翼三房贝	O_1n	88	44	1、2
T. obesa Wang 肥厚三房贝	O_1n	89	43	1
T. occidentalis Ulrich et Cooper 西方三房贝	$O_{1-2}d$	89	41	19
T. orbicularis Zeng 圆形三房贝	$O_{1-2}d$、O_1n	89	41；43	6；7
T. ornata Wang 美饰三房贝	O_1n、$O_{1-2}d$	89	43	2
T. recta Xu 直伸三房贝	O_1n	89	41；43	14～18；4
T. subconis Zeng 亚锥三房贝	O_1n	90	41	9～12
T. yichangensis Zeng 宜昌三房贝	O_1n	90	41	2～4
Tryplasma Lonsdale，1845 刺隔壁珊瑚属		27		
T. lojopingense (Grabau) 罗惹坪刺隔壁珊瑚	S_1lr	27	12	6
Tschernyschewia Stoyanow，1910 车尔尼雪夫贝属		120		
T. sinensis Chao 中华车尔尼雪夫贝	P_3l	120	49	12
Tyloplecta Muir-Wood et Cooper，1960 瘤褶贝属		130		
T. grandicostata (Chao) 巨线瘤褶贝	P_2q	130	51	2、3
T. nankingensis (Frech) 南京瘤褶贝	P_2q、P_2m	130	51	1
T. pauciplicata Ni 少褶瘤褶贝	P_2m	131	50	10
T. richthofeni (Chao) 李希霍芬瘤褶贝	P_2q	131	58	13
T. songziensis S. M. Wang (sp. nov.) 松滋瘤褶贝（新种）	P_2q	131	58	12
T. vishnu var. *radiata* (Hayasaka) 印度神瘤褶贝放射变种	P_2q	131	50	11
T. yangtzeensis (Chao) 扬子瘤褶贝	P_3	131	52	5、6

U

化石名称	层位	页	图版	图
Uncinunellina Grabau，1932 准小钩形贝属		150		
U. timorensis (Beyrich) 帝汶准小钩形贝	P_3w	150	59	9
Uncisteges Ching et Hu，1978 钩盖贝属		116		
U. crenulata (Ting) 齿状钩盖贝	P_2m	116	49	7、8

化石名称				
U . maceus (Ching)　荳蔻钩盖贝	P_2m	117	48	3、4

V

化石名称	层位	页	图版	图
Vediproductus Sarytcheva，1965　维地长身贝属		128		
V . punctatiformis (Chao)　似刺瘤维地长身贝	P_2q	129	50	7
V . vediensis Sarytcheva　维地维地长身贝	P_2m	129	50；51	16；9、10
V . sp. 维地长身贝（未定种）	P_2m	129	51	12
Vitiliproductus Ching et Liao，1974　交织长身贝属		135		
V . datangensis Yang　大塘交织长身贝	C_1^2	135	52	11

W

化石名称	层位	页	图版	图
Waagenites Paeckelmann，1930　似瓦刚贝属		114		
W . barusiensis (Davidson)　巴鲁斯似瓦刚贝	P_3w	114	49	22、25
Waagenoconcha Chao，1927　瓦刚贝属		128		
W . humboldti (Orbigny)　洪泼瓦刚贝	P_2q	128	51	14
W . cf. *mapingensis* (Grabau)　马平瓦刚贝（相似种）	P_2m	128	51	7
Waagenophyllum Hayasaka，1924　卫根珊瑚属		25		
W . carinatum Xu　脊板卫根珊瑚	P_3w	25	21	4
W . indicum var. *crassiseptatum* Wu 印度卫根珊瑚厚隔壁变种	P_3w	25	22	1
W . simplex Wu　简单卫根珊瑚	P_3w	26	22	2
Waagenophyllum (*Liangshanophyllum*) Tseng，1949 梁山珊瑚亚属		26		
W . (*L .*) *lui* Tseng　卢氏梁山珊瑚	P_3w	27	22	6
Wentzellophyllum Hudson，1958，emend. Yü，1962 拟文采尔珊瑚属		21		
W . kueichowense (Huang)　贵州拟文采尔珊瑚	P_2q	22	18	8
W . volzi (Yabe et Hayasaka)　服尔兹拟文采尔珊瑚	P_2q	21	19	1

Y

化石名称	层位	页	图版	图
Yangtzeella Kolarova，1925　扬子贝属		143		
Y. lensiformis Wang　透镜扬子贝	$O_{1-2}d$	143	55	10
Y. poloi (Martelli)　波罗扬子贝	$O_{1-2}d$	143	54；57	17；3、4
Y. songziensis Zeng　松滋扬子贝	$O_{1-2}d$	144	55	1
Y. yichangensis Zeng　宜昌扬子贝	$O_{1-2}d$	144	54	22
Yatsengia Huang，1932，emend. Xu，1977　亚曾珊瑚属		20		
Y. asiatica Huang　亚洲亚曾珊瑚	P_2q	21	18	7
Y. hupeiensis (Yabe et Hayasaka)　湖北亚曾珊瑚	P_2q	20	18	5
Y. kiangsuensis Yoh　江苏亚曾珊瑚	P_2	21	18	6
Y. kiangsuensis var. *mabutii* Minato 江苏亚曾珊瑚马渊变种	P_2q	21	18	3
Yuanophyllum Yü，1931　袁氏珊瑚属		17		
Y. hubeiense Xu　湖北袁氏珊瑚	C_1^2	17	17	4
Yunnanella Grabau，1931　云南贝属		151		
Y. abrupta var. *media* Tien　陡缘云南贝中间变种	D_3C_1x	151	59	7
Yunnanellina Grabau，1931　准云南贝属		151		
Y. hanburyi mut. *sublata* Tien 汉伯准云南贝亚横宽异种	D_3C_1x	151	58；59	8；6
Y. hunanensis (Ozaki)　湖南准云南贝	D_3C_1x	151	57	8
Y. postamodicaformis (Ozaki)　晚小型准云南贝	D_3C_1x	152	58	4
Y. triplicata Grabau　三褶准云南贝	D_3C_1x	152	57	7

Z

化石名称	层位	页	图版	图
Zygospiraella Nikiforova，1961　小轭螺贝属		153		
Z. crassicosta Rong et Yang　粗褶小轭螺贝	S_1lr	153	62	2
Z. duboisi (Veneuil)　杜波伊斯小轭螺贝	S_1lr	153	59	1

三、图版说明

图 版 1

1、2. *Clathrodictyon vesiculosum* Nicholson et Murie (4页)

    1a、2b. 纵切面，1b、2a. 弦切面，均 ×6；S_1lr

3. *Clathrodictyon variolare* (von Rosen) Nicholson (4页)

    a. 弦切面，b. 纵切面，×6；S_1lr

4. *Batostomella antiqua* Yabe et Hayasaka (52页)

    a. 纵切面，×10，b. 弦切面，×20；O

5. *Nicholsonella* sp. (50页)

    a. 弦切面，×20，b. 纵切面，×10；$O_{1-2}d$

图 版 2

1. *Favosites amkardakensis fenxiangensis* Gu (32页)

    a. 横切面，×4，b. 纵切面，×4；S_1lr

2. *Favosites dictyofavositoides* Gu (33页)

    a. 横切面，×4，b. 纵切面，×4；S_1lr

3. *Favosites godlandicus* Lamarck (33页)

    a. 横切面，×4，b. 纵切面，×4；S_1lr

4. *Favosites* aff. *subgothlandcus* Sokolov (33页)

    a. 横切面，×4，b. 纵切面，×4；S_1

图 版 3

1. *Favosites kokulaensis* Sokolov (33页)

    a. 横切面，×4，b. 纵切面，×2；S_1lr

2. *Favosites xuanenensis* Jia (34页)

    a. 横切面，×4，b. 纵切面，×4；S_1lr

3. *Mesofavosites obliquus* Sokolov (31页)

    a. 横切面，×2，b. 纵切面，×2；S_1lr

4. *Mesofavosites hubeiensis* Jia (31页)

    a. 横切面，×4，b. 纵切面，×4；S_1lr

5. *Mesofavosites xuanenensis* Jia (31页)

    a. 横切面，×4，b. 纵切面，×4；S_1lr

图 版 4

1. *Mesofavosites yumenensis* Yü (31页)

    a. 横切面，×4，b. 纵切面，×4；S_1lr

2. *Palaeofavosites balticus septosa* Sokolov (29页)

    a. 横切面，×2，b. 纵切面，×4；S_1lr

3. *Palaeofavosites changi* Chen (29页)

    a. 横切面，×4，b. 纵切面，×4；S_1lr

4. *Palaeofavosites fenxiangensis* Gu (29页)

    a. 横切面，×3，b. 纵切面，×3；S_1lr

图 版 5

1、2. *Palaeofavosites lojopingensis* Gu (30页)

    1a. 横切面，×4，1b. 纵切面，×2；2a. 横切面，×4，2b. 纵切面，×4；S_1lr

3. *Palaeofavosites paulus* subsp. *sinensis* Chen (30页)

    a. 横切面，×4，b. 纵切面，×4；S_1lr

4. *Palaeofavosites sanxiaensis* Xiong (30页)

    a. 横切面，×4，b. 纵切面，×4；S_1lr

图 版 6

1. *Syringopora nanshanensis* Yü (39页)

    a. 横切面，×4，b. 纵切面，×4；ANO28；S_1lr

2. *Syringopora xuanenensis* Jia (38页)

    a. 横切面，×4，b. 纵切面，×4；S_1lr

3. *Halysites pycnoblastoides yabei* (Hamada) (41页)

    a. 横切面，×2，b. 纵切面，×2；S_1lr

4. *Halysites* (*Acanthohalysites*) *pycnoblastoides* Eth (41页)

    a. 横切面，×2，b. 纵切面，×4；S_1lr

图 版 7

1. *Heliolites bohemicus* Wentzel (43页)

    a. 横切面，×4，b. 纵切面，×4；S_1lr

2. *Heliolites luorepingensis* Wu   (43页)

　　a. 横切面，×2，b. 纵切面，×2；S_1lr

3. *Heliolites salairicus* Tchernychev   (43页)

　　a. 横切面，×4，b. 纵切面，×4；S_1lr

4. *Helioplasmolites minor* Yü et Ge   (44页)

　　a. 横切面，×3，b. 纵切面，×3；S_1lr

图　版　8

1、2. *Helioplasmolites fenxiangensis* Xiong   (44页)

　　1a. 横切面，×4，1b. 纵切面，×4；2a. 横切面，×4，2b. 纵切面，×4；S_1lr

3、4. *Heliolitella fenxiangensis* Xiong   (44页)

　　3a. 横切面，×4，3b. 纵切面，×4；4a. 横切面，×4，4b. 纵切面，×4；S_1lr

图　版　9

1. *Heliolitella hubeiensis* Xiong   (44页)

　　a. 横切面，×4，b. 纵切面，×4；S_1lr

2. *Pseudoplasmopora hubeiensis* Xiong   (45页)

　　a. 横切面，×4，b. 纵切面，×4；S_1lr

3. *Pseudoplasmopora sanxiaensis* Xiong   (45页)

　　a. 横切面，×4，b. 纵切面，×4；S_1lr

4. *Pseudoplasmopora yichangensis* Xiong   (45页)

　　a. 横切面，×4，b. 纵切面，×4；S_1lr

图　版　10

1、2. *Pseudoplasmopora lojopingensis* Xiong   (45页)

　　1a. 横切面，×4，1b. 纵切面，×4；2a. 横切面，×4，2b. 纵切面，×4；S_1lr

3. *Favosites nanshanensis* Yü   (33页)

　　a. 横切面，×4，b. 纵切面，×4；S_1lr

4. *Mesosolenia hubeiensis* Wu   (37页)

　　a. 横切面，×6，b. 纵切面，×6；S_1lr

图 版 11

1. *Amplexoides ? chaoi* (Grabau) (5页)

    a. 横切面，×1，b. 横切面，×1，c. 纵切面，×1；S_1lr

2. *Onychophyllum pringlei* Smith (12页)

    a. 横切面，×2，b. 纵切面，×2；S_1lr

3. *Entelophyllum zhongguoense* Wu (12页)

    a. 横切面，×4，b. 纵切面，×4；S_1lr

4. *Ceriaster hubeiensis* Wu (16页)

    a. 横切面，×2，b. 纵切面，×2；S_1lr

5. *Palaeophyllum hubeiense* Yü et Ge (16页)

    a. 横切面，×2，b. 纵切面，×2；S_1lr

6. *Dinophyllum yunnanense* Wang (16页)

    a. 横切面，×2，b. 横切面，×2，c. 纵切面，×2；S_1

7. *Shensiphyllum hubeiense* (Wu) (13页)

    a. 横切面，×4，b. 纵切面，×4；S_1lr

图 版 12

1. *Cysticonophyllum omphymiforme* (Grabau) (28页)

    a. 外形，×2，b. 横切面，×3，c. 纵切面，×3；S_1lr

2. *Rhizophyllum minor* (Grabau) (28页)

    a. 成年期横切面，×2，b. 纵切面，×3，c. 青年期横切面，×3，

    d. 外形正面，×1，e. 外形横切面，×1；S_1lr

3. *Cysticonophyllum crassum* Yü et Ge (28页)

    a. 横切面，×2，b. 纵切面，×2；S_1lr

4. *Rhizophyllum* sp. (28页)

    a. 外形正面，×2，b. 外形横切面，×2，c. 外形背面，×2，

    d. 横切面，×2，e. 纵切面，×2；S_1lr

5. *Amplexoides lindstroemi* (Wang) (8页)

    a. 横切面，×1.5，b. 纵切面，×1.5；S_1lr

6. *Tryplasma lojopingense* (Grabau) (27页)

    a. 横切面，×2，b. 纵切面，×2；S_1lr

7. *Cystiphyllum cylindricum* Lonsdale (27页)

    a. 横切面，×2，b. 纵切面，×2；S_1lr

8. *Coenites hubeiensis* Jia (38页)

    a、b. 横切面，c. 弦切面，d. 纵切面，均×10；S_1lr

图 版 13

1. *Palaeofavosites yichangensis* Gu (30页)

    a. 横切面， ×4， b. 纵切面， ×4； S$_1$*lr*

2. *Eoroemerolites lojopingensis* Xiong (37页)

    a. 横切面， ×4， b. 纵切面， ×4； S$_1$*lr*

3. *Parastriatopora xuanenensis* Jia et Xu (38页)

    a. 横切面， ×5， b. 纵切面， ×5； S$_1$*lr*

4. *Halysites* (*Acanthohalysites*) *pycnoblastoides* subsp. *yabei* Hamada (42页)

    a. 横切面， ×4， b. 纵切面， ×4； S$_1$*lr*

图 版 14

1. *Mesofavosites angustus* Yü (32页)

    a. 横切面， ×5， b. 纵切面， ×5； S$_1$*lr*

2. *Mesofavosites* sp. (32页)

    a. 横切面， ×2， b. 纵切面， ×2； AN034； S$_1$

3. *Catenipora lojopingensis minor* Gu (42页)

    a. 横切面， ×4， b. 纵切面， ×4； S$_1$*lr*

4. *Mesofavosites orientalis* Yü (32页)

    a. 横切面， ×4， b. 纵切面， ×4； S$_1$*lr*

5. *Favosites* sp. (34页)

    a. 横切面， ×2， b. 纵切面， ×2； AN035； S$_1$

6、7. *Palaeofavosites* sp. (30页)

    6a. 横切面， ×2，6b. 纵切面， ×2； AN036；

    7a. 横切面， ×2，7b. 纵切面， ×2； AN037； S$_1$

图 版 15

1. *Tachylasma asymmetros* Chen et Huang (8页)

    a. 横切面， ×2， b. 纵切面， ×2； P$_2$*m*

2. *Tachylasma magnum* Grabau (8页)

    a. 成年期横切面， b. 老年期横切面， c. 早年期横切面， 均 ×2； P$_2$

3. *Tachylasma rectum* Wu (8页)

    a. 横切面， ×2， b. 纵切面， ×2； P$_2$*m*

4. *Tachylasma regulare* Xu (9页)

a．成年期横切面，×3，b．纵切面，×3；P₃w

5．*Tachylasma yiduense* Xu   (9页)

　　a．成年期横切面，b．青年期横切面，

　　c．幼年期横切面，d．纵切面，均 ×2；P₂m

6．*Paracaninia crassoseptata* Chen et Huang   (9页)

　　a．横切面，×2，b．纵切面，×2；P₂m

7．*Lophophyllidium multiseptum* (Grabau)   (10页)

　　横切面，×5；P₂q

8．*Paracaninia liangshanensis* (Huang)   (9页)

　　a．横切面，×2，b．纵切面，×2；P₂m

9．*Paracaninia minor* Wu   (10页)

　　横切面，×2；P₂m

10．*Lophocarinophyllum lophophyllidum* Liao et Xu   (11页)

　　a．横切面，×4，b．纵切面，×4；P₃w

11．*Lophocarinophyllum karpinskyi* Fomitchev   (11页)

　　a．横切面，×3，b．纵切面，×3；P₃w

12．*Allotropiophyllum hubeiense* Xu   (11页)

　　a．成年期横切面，b．幼年期横切面，c．纵切面；P₂m

图　版　16

1、2．*Paracaninia tzuchiangensis* (Huang)   (10页)

　　1a．外形，×1/2，1b、1c．幼年期横切面，×1，1d、1e．成年期横切面，×1，

　　2．成年期纵切面，×1；P₂m

3．*Allotropiophyllum sinense* var. *heteroseptatum* Grabau   (11页)

　　a．成年期横切面，b．青年期横切面，c．幼年期横切面，均 ×5；P₂

4．*Kueichouphyllum planotabulatum* Wu   (14页)

　　a．横切面，×1，b．纵切面，×1；AN003；C₁²

5．*Gshelia tongshanensis* Xu   (13页)

　　a．横切面，×2，b．纵切面，×2；C₂h

6、7．*Kueichouphyllum heishihkuanense* Yü   (14页)

　　横切面，均 ×1；AN002；C₁²

8．*Petrozium zhongguoense* Jia   (13页)

　　a．横切面，×3，b．纵切面，×3；D₃¹

图 版 17

1、2. *Pseudouralinia gigantea* Yü (15页)
横切面，均 ×1；AN005；C_1^2

3. *Heterocaninia tahopoensis* Yü (14页)
a. 横切面，×1，b. 纵切面，×1；AN001；C_1^2

4. *Yuanophyllum hubeiense* Xu (17页)
a. 成年晚期横切面，b. 成年期横切面，c. 少年期横切面，d. 纵切面，均 ×2；C_1^2

5. *Pseudouralinia irregularis* Yü (15页)
横切面，×1；AN006；C_1^2

6. *Koninckophyllum* cf. *tushanense* Chi (17页)
横切面，×2；AN007；C_2

7. *Kueichouphyllum sinense* Yü (15页)
a. 横切面，×1.5，b. 纵切面，×1；C_1^2

8. *Ekvasophyllum* sp. (18页)
横切面，×2；AN008；C_1h

9. *Arachnastraea asiatica* (Lee et Yü) (18页)
横切面，×2；AN010；C_2

10. *Amygdalophylloides zhongguoensis* Xu (19页)
a. 横切面，×3，b. 纵切面，×3；C_2h

11. *Lithostrotionella tingi* Chi (18页)
a. 横切面，×2，b. 纵切面，×2；AN009；C_2

图 版 18

1. *Thysanophyllum circulocysticum* Chu，emend. Yü (19页)
a. 横切面，×2，b. 纵切面，×2；AN011；C_1^2

2. *Clisiophyllum curkenense hubeiense* Wu (20页)
a. 横切面，×2，b. 纵切面，×2；C_1^2

3. *Yatsengia kiangsuensis* var. *mabutii* Minato (21页)
a. 横切面，×2，b. 纵切面，×2；P_2q

4. *Paracarruthersella hubeiensis* Wu (20页)
a. 横切面，×1，b. 纵切面，×1；C_2

5. *Yatsengia hupeiensis* (Yabe et Hayasaka) (20页)
a. 横切面，b. 纵切面，c. 纵切面，均 ×2；P_2q

6. *Yatsengia kiangsuensis* Yoh (21页)
a. 横切面，×2，b. 纵切面，×2；AN013；P_2

7. *Yatsengia asiatica* Huang   (21页)

    a. 横切面，×3，b. 纵切面，×3；P_2q

8. *Wentzellophyllum kueichowense* (Huang)   (22页)

    a. 横切面，×2，b. 纵切面，×2；AN014；P_2q

图　版　19

1. *Wentzellophyllum volzi* (Yabe et Hayasaka)   (21页)

    a. 横切面，×2，b. 纵切面，×2；P_2q

2. *Polythecalis chinensis* (Girty)   (22页)

    a. 横切面，×2，b. 纵切面，×2；P_2q

3. *Polythecalis chinmenensis* Huang   (23页)

    a. 横切面，×2，b. 纵切面，×2；P_2q

4. *Polythecalis flatus* Huang   (23页)

    a. 横切面，×2，b. 纵切面，×2；AN017；P_2

5. *Polythecalis chinensis* mut. *beta* Huang   (22页)

    a. 横切面，×6，b. 纵切面，×2；P_2q

图　版　20

1. *Polythecalis dupliformis* Huang   (23页)

    a. 横切面，×1，b. 纵切面，×1；AN016；P_2

2. *Polythecalis hochowensis* Huang   (23页)

    a. 横切面，×2，b. 纵切面，×2；AN018；P_2

3. *Polythecalis raritabellata* Wu   (22页)

    a. 横切面，×2，b. 纵切面，×2；P_2q

4. *Polythecalis verbeekielloides* Huang   (24页)

    a. 横切面，×2，b. 纵切面，×2；AN019；P_2

5. *Polythecalis xuanenensis* Wu   (24页)

    a. 横切面，×2，b. 纵切面，×2；P_2q

图　版　21

1. *Polythecalis yangtzeensis* Huang   (23页)

    a. 横切面，×2，b. 纵切面，×2；AN020；P_2q

2. *Polythecalis xuanenensis* Wu   (24页)

a. 横切面，×2，b. 纵切面，×2；P₂q

3. *Chusenophyllum tunliangense* (Yü) (24页)
    a. 横切面，×2，b. 纵切面，×4；P_2q

4. *Waagenophyllum carinatum* Xu (25页)
    a. 横切面，×4，b. 纵切面，×3；P_3w

5. *Pseudopolythecalis hubeiensis* G. X. Liu (sp. nov.) (25页)
    a. 横切面，×2，b. 纵切面，×2，正型；AN021；P_2m

图 版 22

1. *Waagenophyllum indicum* var. *crassiseptatum* Wu (25页)
    a. 横切面，×2，b. 纵切面，×2；AN022；P_3w

2. *Waagenophyllum simplex* Wu (26页)
    a. 横切面，×2，b. 纵切面，×2；AN023；P_3w

3. *Ipciphyllum flexuosa* Huang (26页)
    a. 横切面，×2，b. 纵切面，×2；AN025；P_2q

4、5. *Ipciphyllum elegantum* (Huang) (26页)
    4a. 横切面，4b. 纵切面；5a. 横切面，5b. 纵切面，均×2；AN024；P_2m、P_3

6. *Waagenophyllum* (*Liangshanophyllum*) *lui* Tseng (27页)
    a. 横切面，×3，b. 纵切面，×3；P_3w

7. *Protomichelinia multisepta* (Huang) (34页)
    a. 横切面，×2，b. 纵切面，×2；AN026；P_2q

图 版 23

1. *Protomichelinia abnormis* (Huang) (34页)
    a. 横切面，×2，b. 横切面，×2，c. 纵切面，×2；P_2m

2、3. *Protomichelinia guizhouensis* Lin (35页)
    2a. 横切面，×3，2b. 纵切面，×3；3a. 横切面，×3，3b. 纵切面，×3；P_2m

图 版 24

1. *Protomichelinia microstoma* (Yabe et Hayasaka) (35页)
    a. 横切面，×3，b. 纵切面，×3；P_2m

2、3. *Protomichelinia* cf. *placenta* (Waagen et Wentzel) (35页)
    2a. 横切面，×2，2b. 纵切面，×1.5；3a, 横切面，×3，3b. 纵切面，×3；P_2m

4. *Protomichelinia multitabulata* (Yabe et Hayasaka)　　　　　　　　　　(35页)

　　a. 横切面，×3，b. 纵切面，×3；P_2m

5. *Michelinia aequalis* Chu　　　　　　　　　　　　　　　　　　　　(36页)

　　a. 横切面，×2，b. 纵切面，×2；AN027；C_1

图　版　25

1. *Protomichelinia sinensis* Lin　　　　　　　　　　　　　　　　　(35页)

　　a. 横切面，×3，b. 纵切面，×3；P_2m

2. *Cystomichelinia xintanensis* Xiong　　　　　　　　　　　　　　(36页)

　　a. 横切面，×4，b. 纵切面，×4；P_2q

3. *Kueichowpora tushanensis major* Lin　　　　　　　　　　　　　(39页)

　　a. 横切面，×2，b. 纵切面，×2；AN029；C_1

4. *Protomichelinia submicrostoma* Lin　　　　　　　　　　　　　(36页)

　　a. 横切面，×3，b. 纵切面，×3；P_2m

图　版　26

1. *Tetraporinus anhuiensis* Zhao et Chen　　　　　　　　　　　　(40页)

　　a. 横切面，×4，b. 纵切面，×4；P_2q

2. *Hayasakaia raricystata* Zhao et Chen　　　　　　　　　　　　(40页)

　　a. 横切面，×2，b. 纵切面，×2；P_2q

3. *Tetraporinus aequitabulata* (Huang)　　　　　　　　　　　　(39页)

　　a. 横切面，×2，b. 纵切面，×2；AN030；P_2q

4. *Hayasakaia syringoporoides* (Yoh)　　　　　　　　　　　　(41页)

　　a. 横切面，×2，b. 纵切面，×2；AN032；P_2

5. *Tetraporinus hanshanensis* Zhao et Chen　　　　　　　　　　(40页)

　　a. 横切面，×2，b. 纵切面，×2；AN031；P_2q

6. *Hayasakaia infundibula* Zhao et Chen　　　　　　　　　　　(40页)

　　a. 横切面，×2，b. 纵切面，×2；P_2q

7. *Sinopora dendroides* (Yoh)　　　　　　　　　　　　　　　(42页)

　　a. 横切面，×4，b. 纵切面，×4；P_2q

8. *Chaetetes lungtanensis* Lee et Chu　　　　　　　　　　　　(46页)

　　a. 横切面，×4，b. 纵切面，×2；AN033；P_2h

图 版 27

1. *Fistulipora sinensis* Yoh .... (48页)

  a. 弦切面，b. 纵切面，均 ×20；P$_2$q

2. *Araxopora minor* Li .... (53页)

  a. 弦切面，×40，b. 纵切面，×20；P$_2$m

3. *Araxopora hayasakai* (Yabe et Sugiyama) .... (53页)

  a. 弦切面，×40，b. 纵切面，×20；P$_2$m

4. *Araxopora obovata* Li .... (54页)

  a. 弦切面，b. 纵切面，均 ×20；P$_3$w

图 版 28

1. *Araxopora variana* (Yang) .... (54页)

  a. 弦切面，b. 纵切面，均 ×20；P$_2$m

2. *Paraleioclema hubeiense* Li .... (50页)

  a、b. 弦切面，×20、×40，c. 纵切面，×20；P$_2$m

3. *Araxopora fistulata* Li .... (53页)

  a. 纵切面，×40，b. 弦切面，×20，c. 横切面，×10；P$_2$m

4. *Araxopora chinensis* (Girty) .... (53页)

  a. 弦切面，×40，b. 纵切面，×10，c. 横切面，×5，

  d. 纵切面，×5；BR01；P$_2$m

图 版 29

1. *Paraleioclema dayeense* S. M. Wang (sp. nov.) .... (51页)

  a. 弦切面，×40，b. 纵切面，×20；BR02；P$_2$m

2. *Araxopora obovata* Li .... (54页)

  横切面，×20；P$_3$w

3. *Nikiforovella* sp. .... (59页)

  a. 纵切面，×10，b. 弦切面，×30；BR03；P$_2$m

4. *Araxopora xuanenensis* S. M. Wang (sp. nov.) .... (54页)

  a. 横切面，×15，b. 弦切面，×40，c. 纵切面，×20；BR05；P$_2$m

图 版 30

1. *Dybowskiella hupehensis* Yang   (48页)
    a. 弦切面，b. 纵切面，均 ×20；P_2q

2. *Saffordotaxis hubeiensis* S. M. Wang (sp. nov.)   (58页)
    a. 弦切面，×40，b. 纵切面，×20；BR06；P_3w

3. *Fistulipora maanshanensis* Yang   (48页)
    a. 弦切面，×40，b. 纵切面，×20；P_3w

4. *Atactotoechus carinatus* (Yang)   (51页)
    a. 弦切面，b. 纵切面，均 ×20；D_3C_1x

5. *Leptotrypa mui* Yang   (51页)
    a. 弦切面，b. 纵切面，均 ×20；D_3C_1x

6. *Paraleioclema elegantum* S. M. Wang (sp. nov.)   (50页)
    横切面，×10；BR06；P_2m

7. *Fistulipora microparallela pseudosepta* Yang et Lu   (48页)
    a. 纵切面，×20，b. 弦切面，×40；P_3w

图 版 31

1. *Fistuliramus hubeiensis* S. M. Wang (sp. nov.)   (49页)
    a. 弦切面，×40，b. 纵切面，×20，c. 横切面，×10；BR07；P_2q

2. *Hinganotrypa sichuanensis* (Yang et Hsia)   (57页)
    a、b. 纵切面，×10、×15；P_2

3. *Tabulipora tuberosa* S. M. Wang (sp. nov.)   (55页)
    a. 弦切面，×40，b. 纵切面，×10，c. 横切面，×20；BR08；P_3w

图 版 32

1. *Hinganotrypa sichuanensis* (Yang et Hsia)   (57页)
    横切面，×20；BR09；P_2

2. *Araxopora araxensis* (Nikiforova)   (54页)
    纵切面，×10；P_2m

3. *Stenodiscus xifanliensis* S. M. Wang (sp. nov.)   (52页)
    a. 弦切面，×40，b. 纵切面，×40；BR11；P_2m

4. *Atactotoechus carinatus* (Yang)   (51页)
    横切面，×5；D_3C_1x

5. *Saffordotaxis hubeiensis* S. M. Wang (sp. nov.) (58页)

横切面，×5，BR06；P_3w

6. *Rhombopora maanshanensis* Yang (59页)

a. 纵切面，×20，b. 弦切面，×40；D_3C_1x

图 版 33

1. *Araxopora variana* (Yang) (54页)

a. 纵切面，×40，b. 弦切面，×15；BR12；P_2m

2. *Araxopora araxensis* (Nikiforova) (54页)

弦切面，×40；BR10；P_2m

3. *Paraleioclema elegantum* S. M. Wang (sp. nov.) (50页)

a. 弦切面，×40，b. 纵切面，×20；BR06；P_2m

4. *Araxopora sichuanensis* Yang et Lu (54页)

a. 弦切面，×40，b. 纵切面，×5；BR12；P_2m

图 版 34

1. *Pseudobatostomella hubeiensis* S. M. Wang (sp. nov.) (55页)

弦切面，×40；BR13；P_2m

2. *Fistuliramus hunanensis* Li (49页)

a. 纵切面，×20，b. 弦切面，×40；BR14；P_2q

3. *Polypora* cf. *koninckiana* Waagen et Pinchl (57页)

横切面，×10；BR15；P_2m

4. *Septopora ovata* S. M. Wang (sp. nov.) (58页)

纵切面，×10；BR16；P_2m

5. *Polypora sinokoninckiana* Yang et Loo (57页)

横切面，×40；P_2m

6. *Polypora* sp. (57页)

a. 纵切面，b. 横切面，均 ×20；BR17；P_2q

7. *Araxopora variana* (Yang) (54页)

横切面，×5；BR12；P_2m

图 版 35

1. *Fenestella* cf. *subconstans* Yang et Lu (56页)

a．横切面，b．纵切面，均 ×20；BR18；P_2q

2．*Septopora ovata* S. M. Wang (sp. nov.)　　　　　　　　　　　（58页）

横切面，×20；BR16；P_2m

3．*Polypora* cf. *koninckiana* Waagen et Pinchl　　　　　　　　（57页）

a．横切面，b．纵切面，均 ×20；BR15；P_2m

4．*Fenestella hangchouensis* Lu　　　　　　　　　　　　　　　（56页）

a．横切面，b．纵切面，均 ×20；BR19；P_2q

5．*Pseudobatostomella hubeiensis* S. M. Wang (sp. nov.)　　　（55页）

纵切面，×20；BR13；P_2m

图　版　36

1．*Clistotrema* sp.　　　　　　　　　　　　　　　　　　　　　（69页）

a．腹内；b．背内模，×1；$O_{2-3}m$

2．*Lingulepis yunnanensis* Rong　　　　　　　　　　　　　　　（66页）

腹，×4；BA001；$\textrm{€}_1$

3．*Acrotreta magna* Cooper　　　　　　　　　　　　　　　　　（68页）

背内模，×3；$O_{2-3}m$

4、5．*Botsfordia changyangensis* S. M. Wang (sp. nov.)　　　　（69页）

4．背内模，正型，BA002；5．背内模，副型，BA003；均 ×4；$\textrm{€}_{1-2}n$

6、7．*Prototreta* sp.　　　　　　　　　　　　　　　　　　　　（68页）

6．背内模，7背内，均 ×4；$\textrm{€}_{1-2}n$

8．*Siphonotreta* ? *spiciosa* S. M. Wang (sp. nov.)　　　　　（70页）

a．腹，b．背，c．侧，×1，d．壳饰，×5，全型；BA004；O_1h

9．*Orbiculoidea* sp.　　　　　　　　　　　　　　　　　　　　（70页）

腹，×5；O_3S_1l

10．*Schimidtites* sp.　　　　　　　　　　　　　　　　　　　　（66页）

背内模，×2；BA005；$O_{2-3}m$

11．*Lingulepis* cf. *acuminata* (Conrad)　　　　　　　　　　　（66页）

背，×2；O_1n

12．*Spinilingula elegantula* S. M. Wang (sp. nov.)　　　　　（66页）

a．腹，b．背，×2，全型；BA006；O_1h

13、14．*Lingula gaoluoensis* Zeng　　　　　　　　　　　　　　（65页）

13．腹内模，14．背内模，均 ×4；S_1s

15～19．*Sanxiaella partibilis* (Rong)　　　　　　　　　　　　（67页）

15．背内，×8.5，16．腹，×9，17～19．腹内模，×5、×9、×5；O_3^3

20．*Casquella yichangensis* Chang　　　　　　　　　　　　　（67页）

腹内模，×2；O_3^3

21、22. *Dinobolus hubeiensis* Rong et Yang　　　　　　　　　(68页)

　　21. 腹内模，22. 背内模，均 ×4；$S_1 lr$

23～25、27. *Apheoorthis oklahomensis* Ulrich et Cooper　　　(71页)

　　23、24. 背，25. 腹，均 ×1，BA008；27. 腹，×2，BA009；$O_{1-2}d$

26. *Obolella chinensis* Resser et Endo　　　　　　　　　　(71页)

　　a. 腹，b. 腹内，均 ×3；$\mathrm{\epsilon}_2 s$

图　版　37

1～3. *Orthis calligramma* var. *hubeiensis* Chang　　　　　　(71页)

　　1. 腹，2. 背内模，3. 腹内模，均 ×2；BA010、011、012；$O_{1-2}d$

4、5. *Orthis calligramma* var. *sinensis* Chang　　　　　　　(72页)

　　4. 腹内模，×2，5. 背内模，×1；BA013、014；$O_{1-2}d$

6、7. *Nothorthis transversa* Xu (MS)　　　　　　　　　　(73页)

　　6. 背内模，7. 腹内模，均 ×2；BA015、016；$O_{1-2}d$

8～10. *Nanorthis hamburgensis* (Walcott)　　　　　　　　(72页)

　　8、10. 背内模，9. 腹内模，均 ×3；$O_1 n$

11、20. *Diparelasma silicum* Ulrich et Cooper　　　　　　　(76页)

　　11. 腹内模，20. 背内模，均 ×3；BA017、018；$O_1 h$

12～14. *Dolerorthis digna* Rong et Yang　　　　　　　　　(75页)

　　12. 腹，13. 背内模，14. 腹内模，均 ×1.5；$S_1 lr$

15、18、26. *Tarfaya intercalare* (Chang)　　　　　　　　　(75页)

　　15. 背内模，×2，BA021；18、26. 背内模，×2、×1，BA022；$O_{1-2}d$

16、17. *Sinorthis typica* Wang　　　　　　　　　　　　　(74页)

　　16. 背内模，×2，17. 腹内模，×1；BA019、020；$O_{1-2}d$

19. *Taphrorthis fenxiangensis* Wang　　　　　　　　　　(74页)

　　腹内模，×2；$O_{2-3}m$

22. *Enteletes hemiplicata* (Hall)　　　　　　　　　　　(80页)

　　a. 背，b. 腹，c. 侧，d. 前，×1；$C_2 h$

23. *Enteletes subaequivalis* Gemmellaro　　　　　　　　(80页)

　　a，腹，b. 背，c. 侧，×1；P_3

21、24. *Enteletes lukouensis* Yang　　　　　　　　　　(80页)

　　21a. 背内模，21b. 背内，×1，BA028；

　　24a. 背，24b. 腹，24c. 前，24d. 侧，×1；$P_3 w$

25. *Scaphorthis sinensis* Xu (MS)　　　　　　　　　　(78页)

　　背内模，×2；BA023；$O_{1-2}d$

27. *Enteletes kayseri* Waagen　　　　　　　　　　　　(80页)

　　a. 背，b. 腹，c. 侧，d. 前，×1；$P_3 w$

28．*Lepidorthis rectangula* Zeng (76页)

　　a．背，b．腹，c．侧，×3；O$_{1-2}$*d*

29、30．*Sinorthis yichangensis* Zeng (74页)

　　29a．腹，29b．腹内；30a．背内，30b．背；均×2；O$_{1-2}$*d*

图　版　38

1～3．*Mimella formosa* Wang (79页)

　　1a．背，1b．背内，BA024；2a．背内模，2b．侧；3．腹内模；均×1；O$_{1-2}$*d*

4～6．*Sinorthis typica* Wang (74页)

　　4a．腹，4b．背，4c．前，4d．后；5．背内；

　　6．腹内；均×3；BA025、026、027；O$_{1-2}$*d*

7、8．*Skenidioides* cf. *perfectus* Cooper (79页)

　　腹，均×3；O$_{2-3}$*m*

9．*Diparelasma silicum* Ulrich et Cooper (76页)

　　腹，×3；BA029；O$_1$*h*

10、11．*Euorthisina paucicostata* Xu (MS) (77页)

　　背内模，均×5；BA030、031；O$_{1-2}$*d*

12～14．*Oxoplecia* sp. (93页)

　　12．腹，×1；13．背，×2；14．背，×1；S$_1$

15、16．*Taphrorthis fenxiangensis* Wang (74页)

　　15．背内模，16．腹内模，均×2；O$_{2-3}$*m*

17、18．*Paurorthis typa* (Wang) (85页)

　　17a．腹，17b．背，17c．后，17d．前，17e．侧，×2；18．背内模，×20；O$_{1-2}$*d*

19．*Paurorthis unsulcata* (Wang) (85页)

　　a．腹，b．腹内，c．侧，d．前，×2；O$_{1-2}$*d*

20、21．*Paurorthis sinuata* (Wang) (85页)

　　20a．腹，20b．背，20c．前，20d．后；21．背内；均×2；BA032；O$_{1-2}$*d*

22～24．*Paurorthis circularis* (Wang) (85页)

　　22a．背内，22b．背；23．腹内；24a．腹，24b．腹内；均×2；O$_{1-2}$*d*

25．*Dolerorthis* sp. (75页)

　　背内模，×1；BA033；S$_1$*lr*

26．*Kritomyonia orientalis* Xu (MS) (78页)

　　背内模，×4，BA034；O$_{1-2}$*d*

27．*Cliftonia* sp. (92页)

　　背，×2；O$_3$S$_1$*l*

28．*Desmorthis dysprosa* Xu，Rong et Liu (77页)

　　背内模，×2；BA035；O$_{1-2}$*d*

图 版 39

1、2、9. *Enteletes tschernyschewi* Diener   (80页)

    1. 腹内模，BA036；2a. 背，2b. 前，2c. 侧，均 ×1，BA037；

    9a. 腹，9b. 背，9c. 侧，×1；P_3w

3. *Enteletina zigzag* (Huang)   (81页)

    背，×1；P_3

4. *Enteletina sublaevis* (Waagen)   (81页)

    背，×1；P_3

5~8. *Hirnantia sagittifera* (M'Coy)   (83页)

    5. 腹，6、7. 背内模，8. 腹内模，均 ×1；O_3S_1l

10. *Orthotichia trigona* Yang   (82页)

    a. 背，b. 侧，c. 前，×1；P_2q

11. *Rhipidomella michelini* (Leveille)   (87页)

    a. 腹，b. 背，×1；C_1

12. *Martellia orbicularis* Zeng   (91页)

    a. 腹，b. 背，c. 侧，d. 后，×2；$O_{1-2}d$

13~16. *Triplesia sanxiaensis* Chang   (92页)

    13、14. 腹，15、16. 背，均 ×1；O_3

17~19. *Isorthis qianbeiensis* (Rong et Yang)   (86页)

    17. 腹，18. 背内模，19. 腹内模，均 ×3；S_1lr、O_3S_1l

20、21. *Cliftonia sanxiaensis* Chang   (93页)

    20. 腹，21. 背，均 ×1；O_3S_1l

22. *Draborthis* sp.   (86页)

    背内模，×2；O_3S_1l

23~26. *Dalmanella testudinaria* (Dalman)   (86页)

    23~25. 腹内模，×2、×2、×4；26. 背内模，×4；O_3

27. *Triplesia fenxiangensis* Yan   (92页)

    背 ×1；O_3S_1l

28~30. *Kinnella robusta* Chang   (84页)

    28、30. 腹内模，29. 背内模，均 ×3；O_3

31. *Orthotetina yuananensis* Ni   (108页)

    a. 背，b. 腹，c. 侧，d. 前，×1；P_2m

图 版 40

1~3. *Isorthis qianbeiensis* (Rong et Yang)   (86页)

1a. 腹，1b. 背，1c. 侧，1d. 前，1e. 后；2. 腹内模，×1；

　　3. 背内模，×1；BA038、039、040；S_1lr、O_3S_1l

4. *Martellia fenxiangensis* Zeng (91页)

　　a. 背，b. 侧，c. 后，d. 前，×1；$O_{1-2}d$

5. *Martellia transversa* Fang (91页)

　　a. 腹，b. 背，c. 后，d. 前，×2；$O_{1-2}d$

6、7. *Acosarina regularis* Liao (82页)

　　背内模，均×2；BA310、311；P_3d

8、9. *Acosarina indica* (Waagen) (82页)

　　8. 背内模，BA041；9a. 背，9b. 腹，均×2；P_3

10. *Rhipidomella uralica* var. *minor* Grabau (87页)

　　a. 腹，b. 背，c. 后，d. 前；BA045；P_3l、P_3d

11. *Perigeyrella costellata subquadrata* Zhang et Ching (109页)

　　a. 背，b. 腹，×1；BA046；P_2

12、18. *Crurithyris speciosa* Wang (169页)

　　12a. 腹，12b. 背，12c. 侧，×2，BA044；18. 背内模，×2.5；P_2q

13～15. *Salopina minuta* Rong et Yang (84页)

　　13、14. 腹内模，15. 背内模，均×4；S_1f

16. *Diparelasma cassinense* (Whitfield) (76页)

　　腹内模，×2；BA047；$O_{1-2}d$

17. *Orthotichia chekiangensis* Chao (81页)

　　a. 腹，b. 背，c. 前，d. 后，e. 侧，×1；BA048；P_2q

图　版　41

1. *Martellia transversa* Fang (91页)

　　a. 背，b. 腹，c. 侧，d. 后，e. 前，×2；$O_{1-2}d$

2～4. *Tritoechia yichangensis* Zeng (90页)

　　2a. 腹，2b. 腹后，×2.5；3a. 背，3b. 侧，3c. 背内模，×1.5；

　　4. 后，×1.5；O_1n

5. *Cliftonia* sp. (92页)

　　腹内模，×2；O_3S_1l

6. *Tritoechia orbicularis* Zeng (89页)

　　a. 腹，b. 背，c. 侧，d. 后，e. 前，×1.5；$O_{1-2}d$、O_1n

7、8. *Triplesia yichangensis* Zeng (92页)

　　7. 腹，×3，8. 背内，×1.5；O_3S_1l

9～12. *Tritoechia subconis* Zeng (90页)

　　9a. 腹，9b. 腹后；10. 腹内模；11. 侧；均×1.5；12. 背内，×2；O_1n

13．*Tritoechia gaoluoensis* Zeng　　　　　　　　　　　　　　　　　　　　(88页)

　　腹内模，×1.5；$O_{1-2}d$

14～18．*Tritoechia recta* Xu　　　　　　　　　　　　　　　　　　　　　(89页)

　　14a. 腹，14b. 背，14c. 侧，14d. 后，×1.5；15. 背内，16. 腹内，均×2；

　　17a. 背，17b. 侧，×2；18. 腹，×1.5；O_1n

19．*Tritoechia occidentalis* Ulrich et Cooper　　　　　　　　　　　　　　(89页)

　　a. 后，×1.5，b. 背，c. 腹，d. 侧，均×1；$O_{1-2}d$

图　版　42

1～3．*Pomatotrema xintanense* Zeng　　　　　　　　　　　　　　　　　(90页)

　　1. 腹；2. 腹内；3a. 背，3b. 背内；均×1.5；O_1n

4．*Tritoechia dawanensis* Zeng　　　　　　　　　　　　　　　　　　　(88页)

　　a. 背，b. 腹，c. 侧，d. 后，×1.5；$O_{1-2}d$

5～8．*Martellia fenxiangensis* Zeng　　　　　　　　　　　　　　　　　(91页)

　　5a. 腹，5b. 背，5c. 侧，5d. 后，×1.5；

　　6. 腹后，7. 腹内，8. 背内，均×1.5；$O_{1-2}d$

9．*Meekella arakeljani* (Sokolskaya)　　　　　　　　　　　　　　　　(108页)

　　a. 腹，b. 背，c. 侧，×1；P_2q

10．*Hirnantia magna* Rong　　　　　　　　　　　　　　　　　　　　(83页)

　　腹内模，×1；O_3

11．*Hirnantia sagittifera fecunda* Rong　　　　　　　　　　　　　　　(83页)

　　腹内模，×1；O_3

12～15．*Hirnantia yichangensis* Chang　　　　　　　　　　　　　　　(83页)

　　12、15. 腹内模，13、14. 背内模，均×1；O_3

16、17．*Plectorthis* sp.　　　　　　　　　　　　　　　　　　　　　　(78页)

　　16. 背内模；17a. 腹，17b. 背，17c. 前，17d. 侧；均×1；BA305、306；$O_{2-3}m$

18、19．*Skenidioides* cf. *perfectus* Cooper　　　　　　　　　　　　　(79页)

　　18. 背，19. 腹内模，均×6；$O_{2-3}m$

20．*Nicolella yichangensis* Chang　　　　　　　　　　　　　　　　　(72页)

　　腹内模，×5；$O_{2-3}m$

21、22．*Lepidorthis typicalis* Wang　　　　　　　　　　　　　　　　(76页)

　　21. 腹；22a. 背，22b. 侧，×3；$O_{1-2}d$

图　版　43

1．*Tritoechia obesa* Wang　　　　　　　　　　　　　　　　　　　　　(89页)

a. 腹，b. 背，c. 侧，d. 前，e. 后，×2；O_1n

2. *Tritoechia ornata* Wang (89页)
　　　a. 背，b. 腹，c. 侧，d. 前，e. 后，×2；O_1n、$O_{1-2}d$

3. *Tritoechia acutirostris* Wang (87页)
　　　a. 背，b. 腹，c. 侧，d. 后，e. 前，×1；O_1n、$O_{1-2}d$

4. *Tritoechia recta* Xu (89页)
　　　a. 腹，b. 背，c. 侧，d. 后，e. 前，×2；O_1n

5. *Dolerorthis* sp. (75页)
　　　a. 腹，b. 背，c. 侧，d. 前，e. 后，×2；BA049；S_1lr

6. *Sinorthis transversa* Zeng (74页)
　　　a. 腹，b. 背，c. 侧，d. 后，e. 前，×2；$O_{1-2}d$

7. *Tritoechia orbicularis* Zeng (89页)
　　　a. 腹，b. 背，c. 侧，d. 后，e. 前，×1；$O_{1-2}d$、O_1n

8. *Tarfaya intercalare* (Chang) (75页)
　　　腹内模，×2；BA050；$O_{1-2}d$

9、10. *Nothorthis transversa* Xu (MS) (73页)
　　　9. 腹外模，BA051；10. 背内模，BA052；均 ×2；$O_{1-2}d$

11. *Schizophoria resupinata* (Martin) (83页)
　　　a. 腹，b. 背，c. 侧，×1；BA053；C_1

12. *Orthotichia derbyi* var. *nana* Grabau (81页)
　　　a. 背，b. 腹，c. 侧，×1；BA054；P_2

图　版　44

1、2. *Tritoechia mucronata* Wang (88页)
　　　1. 背；2a. 背，2b. 腹，2c. 后；均 ×2；O_1n

3. *Tritoechia lianghekouensis* Wang (88页)
　　　a. 腹，b. 侧，c. 后，d. 前，×2；O_1n

4. *Desmorthis* sp. (77页)
　　　背内模，×4；$O_{2-3}m$

5. *Tetraodontella* ? sp. (94页)
　　　腹，×3；$O_{2-3}b$

6、8. *Leangella yichangensis* Chang (97页)
　　　6. 背内模，BA321；8. 腹内模；均 ×4；$O_{2-3}m$

7. *Schedophyla minor* Xu et Liu (MS) (94页)
　　　a. 背内模，b. 背内，×1；BA055；$O_{1-2}d$

9. *Merciella striata* Xu (95页)
　　　a. 背外模，BA056，b. 背内模，×2，BA057；O_3S_1l、S_1lr

10～12. *Leptella grandis* Xu (96页)

    10. 背内，11. 背内模，12. 腹，均 ×2；$O_{1-2}d$

13. *Bilobia* sp. (97页)

    腹内模，×4；$O_{2-3}m$

14. *Leangella hubeiensis* Chang (97页)

    腹内模，均 ×4；$O_{2-3}m$

15. *Gunnarella* sp. (102页)

    腹内模，×4；BA058；S_1

16～18. *Leptella hubeiensis* Zeng (96页)

    16. 腹内，17. 背内，18. 背，均 ×2；$O_{1-2}d$

19. "*Leptaena*" *songziensis* S. M. Wang (sp. nov.) (103页)

    a. 背，b. 前，c. 后，d. 腹，e. 侧，×1，全型；BA059；$O_{1-2}d$

20、21. *Christiania oblonga* (Pander) (103页)

    20. 背内模，21. 背内，均 ×4；$O_{2-3}m$

22～25. *Christiania sulcata* Williams (103页)

    22. 背内模，23. 腹，24. 背外模，均 ×4；25. 背内，×3；BA060；$O_{2-3}m$

26. *Lioleptaena* cf. *kailiensis* Xian (104页)

    腹内模，×1；BA061；S_1f

27、28. *Strophomena depressa* (Xu) (101页)

    27a. 背外模，27b. 背内模；28. 背内模；均 ×1；BA062、063；S_1s

29. *Meekella uralica* Tschernyschew (108页)

    a. 背，b. 腹，c. 侧，×1；BA064；P_3w

30～32. *Pholidostrophia* (*Mesopholidostrophia*) *rectangularia* Xian (107页)

    30. 副铰齿，×5，31. 腹内模，32. 腹，均 ×2；BA065、066、067；S_1s

33. *Schuchertella hunanensis* Wang (110页)

    a. 腹，b. 背，c. 侧，×1；BA068；D_3C_1x

图 版 45

1～3. *Kozlowskites yichangensis* Chang (98页)

    1. 腹内模，2. 背，3. 背内，均 ×5；$O_{2-3}m$

4～6. *Paromalomena yichangensis* Chang (101页)

    4. 背内，×3；5、6. 腹内模，×5、×3；O_3^3

7、9. *Bilobia huanghuaensis* Chang (97页)

    7. 背内模，×4.6，9. 腹内模，×3.5；$O_{2-3}m$

8、23. *Mezounia bicuspis* (Barrande) (98页)

    8. 腹内模，×6，23. 腹内模，×5；$O_{2-3}m$

10～12. *Diambonia miaopoensis* Chang (98页)

10. 背外模，×5，11. 腹内模，×5，12. 腹，×4；$O_{2-3}m$

13. *Sericoidea virginica* (Cooper)   (99页)

腹内模，×8；$O_{2-3}m$

14. *Orthotetes armeniacus* Arthaber   (109页)

a. 背，b. 侧，×1；P

15. *Spinochonetes notata* Liu et Xu   (111页)

腹，×4；S_1s

16. *Leptellina huanghuaensis* Chang   (94页)

背内模，×4；$O_{2-3}m$

17. *Paromalomena polonica* (Temple)   (101页)

腹内模，×3；O_3^3

18. *Sericoidea shanxiensis* Fu   (99页)

腹内模，×3；O_3^3

19、20. *Sericoidea hubeiensis* Chang   (100页)

19. 背内模，×8，20. 腹、背，×7；$O_{2-3}m$

21. *Fardenia scotica* Lamont   (110页)

腹内模，×2；O_3^3

22. *Aegiromena yichangensis* Chang   (99页)

背内模，×3；O_3S_1l

24. "*Strophalosia*" *plicatifera* Chao   (115页)

a. 侧，b. 背，c. 后，×1；P_2

25. *Salopina ? yichangensis* Rong et Yang   (84页)

a. 腹内模，b. 背内模，×20；S_1lr

图 版 46

1、2. *Delepinea comoides* (Sowerby)   (114页)

1. 腹内，2. 腹，均×1；BA069、070；C_1^2

3~6. *Leptaenopoma trifidum* Marek et Havliček   (104页)

3. 背，4、6. 背内模，5. 腹内模，均×1；$O_3—S_1$

7. *Fusichonetes dissulcata* (Liao)   (114页)

腹，×4；BA077；P_3

8、9. *Derbyia mucronata* Liao   (111页)

8. 背内模，9. 背外模，均×1；BA307、308；P_3w

10、11. *Tenuichonetes sublatesinuata* (Chan)   (113页)

10. 背外模，BA078，11. 背内模，BA079，均×1；P_2m

12. *Leptostrophia* sp.   (106页)

腹外模，×1；BA312；S_1s

13. *Bilobia* sp. (97页)

　　背外模，×4；$O_{2-3}m$

14～16. *Tastaria yichengensis* S. M. Wang (sp. nov.) (106页)

　　14、16. 腹内模，BA071、BA321；15. 腹，BA072；均×1；共型；S_1s

17. *Delepinea subcarinata* Ching et Liao (115页)

　　腹，×1；BA080；C_1^2

18. *Fardenia? lauta* Xu et Rong (110页)

　　腹，×2；S_1s

图　版　47

1、4. *Nothorthis pennsylvanica* Ulrich et Cooper (73页)

　　腹内模，×2、×4；BA081、082；$O_{1-2}d$

2、3. *Nanorthis hamburgensis* (Walcott) (72页)

　　腹内模，×4；BA083、084；O_1n

5. *Punctolira orientalis* Wang et Xu (141页)

　　腹，×1；O_1n

6. *Schuchertella semiplana* (Waagen) (110页)

　　背，×2；BA085；P_2q

7. *Schuchertella hunanensis* Wang (110页)

　　a. 腹，b. 背，×2；BA086；D_3C_1x

8. *Schuchertella* sp. (111页)

　　腹，×1；BA087；C_1^2

9、10. *Linostrophomena convexa* Xu (101页)

　　9. 腹内模，10. 背内模，均×1；BA088、089；S_1s、S_1f

11. *Pentlandina* sp. (102页)

　　背内模，×2；BA090；S_1s

12、13. *Nothorthis ? zhongxiangensis* S. M. Wang (sp. nov.) (73页)

　　12a. 腹，12b. 背，12c. 侧，12d. 后，12e. 前，×1，正型，BA091；
　　13. 背外模，×1，BA092；$O_{1-2}d$

14. *Christiania oblonga* (Pander) (103页)

　　背内模，×5；BA093；$O_{2-3}m$

15、16. *Aegiromena interstrialis* Wang (99页)

　　15. 腹内模，16. 腹，均×4；$O_{2-3}m$、O_3^3

17. *Paromalomena polonica* (Temple) (101页)

　　腹，×2；O_3^3

18～20. *Tenuichonetes baituensis* (Ni) (113页)

　　18. 腹内模，×1，19、20. 腹，均×2；BA094、095、096；P_2m

21. *Cathaysia transversa* S. M. Wang (sp. nov.) (118页)
　　a. 腹外模，b. 腹，$\times 2$，正型；BA097；P_3^2

22、23. "*Plicochonetes*" sp. (112页)
　　22a. 腹内模，22b. 腹内；23. 腹；均 $\times 3$；BA099、100；$P_2 m$

24、25. *Leptagonia distorta* (Sowerby) (104页)
　　24. 背，25. 腹内模，均 $\times 1$；BA102、103；C_1^1

26. *Trimerellina jingshanensis* S. M. Wang (sp. nov.) (95页)
　　a. 背内模，b. 背外模，$\times 4$；BA104、105；$O_3 S_1 l$

27、28. *Leptostrophia* sp. (106页)
　　27. 腹外模，28. 腹内模，均 $\times 1$；BA106、107；$S_1 s$

29、30. *Pholidostrophia* (*Mesopholidostrophia*) *minor* (Rong，Xu et Yang) (107页)
　　腹内模，均 $\times 2$；BA108、109；$S_1 s$

31. *Megachonetes papilionacea* (Phillips) (115页)
　　腹，$\times 1$；BA110；C_1^2

32. *Fusichonetes dissulcata* (Liao) (114页)
　　腹，$\times 4$；BA111；P_3

33、34. *Anoptambonites incerta* Xu (96页)
　　33. 腹外模，BA112；34. 背内模、腹内模，BA113；均 $\times 5$；$O_{2-3} m$

图　版　48

1. *Neochonetes* sp. (113页)
　　腹，$\times 3$；BA114；C_1^1

2. *Neochonetes uralicus* (Moeller) (113页)
　　腹，$\times 3$；$C_2 h$

3、4. *Uncisteges maceus* (Ching) (117页)
　　3a. 腹，3b. 侧，3c. 后，$\times 1$；4. 腹，$\times 1$；$P_2 m$

5. *Rugauris* sp. (123页)
　　背外模，$\times 1$；BA115；C_1^2

6、7. *Edriosteges poyangensis* (Kayser) (116页)
　　腹，均 $\times 1$；BA116、117；$P_3 l$

8. *Sinoproductella hemispherica* (Tien) (122页)
　　腹，$\times 1.5$；$D_3 C_1 x$

9. *Richthofenia sinensis* Waagen (120页)
　　a. 腹，b. 后，$\times 1$；BA121；$P_3 w$

10～12. *Neoplicatifera lukouensis* S. M. Wang (sp. nov.) (124页)
　　10a. 腹，10b. 背，10c. 侧，10d. 后，$\times 2$，正型，BA118；
　　11、12. 副型，BA119、120；$P_2 m$

13. *Spinomarginifera spinosocostata* (Abich) (126页)

腹，×2；P_2

14. *Leioproductus guangdongensis* Ni (122页)

a. 腹，b. 侧，c. 后，×1；BA122；D_3C_1x

15、17. *Neoplicatifera huangi* (Ustriski) (124页)

15a. 腹，15b. 侧，15c. 后，×2；17. 背内模，×1；BA125；P_2m、P_3w

16. *Spinomarginifera kueichowensis* Huang (125页)

a. 腹，b. 背，×1；BA124；P_3w

18. *Lioleptaena* cf. *kailiensis* Xian (104页)

背内模，×1；BA127；S_1f

19. *Eomarginifera timanica* (Tschernyschew) (125页)

a. 腹，b. 侧，c. 后，×2；BA126；C_2h

20. *Cathaysia chonetoides* (Chao) (117页)

腹，×2；BA131；P_3w

21. *Spinochonetes* sp. (112页)

腹，×2；S_1lr

22、23. *Spinomarginifera sintanensis* (Chao) (126页)

22. 背，23. 背内模；BA325；P_2

24. *Cathaysia sulcatifera* Liao (118页)

腹，×1；BA299；P_3w

25. *Neoplicatifera elongata* (Huang) (123页)

a. 腹，b. 后，c. 侧，×1；BA128；P_2q

26. *Cathaysia jianshiensis* S. M. Wang(sp. nov.) (117页)

腹，×6，正型；BA129；P_3d

27. *Cathaysia orbicularis* Liao (118页)

腹，×4；BA139；P_3d

图 版 49

1. *Douvillina* sp. (106页)

a. 腹，b. 背，c. 侧，×1；S_1lr

2、5. *Eostropheodonta ultrix* (Marek et Monliceu) (105页)

2. 背内，5. 背内模，均 ×3；O_3^3

3、4. *Aphanomena ultrix* (Marek et Havliček) (105页)

3. 背内模，4. 腹内模，均 ×1；O_3^3

6. *Dictyonella* sp. (139页)

a. 腹，×3，b. 壳饰，×6；S_1lr

7、8. *Uncisteges crenulata* (Ting) (116页)

7. 背，8. 背内模，均 ×1；BA132、133；P_2m

9、10. *Edriosteges kayseri* (Chao)　　　　　　　　　　　　　　　　　　　　　　　（116页）

  9. 背外模，10. 背内模，均 ×1；BA134、135；P_3w

11、13. *Ogbinia hexaspinosa* Ni　　　　　　　　　　　　　　　　　　　　　　　　（119页）

  11. 腹，BA323；13a. 腹，13b. 背，13c. 后，13d. 侧；均 ×2；P_2q

12. *Tschernyschewia sinensis* Chao　　　　　　　　　　　　　　　　　　　　　　（120页）

  腹，×1；P_3l

14、15. *Strophomena maxima* (Xu)　　　　　　　　　　　　　　　　　　　　　　　（100页）

  14. 腹内模；15a. 背内模，15b. 背内模后视；均 ×1；O_3S_1l

16～18. *Aegiromena ultima* (Marek et Havliček)　　　　　　　　　　　　　　　　　（99页）

  16、18. 腹内模，17. 背内模，均 ×6；O_3S_1l

19～21. *Aegiria grayi* (Davidson)　　　　　　　　　　　　　　　　　　　　　　　（100页）

  19、20. 背内模，21. 腹内模，均 ×6；S_1s

22、25. *Waagenites barusiensis* (Davidson)　　　　　　　　　　　　　　　　　　　（114页）

  腹，BA291，均 ×2；P_3w

23. *Haydenella kiangsiensis* (Kayser)　　　　　　　　　　　　　　　　　　　　　（119页）

  腹，×1，BA324；P_3w

24. "*Neochonetes*" *xingshanensis* Chang　　　　　　　　　　　　　　　　　　　（112页）

  腹，×2；P_2m

26. *Meekella garnieri* Bayan　　　　　　　　　　　　　　　　　　　　　　　　（108页）

  a. 腹，b. 背，c. 侧，×1；P_2q

27. *Marginifera hubeiensis* Ni　　　　　　　　　　　　　　　　　　　　　　　（125页）

  a. 腹，b. 背，c. 后，d. 侧，×1；P_2q

图　版　50

1. *Productella* sp.　　　　　　　　　　　　　　　　　　　　　　　　　　　　（121页）

  腹．×1，BA136；D_3C_1x

2. *Stegacanthia* sp.　　　　　　　　　　　　　　　　　　　　　　　　　　　（123页）

  a. 腹，b. 背，×1；BA137；C_1

3. *Spinomarginifera kueichowensis* Huang　　　　　　　　　　　　　　　　　　（125页）

  a. 腹，b. 背内模，×1；BA138；P_3w

4. *Kutorginella yohi* (Chao)　　　　　　　　　　　　　　　　　　　　　　　（126页）

  腹，×1；C_2h

5. *Productella subaculeata* (Murchison)　　　　　　　　　　　　　　　　　　　（121页）

  腹，×1；BA139；D_3C_1x

6. *Linoproductus oklahomae* Dunbar et Condra　　　　　　　　　　　　　　　（132页）

  a. 侧，b. 腹，×1；P_2m

7. *Vediproductus punctatiformis* (Chao)   (129页)

    a. 侧，b. 后，c. 腹，×1；P_2q

8. *Balakhonia yunnanensis* (Loczy)   (133页)

    a. 壳饰，×5，b. 腹，×1；C_1^2

9. *Productella shetienchiaoensis* Tien   (121页)

    a. 腹，b. 后，×1；BA140；D_3C_1x

10. *Tyloplecta pauciplicata* Ni   (131页)

    a. 腹，b. 后，c. 侧，×1；P_2m

11. *Tyloplecta vishnu* var. *radiata* (Hayasaka)   (131页)

    a. 腹，b. 后，c. 侧，×1；BA141；P_2q

12. *Neoplicatifera multispinosa* Ni   (124页)

    a. 后，b. 侧，c. 腹，×1；P_2m

13. *Neoplicatifera costata* Ni   (123页)

    a. 腹，b. 后，c. 侧，×1；P_2m

14、15. *Productellana linglingensis* Wang   (121页)

    14. 背，×1，BA145；15，腹，×2，BA146；D_3C_1x

16. *Vediproductus vediensis* Sarytcheva   (129页)

    a. 腹，×1，b. 壳饰，×5；P_2m

图 版 51

1. *Tyloplecta nankingensis* (Frech)   (130页)

    a. 腹，b. 背，c. 侧，d. 后，×1；BA147；P_2q、P_2m

2、3. *Tyloplecta grandicostata* (Chao)   (130页)

    2. 腹内模；3a. 侧，3b. 后，3c. 腹；均×1；BA148、149；P_2q

4. *Pugilis hunanensis* (Ozaki)   (130页)

    a. 腹，b. 背，c. 侧，×1；C_1^2

5. *Echinoconchus* sp.   (127页)

    a. 后，b. 背，×1；BA150；C_1^2

6. *Asioproductus bellus* Chan   (119页)

    a. 后，b. 腹，c. 前，×1；BA151；P_2m、P_3

7. *Waagenoconcha* cf. *mapingensis* (Grabau)   (128页)

    a. 腹，b. 背，c. 后，×1；BA152；P_2m

8. *Antiquatonia* sp.   (129页)

    a. 侧，b. 腹，×1；BA153；C_1^2

9、10. *Vediproductus vediensis* Sarytcheva   (129页)

    9. 腹，10. 背，均×1；BA154、155；P_2m

11. *Echinaria fasciatus* (Kutorga) (127页)

　　a. 腹，b. 后，c. 侧，×1；BA156；C_2h

12. *Vediproductus* sp. (129页)

　　a. 腹，b. 背，×1；BA157；P_2m

13. *Pustula* sp. (128页)

　　背，×1；BA158；C_1^1

14. *Waagenoncha humboldti* (Orbigny) (128页)

　　腹，×2；BA159；P_2q

图　版　52

1. *Linoproductus lineatus* (Waagen) (132页)

　　a. 腹，b. 后，c. 侧，×1；BA160；P_3w

2. *"Linoproductus"elegantus* S. M. Wang (sp. nov.) (133页)

　　a. 腹，b. 后，c. 侧，×1；BA161；P_3w

3、10. *Ovatia longispinosa* Ni (135页)

　　3. 腹，×1，BA162；10a. 腹，10b. 后，10c. 侧，×1；BA169；C_1^2

4. *Linoproductus cora* (Orbigny) (132页)

　　a. 腹，b. 后，×1；BA163；C_2h

5、6. *Tyloplecta yangtzeensis* (Chao) (131页)

　　5a. 背，5b. 后，5c. 侧，×1，BA164；6. 腹内模，×1，BA165；P_3

7～9. *Dictyoclostoidea kiangsiensis* Wang et Ching (136页)

　　7. 背外模，BA166，8. 背，BA167，9. 腹，BA168，均 ×1；P_2m

11. *Vitiliproductus datangensis* Yang (135页)

　　腹，×1；BA170；C_1^2

12. *Fluctuaria* cf. *undata* (Defrance) (134页)

　　腹，×1；BA313；C_1

13. *Permundaria shizipuensis* Ching，Liao et Fang (134页)

　　腹，×1；BA171；P_2m

图　版　53

1. *Gigantoproductus edelburgensis* (Phillips) (137页)

　　腹，×1；BA172；C_1^2

2～5. *Tetralobula huanghuaensis* Wang (140页)

　　2. 腹，3. 背，4. 侧，均 ×2；5. 腹内，×3；O_1n

6. *Anidanthus guichiensis* Ching et Hu (133页)

背外模，×1；BA173；P_2m

7. *Leptodus tenuis* Waagen (139页)

　腹（表层脱落），×1；P_3l

8. *Clarkella extensa* Wang (142页)

　a. 背，b. 侧，c. 腹，d. 后，e. 前，×3；$O_{1-2}d$

9、10. *Monticulifera sinensis* (Frech) (135页)

　9a. 后，9b. 前，9c. 侧；10. 背，均×1；BA174；P_2m

11～13. *Dictyoclostoidea xuanenensis* Ni (136页)

　11、12. 腹，13. 背外模，BA175，均×1；P_2m

图　版　54

1. *Punctolira* ? *elliptica* Zeng (141页)

　a. 腹，b. 背，c. 侧，d. 前，e. 后，均×3，壳饰，×10；O_1n

2～6. *Tetralobula* ? *fenxiangensis* Zeng (140页)

　2a. 前，2b. 背，3. 前，4. 背内，5. 腹内，6. 背内，均×1.5；O_1n

7、8、15. *Tetralobula* ? *yichangensis* Zeng (141页)

　7. 腹；8a. 背，8b. 前，均×2；15. 腹，×14；BA176；O_1n

9、10. *Pseudoporambonites yichangensis* Zeng (142页)

　9. 后，10. 腹内，均×1；$O_{1-2}d$

11～14、18. *Stichotrophia gaoluoensis* Zeng (142页)

　11～13. 背，14. 腹，均×2；18. 腹内模，×1；O_1n

16. *Spinomarginifera lopingensis* (Kayser) (126页)

　a. 腹，b. 背，c. 后，×1；P_3w

17. *Yangtzeella poloi* (Martelli) (143页)

　背，×1；$O_{1-2}d$

19. *Keyserlingina* sp. (138页)

　腹，×1；P_3w

20. *Compressoproductus mongolicus* (Diener) (136页)

　腹，×1；BA177；P_3

21. *Oldhamina squamosa* Huang (137页)

　腹，×1；P_3

22. *Yangtzeella yichangensis* Zeng (144页)

　a. 侧，b. 腹，c. 背，d. 前，e. 后，×1；$O_{1-2}d$

图　版　55

1. *Yangtzeella songziensis* Zeng (144页)

　　a. 背，b. 腹，c. 侧，d. 前，e. 后，×2；$O_{1\text{-}2}d$

2. *Pseudoporambonites yichangensis* Zeng (142页)

　　a. 背，b. 腹，c. 后，d. 前，e. 腹内，×1；BA178；$O_{1\text{-}2}d$

3. *Pentamerus dorsoplanus* Wang (147页)

　　a. 腹，b. 背，c. 侧，×1；S_1lr

4. *Syntrophinella* sp. (143页)

　　a. 后，b. 腹内，×1；O_1n

5、6. *Compressoproductus compressus* (Waagen) (136页)

　　腹，均×1；P_2m

7. *Pentamerus muchuanensis* Wang (148页)

　　a. 背，b. 侧，c. 前，d. 后，×1；S_1lr

8. *Stricklandia hubeiensis* Zeng (145页)

　　背内模，×1；O_3S_1l

9、11. *Syntrophinella typica* Ulrich et Cooper (143页)

　　9. 腹，×1，11. 背，×2；BA179；O_1n

10. *Yangtzeella lensiformis* Wang (143页)

　　a. 腹，b. 背，c. 侧，×1；$O_{1\text{-}2}d$

12. *Stricklandia changyangensis* Zeng (145页)

　　腹内模，×1；O_3S_1l

图　版　56

1. *Pentamerus triangulatus* Yan (148页)

　　a. 腹，b. 背，c. 侧，d. 前，e. 后，×1；S_1lr

2. *Pentamerus yichangensis* Rong et Yang (148页)

　　a. 背，b，后，c. 侧，d. 后，e. 前，×1；S_1lr

3. *Pleurodium latesinuatus* Yan (149页)

　　a. 背，b. 腹，c. 前，d. 侧，e. 后，×1；S_1lr

4～8. *Pentamerus banqiaoensis* S. M. Wang (sp. nov.) (148页)

　　4、7、8. 腹，BA180、181、182；5、6，背，BA183、184，均×1，共型；S_1lr

9. *Kulumbella* sp. 1 (147页)

　　腹，×1；S_1lr

10、11. *Kulumbella jingshanensis* S. M. Wang (sp. nov.) (147页)

　　10. 背，11. 腹内模，均×1；共型；BA314；O_3S_1l

图　版　57

1、2. *Stricklandella robusta* Rong et Yang　　　　　　　　　　　　　　(146页)

　　1a. 背，1b. 腹，1c. 后，1d. 前，1e. 侧，×1；2. 背，×1，BA185；S_1lr

3、4. *Yangtzeella poloi* (Martelli)　　　　　　　　　　　　　　　　　(143页)

　　3a. 背，3b. 腹，3c. 后，3d. 前，×1，BA186；4，腹内，×1；$O_{1\text{-}2}d$

5. *Plectothyrella* sp.　　　　　　　　　　　　　　　　　　　　　　(153页)

　　腹，×2；O_3S_1l

6. *Stricklandia transversa* Grabau　　　　　　　　　　　　　　　　(146页)

　　a. 后，b. 腹，×1；S_1lr

7. *Yunnanellina triplicata* Grabau　　　　　　　　　　　　　　　　(152页)

　　a. 腹，b. 背，c. 侧，×1；BA187；D_3C_1x

8. *Yunnanellina hunanensis* (Ozaki)　　　　　　　　　　　　　　　(151页)

　　a. 背，b. 侧，×2；D_3C_1x

9、11. *Plectothyrella crassiocosta* (Dalman)　　　　　　　　　　　　(153页)

　　9. 背内模，11. 腹内模，均 ×2；O_3^3

10. *Cryptospirifer striatus* Huang　　　　　　　　　　　　　　　　(164页)

　　侧，×1/2；BA205；P_2m

12. *Pentamerus dorsoplanus* Wang　　　　　　　　　　　　　　　　(147页)

　　a. 腹中隔板嵌入壳壁，×30，b. 匙形台末端形态，×1.5；S_1lr

图　版　58

1. *Stricklandia magnifica* S. M. Wang (sp. nov.)　　　　　　　　　(145页)

　　腹，×1，全型；BA302；S_1lr

2. *Hustedia lata* (Grabau)　　　　　　　　　　　　　　　　　　　(157页)

　　a，腹，b. 侧，c. 后，×1，全型；BA188；P_2q

3. *Ptychomaletoechia shetianqiaoensis* (Tien)　　　　　　　　　　　(149页)

　　a. 背，b. 腹，c. 侧，×2；D_3C_1x

4. *Yunnanellina postamodicaformis* (Ozaki)　　　　　　　　　　　　(152页)

　　a. 腹，b. 前，c. 后，×4；D_3C_1x

5. *Ptychomaletoechia sublivoniformis* (Tien)　　　　　　　　　　　(150页)

　　a. 背，b. 腹，c. 侧，×2；BA189；D_3C_1x

6. *Fenxiangella deltoidea* Wang　　　　　　　　　　　　　　　　　(140页)

　　a. 腹，b. 前，c. 后，d. 侧，×4；$O_{1\text{-}2}d$

7. *Syntrophopsis minor* Wang　　　　　　　　　　　　　　　　　(144页)

　　a. 腹，b. 背，c. 前，d. 侧，×4；$O_{1\text{-}2}d$

8. *Yunnanellina hanburyi* mut. *sublata* Tien .... (151页)

　　腹，×3；BA190；D_3C_1x

9、10. *Pentamerus banqiaoensis* S. M. Wang (sp. nov.) .... (148页)

　　9. 侧，10. 背，均×1，共型；BA193；S_1lr

11. *Gubleria huangi* Wang et Ching .... (138页)

　　腹，×1；BA299；P_3w

12. *Tyloplecta songziensis* S. M. Wang (sp. nov.) .... (131页)

　　a. 腹，b. 侧，c. 后，×2；BA322；P_2q

13. *Tyloplecta richthofeni* (Chao) .... (131页)

　　a. 腹，b. 背，c. 侧，×1；P_2q

图　版　59

1. *Zygospiraella duboisi* (Veneuil) .... (153页)

　　a. 腹，b. 侧，×2；S_1lr

2. *Nalivkinia grünwaldtiaeformis* (Peetz) .... (155页)

　　a. 腹，b. 背，c. 侧，d. 后，×1；BA194；S_1s

3～5. *Pugnax pseudoutah* Huang .... (150页)

　　3a～c. 腹、背，侧，×2；4a. 腹，4b. 背内模，×2，BA195；

　　5. 背内模，×1，BA196；P_3

6. *Yunnanellina hanburyi* mut. *sublata* Tien .... (151页)

　　a. 腹，b. 背，×2；D_3C_1x

7. *Yunnanella abrupta* var. *media* Tien .... (151页)

　　a. 背，b. 腹，c. 侧，×2；BA197；D_3C_1x

8. *Septatrypa* ? *incerta* S. M. Wang (sp. nov.) .... (156页)

　　a. 背，b. 腹，c. 侧，d. 前，e. 后，×2，全型；BA198；S_1s

9. *Uncinunellina timorensis* (Beyrich) .... (150页)

　　a. 腹，b. 背，c. 侧，×1；BA199；P_3w

10. *Spirigerina sinensis* (Wang) .... (155页)

　　a. 腹，b. 背，c. 侧，×1；BA200；S_1lr

11. *Atrypina* (*Atrypinopsis*) *simplex* Rong et Yang .... (154页)

　　a. 背，c. 侧，×4；b. 腹，×5；BA201；S_1lr

12、13. *Cleiothyridina royssii* (Eveillé) .... (160页)

　　12a. 腹内模，12b. 背内模，×2，BA202；

　　13a. 腹，13b. 背，13c. 侧，×1，BA203；P_3

14、15. *Septatrypa* sp. .... (157页)

　　14. 背，15. 背内，均×2；S_1lr

16. *Buchanathyris subplana* (Tien) .... (158页)

a. 腹，b. 背，c. 侧，×1；BA204；D_3C_1x

17. *Cleiothyridina media* Hou　　　　　　　　　　　　　　　　　　（159页）

　　a. 腹，b. 侧，×1；BA205；C_1^1

图　版　60

1. *Cryptospirifer striatus* Huang　　　　　　　　　　　　　　　　　（164页）

　　a. 腹，b. 背，×1；BA206；P_2m

2. *Araxathyris guizhouensis* Liao　　　　　　　　　　　　　　　　　（162页）

　　a. 腹，b. 侧，c. 背，×1；BA207；P_3w

3、8. *Araxathyris jingshanensis* S. M. Wang (sp. nov.)　　　　　　　（163页）

　　3a. 腹，3b. 背，3c. 后，3d. 前，3e. 侧，×2，正型，BA208；

　　8a. 腹，8b. 背，8c. 侧，8d. 后，8e. 前，×2，副型，BA209；P_2m

4. *Spirigerella* cf. *grandis* Waagen　　　　　　　　　　　　　　　（162页）

　　a. 腹，b. 背，c. 侧，d. 后，e. 前，×1；P_2m

5. *Araxathyris araxensis* Grunt　　　　　　　　　　　　　　　　　（162页）

　　背内模，×1；BA210；P_3w

6、7. *Cleiothyridina orbicularis* (McChesney)　　　　　　　　　　　（159页）

　　6a. 背，6b. 腹，6c. 后，6d. 前，×1；7. 背内模，×2；BA211；P_2m

图　版　61

1、10. *Nikiforovaena ferganensis* (Nikiforova)　　　　　　　　　　　（167页）

　　1a. 腹，1b. 背，1c. 后，1d. 前，×2，BA212；10a. 前，10b. 后，BA213；S_1s

2、9. *Striispirifer acuninplicatus* Rong et Yang　　　　　　　　　　　（166页）

　　2a. 背，2b. 腹，2c. 后，2d. 前，2e. 侧，BA214；

　　9a. 腹，9b. 背，9c. 侧，9d. 后，均×1；S_1lr

3～5. *Nikiforovaena jingshanensis* S. M. Wang (sp. nov.)　　　　　　（168页）

　　背，均×2，共型；BA215、216、217；S_1s

6、7. *Nikiforovaena ferganensis subplicata* S. M. Wang (subsp. nov.)　（167页）

　　6. 背，7. 腹，均×1，共型；BA218、219；S_1s

8. *Nikiforovaena kailiensis* Xian　　　　　　　　　　　　　　　　（167页）

　　背，×1；BA220；S_1s

11、12. *Striispirifer jingshanensis* S. M. Wang (sp. nov.)　　　　　　（166页）

　　11a. 腹，11b. 背，11c. 侧，11d. 后，11e. 前，全型，BA221；

　　12a. 腹，12b. 背，12c. 侧，12d. 后，12e. 前，幼年期标本，BA222，均×2；S_1lr

13. *Eospirifer xianfengensis* Zeng　　　　　　　　　　　　　　　　（165页）

背，×4；BA223；S_1s

14．*Spirigerella pentagonalis* Chao   (162页)

    a．腹，b．背，c．侧，×1；BA224；P_2m

15．*Araxathyris araxensis* Grunt   (162页)

    a．腹，b．背，c．侧，×1；BA225；P_3w

16．*Athyrisinoides shiqianensis* Jiang   (152页)

    a．背，b．腹，c．侧，d．前，e．后，×3；BA226；S_1lr

17．*Athyris capillata* Waagen   (159页)

    a．腹，b．背，c．侧，×2；BA227；P_3w

18．*Cleiothyridina* cf．*nantanensis* Grabau   (160页)

    a．背，b．侧，×2；BA228；P_2

19．*Spirigerella* cf．*media* Waagen   (161页)

    a．背，b．腹，×1；BA229；P_2

20．*Nalivkinia elongata* (Wang)   (154页)

    a．腹，b．背，×2；BA230；S_1lr—S_1s

图 版 62

1．*Cryptospirifer semiplicatus* Huang   (164页)

    a．腹，b．背，c．侧，×1/2；BA231；P_2m

2．*Zygospiraella crassicosta* Rong et Yang   (153页)

    a．腹，b．背，c．侧，d．后，e．前，×1；S_1lr

3．*Spirigerella obesa* Huang   (161页)

    a．背，b．腹，c．侧，d．前，×1；P_2q

4．*Septatrypa lantenoisi* (Termier)   (156页)

    a．腹，b．背，c．前，d．侧，×2；S_1s

5．*Eospirifer radiatus* (Sowerby)   (165页)

    腹，×3；S_1s

6～8．*Stricklandia hubeiensis* Zeng   (145页)

    6．腹内模，7．腹内，8．背内模，均×1；O_3S_1l

9．*"Eospirifer" triangulatus* Yan   (165页)

    a．腹，b．后，×1；S_1lr

10、11．*Eospirifer xianfengensis* Zeng   (165页)

    10．腹，11．背，均×3；S_1s

12．*Cryptospirifer omeishanensis* Huang   (164页)

    a．背，b．腹，c．侧，×1；P_2m

13．*Araxathyris yuananensis* Yang   (163页)

    a．背，b．腹，c．侧，×1；P_2m

14. *Nikiforovaena ferganensis* (Nikiforova) (167页)

    背，×2；BA232；S_1s

图 版 63

1、2. *Nucleospira pulchra* Rong et Yang (163页)

    1a. 腹，1b. 背，1c. 侧，1d. 后，1e. 前，×2；2. 背内模，×2；BA233；S_1s

3. *Striispirifer hsiehi* (Grabau) (166页)

    a. 背，b. 腹，c. 前，×1；BA234；S_1f

4. *Striispirifer shiqianensis* Rong，Xu et Yang (167页)

    a. 腹，b. 背，c. 侧，×1；BA235；S_1f

5、23. *Nikiforovaena ferganensis subplicata* S. M. Wang (subsp. nov.) (167页)

    5. 腹，×1，BA236；23. 腹，×2，共型，BA237；S_1s

6、7. *Eospirifer subradiatus* Wang (165页)

    6. 腹内模，7. 背，均 ×2；BA238；S_1s

8. *Eospirifer sinensis* Rong et Yang (164页)

    背，×4；BA239；S_1lr

9～11. *Paracrurithyris pigmaea* (Liao) (170页)

    9. 背外模，BA240；10. 腹内模，BA241；11. 背内模，BA242，均 ×4；P_3^2、P_1^1

12～14. *Hindella crassa incipiens* (Williams) (158页)

    12. 背内模，13. 腹内模，14. 后，均 ×2；O_3^3

15. *Composita ovata* S. M. Wang (sp. nov.) (160页)

    a. 腹，b. 背，c. 侧，×2，全型；BA304；C_1^1

16、17. *Striispirifer* sp. (167页)

    16. 腹，BA243；17a. 腹，17b. 背，17c. 侧，17d. 后，

    17e. 前，均 ×1，BA244；S_1f

18. *Hindella yichangensis* Chang (158页)

    腹内模，×2；O_3S_1l

19. *Oldhamina decipiens* var. *regularis* Huang (137页)

    腹，×1；P

20、21. *Hindella crassa* (Sowerby) (158页)

    腹内模，均 ×2；O_3^3

22. *Cleiothyridina* sp. 2 (160页)

    a. 腹，b. 背，c. 侧，d. 后，×1；P_2m

24、25、28. *Crurithyris pusilla* Chan (169页)

    24. 背，×4，BA245；25，腹内模，×4，BA246；28. 群体标本，×1，BA247；P_3^2

26. *Howellella laifengensis* Zeng (168页)

    背外模，×2；BA248；S_1s

27. *Howellella guizhouensis* Rong et Yang (168页)

背，×2；BA249；S_1s

29. *Beitaia modica* Rong，Xu et Yang (155页)

a. 腹，b. 背，c. 前，×1，d. 壳饰，×4；S_1lr

图　版　64

1. *Howellella laifengensis* Zeng (168页)

a. 腹，b. 背，c. 后，d. 前，×3，e. 壳饰，×10；S_1s

2. *Composita songziensis* S. M. Wang (sp. nov.) (161页)

a. 腹，b. 背，c. 侧，d. 前，e. 后，×1，全型；BA250；C_2h

3. *Lissatrypa magna* (Grabau) (156页)

a. 腹，b. 侧，c. 后，d. 前，×2；S_1lr

4. *Nikiforovaena kailiensis* Xian (167页)

腹，×2；BA251；S_1s

5. *Neospirifer lungtanensis* Ching (173页)

腹内模，×1；BA252；C_1^1

6. *Cleiothyridina* sp. 1 (160页)

腹，×1；BA253；C_1^2

7. *Striispirifer hubeiensis* Zeng (166页)

a. 腹，b. 背，c，侧，d. 后，×1；S_1s

8. *Leptodus richthofeni* Kayser (139页)

腹（表皮脱落），×1；P_3

9. *Athyris acutirostris* Grabau (159页)

a. 背，b. 腹，c. 侧，×1；BA254；P_2q、P_3d

10. *Crurithyris magna* (Ustriscki) (169页)

a. 腹，b. 背，c. 侧，×1；P_2m

11. *Crurithyris planoconvexa* (Shumard) (169页)

a. 腹，b. 背，c. 侧，×1；C_2

12. *Nalivkinia capillata* Zeng (154页)

a. 腹，b. 背，c. 侧，×1；S_1s

13. *Nalivkinia kweichouensis* (Wang) (154页)

a. 腹，b. 背，c. 侧，d. 前，×2；BA255；O_3S_1l、S_1lr

14. *Gubleria planata* Ching，Liao et Fang (138页)

腹（表皮脱落），×1；BA256；P_3w

图 版 65

1. *Kulumbella* sp. 2   (147页)
    腹，×1；S_1lr

2、7. *Kulumbella latiplicata* Yan   (146页)
    2. 腹内模，7. 背内模，均 ×1；S_1lr

3. *Notothyris ovalis* (Gemmellaro)   (182页)
    a. 腹，b. 背，c. 侧，d. 前，×2；C_2

4. *Pentamerus dorsoplanus* Wang   (147页)
    a. 背，b. 腹，c. 后，×1；S_1lr

5. *Eochoristites neipentaiensis alatus* Ching   (175页)
    a. 腹，b. 背，c. 侧，×1；C_1

6. *Squamularia waageni* (Lócozy)   (178页)
    a. 背，b. 侧，c. 前，×1，d. 壳饰，×10；P_3w

图 版 66

1. *Cyrtospirifer subarchiaci* (Martelli)   (171页)
    a. 腹，b. 背，c. 侧，×1；BA257；D_3C_1x

2. *Cyrtospirifer pekingensis* (Grabau)   (171页)
    a. 腹，b. 侧，×1；BA258；D_3C_1x

3、8. *Cyrtospirifer pellizzarii* (Grabau)   (171页)
    3a. 背，3b. 腹，3c. 侧，BA259；
    8a. 腹，8b. 背，8c. 侧，BA260，均 ×1；D_3C_1x

4、5. *Cyrtospirifer disjunctus* Sowerby   (170页)
    4. 背内模，5. 腹内模，均 ×1；BA261、262；D_3C_1x

6. *Tenticospirifer vilis* var. *kwangsiensis* Tien   (173页)
    a. 腹，b. 背，c. 侧；BA263；D_3C_1x

7. *Cyrtospirifer sichuanensis* Chen   (171页)
    a. 腹，b. 背，c. 侧；BA264；D_3C_1x

9. *Tenticospirifer hayasakai* (Grabau)   (172页)
    a. 腹，b. 侧；BA265；D_3C_1x

10. *Platyspirifer trigonalis* Yang   (172页)
    a. 腹，b. 背，c. 侧，×1；BA266；D_3C_1x

11. *Eochoristites neipentaiensis yiduensis* S. M. Wang (subsp. nov.)   (175页)
    a. 腹，b. 背，c. 侧，×1，d. 内部构造，×5，
    e. 壳饰，×10，正型；BA267；C_1^1

12. *Cyrtospirifer* sp. (172页)

    a. 背，b. 侧，c. 后，d. 前，×1；BA268；D_3C_1x

13. *Brachythyris* sp. (174页)

    a. 背，b. 腹，c. 侧，×1；BA269；C_2h

14. *Cyrtospirifer rhomboidalis* Jiang (171页)

    a. 腹，b. 背，c. 侧，×1；BA270；D_3C_1x

15. *Dielasma millepunctatum* var. *mongolicum* Grabau (181页)

    a. 腹，b. 侧，×1；BA271；P_2

图 版 67

1、2. *Cyrtospirifer changyangensis* S. M. Wang (sp. nov.) (170页)

    1a. 背，1b. 腹，1c. 侧，1d. 前，×1，正型，BA272；

    2a. 腹，2b. 背，2c. 侧，2d. 前，×1，副型，BA273；D_3C_1x

3. *Dielasma juresanensis* mut. *antecedens* Grabau (180页)

    a. 背，b. 腹，c. 侧，×1；BA274；C_2

4. *Notothyris*? *bisulcata* S. M. Wang (sp. nov.) (181页)

    a. 腹，b. 背，c. 后，d. 前，e. 侧，×2，全型；BA275；P_2q

5. *Spiriferellina*? *yuananensis* S. M. Wang (sp. nov.) (176页)

    a. 背，b. 侧，c. 前，d. 后，×2，全型；BA276；P_2q

6. *Punctospirifer malevkensis* Sokoloskaya (176页)

    a. 背，b. 腹，c. 侧，×1；C_1^2

7. *Eochoristites neipentaiensis yiduensis* S. M. Wang (subsp. nov.) (175页)

    a. 背，b. 腹，c. 侧，d. 后，×1，副型；BA277；C_1^1

8～10. *Eochoristites transversa* Chu (175页)

    8. 腹内模，9. 背，10. 腹，均×1；BA278、279、280；C_1^1

图 版 68

1. *Squamularia nucleola* Grabau (178页)

    a. 腹，b. 背，c. 侧，×1；BA319；P_3w

2. *Notothyris triplicata* Diener (182页)

    a. 腹，b. 背，c. 侧，×2；BA281；C_2h

3. *Phricodothyris echinata* (Chao) (177页)

    a. 腹，b. 侧，c. 背，×1；BA282；P_2q

4. *Martinia yangxinensis* S. M. Wang (sp. nov.) (179页)

    a. 腹，b. 背，c. 前，d. 后，×1，全型；BA283；P_2q

5. *Beecheria minima* (Merla) (183页)

　　a. 腹，b. 背，c. 侧，×3；C_2

6. *Notothyris warthi* Waagen (182页)

　　a. 腹，b. 背，c. 前，×1；P_3

7. *Dielasma biplex* Waagen (180页)

　　a. 腹，b. 背，c. 侧，×1；P_2q

8～11. *Fusella pentagonus* (Koninck) (173页)

　　8. 背，9、10. 腹内模，11. 背内模，均×1；BA284、285、286、287；C_1^1

12、13. *Dielasma mapingensis* Grabau (181页)

　　12a. 腹，12b. 背，×2，BA288，P_2m；13a. 背，13b. 侧，×1，BA300，C_2h

14. *Squamularia jiangshuiensis* Chang (177页)

　　a. 背，b. 腹，c. 侧，×2；BA289；P_3w

15. *Martinia warthi* Waagen (179页)

　　a. 腹，b. 背，c. 侧，×1；P_3w

16. *Notothyris subnucleolus* Zhang et Ching (182页)

　　a. 腹，b. 背，c. 侧，×1；P_3

17. *Martinia lopingensis* Chao (178页)

　　腹，×1；P_3w

18. *Pleurodium tenuiplicata* (Grabau) (149页)

　　a. 侧，b. 后，c. 腹，d. 背，×1；S_1lr

19. *Tenticospirifer vilis* var. *kwangsiensis* Tien (173页)

　　a. 背，b. 侧，×1；BA138；D_3C_1x

20. *Martinia mongolica* Grabau (179页)

　　a. 背，b. 腹，×1；BA290；P_3d

图　版　69

1、2. *Finospirifer peregrinus* S. M. Wang (sp. nov.) (174页)

　　1. 背，2. 腹，均×1，共型；BA291、328；C_1^1

3. *Martiniella chinglungensis* Chu (180页)

　　a. 腹内模，b. 侧，×1；C_1^1

4. *Squamularia* ? sp. (178页)

　　腹，×1；BA292；P_3w

5～7. *Phricodothyris asiatica* (Chao) (177页)

　　5. 背，BA293；6. 腹，BA294；7a. 背，7b. 腹，BA295；均×1；P_2m

8. *Squamularia grandis* Chao (177页)

　　腹内模，×1；BA296；P_3

9. *Notothyris* cf. *exilis* (Gemmellaro) (181页)

a. 腹，b. 背，c. 侧，×2；BA297；C_2h

10. *Martinia orbicularis* Gemmellaro (179页)

    a. 腹，b. 背，c. 后，d. 前，e. 侧；BA298；P_2

四、图版

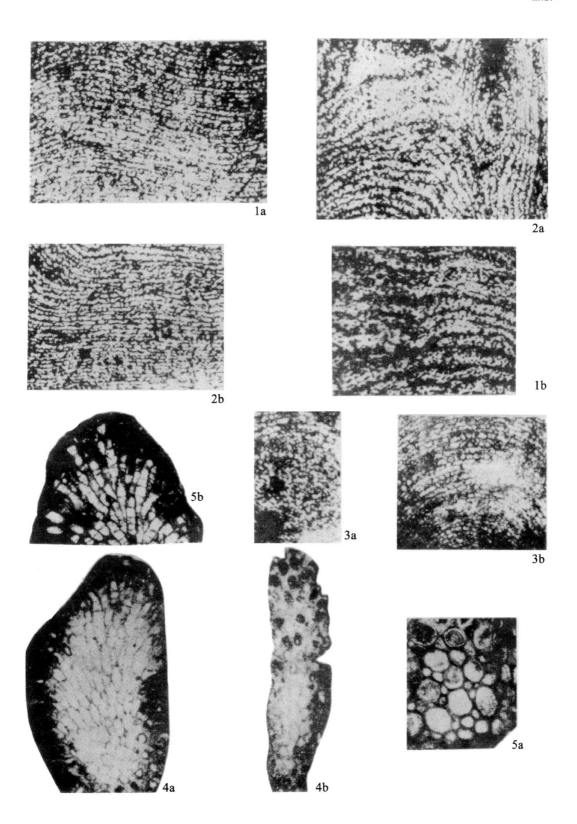

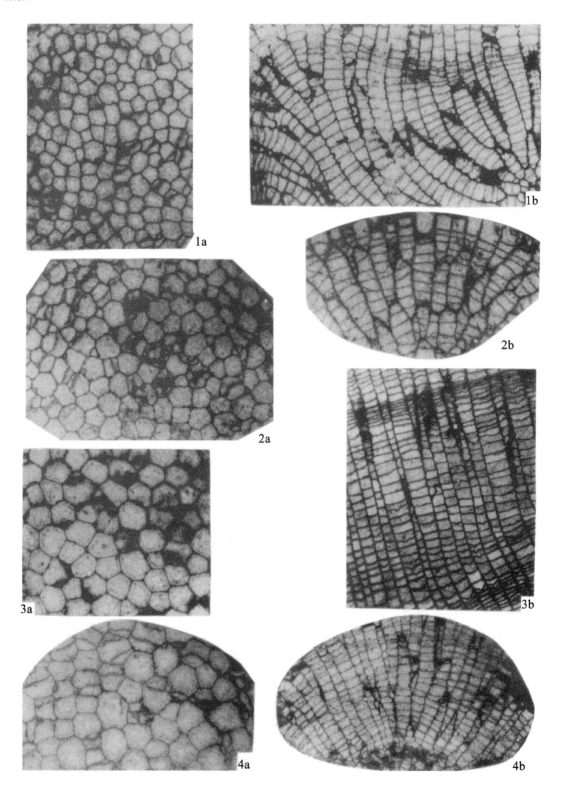

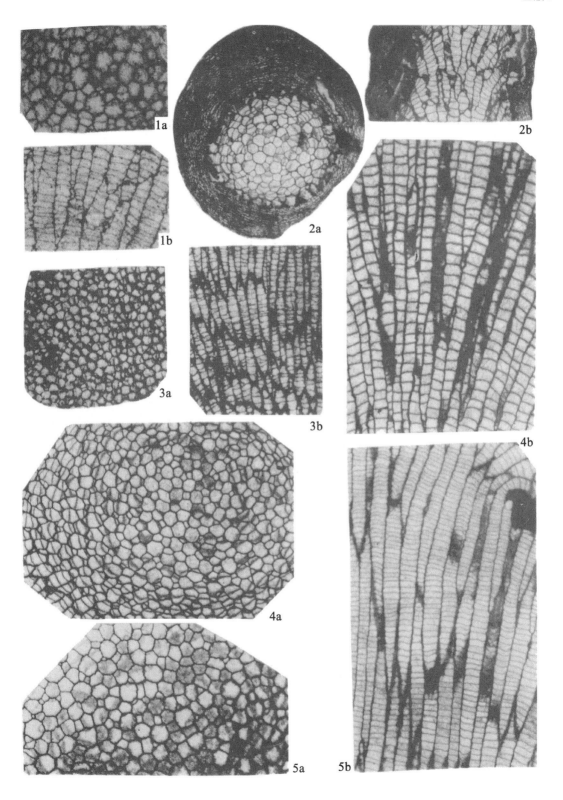

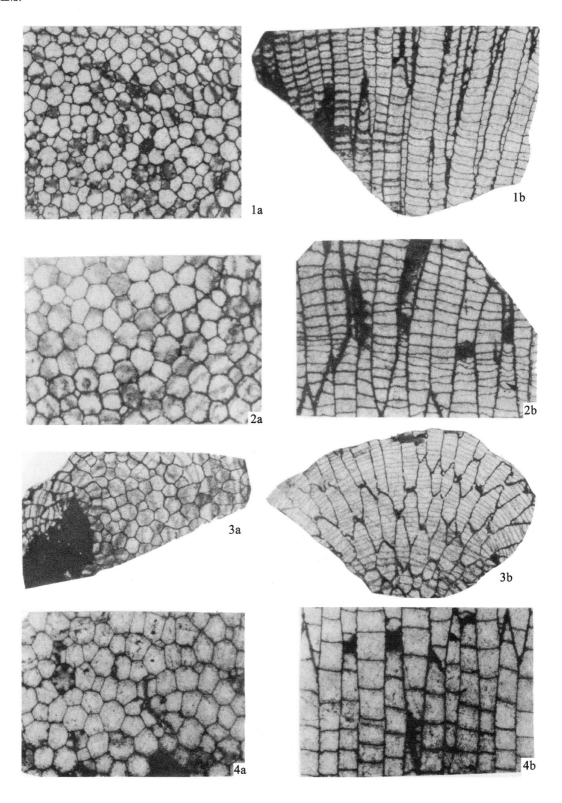

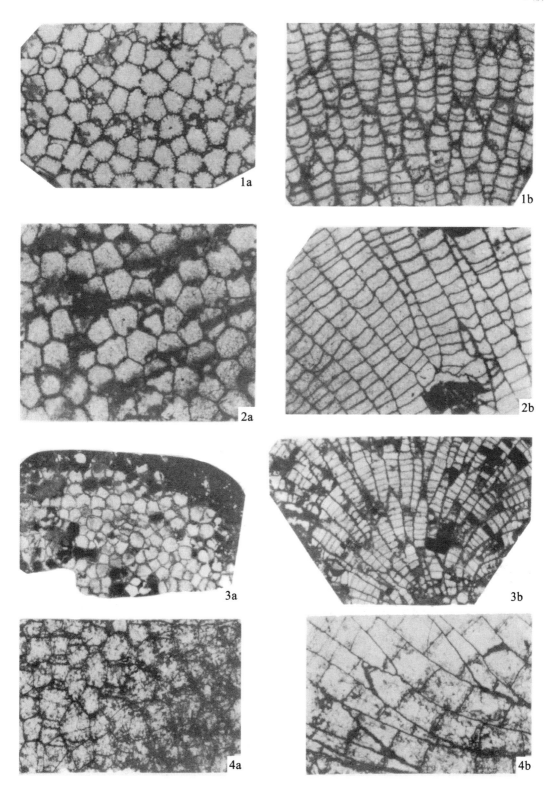

图版 6

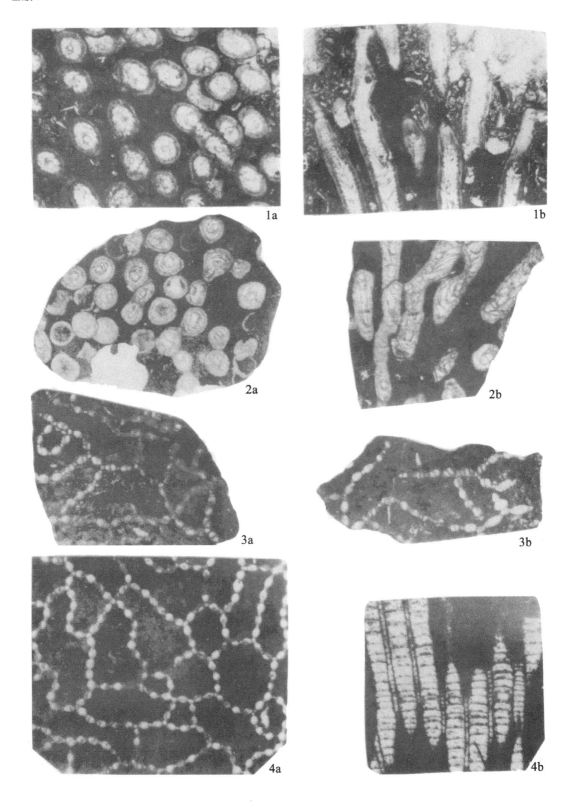

· 264 ·

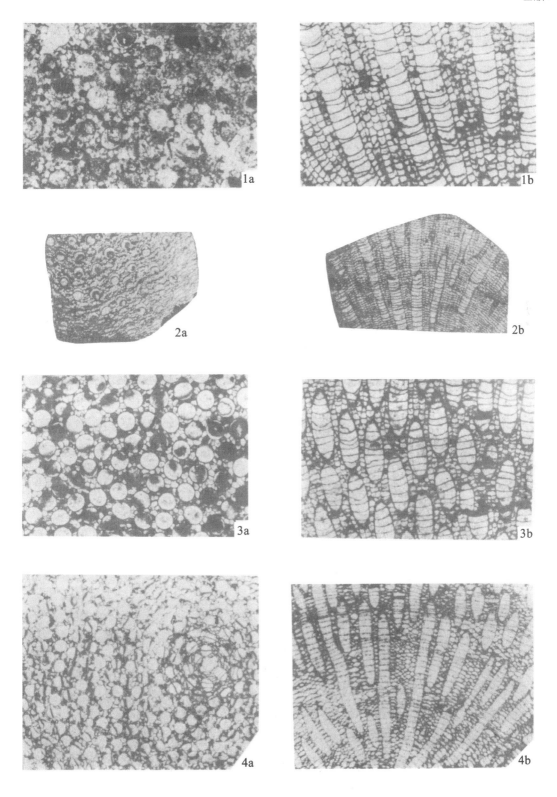

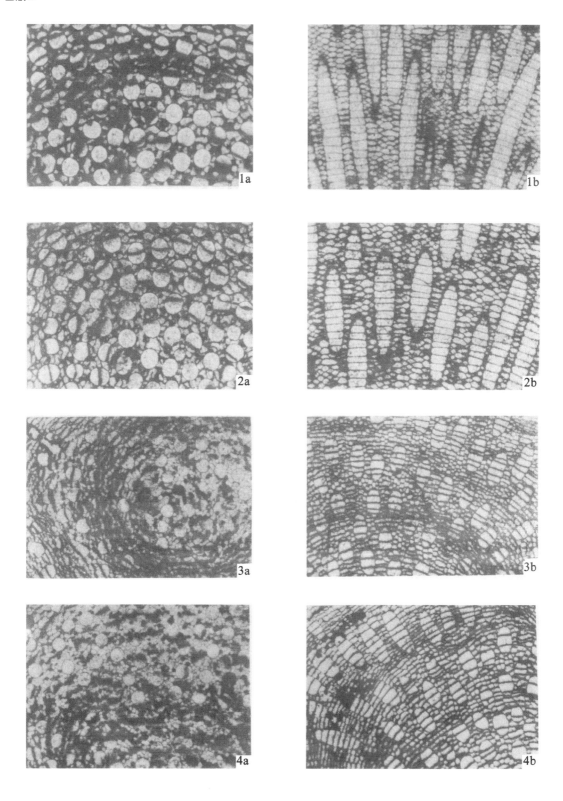

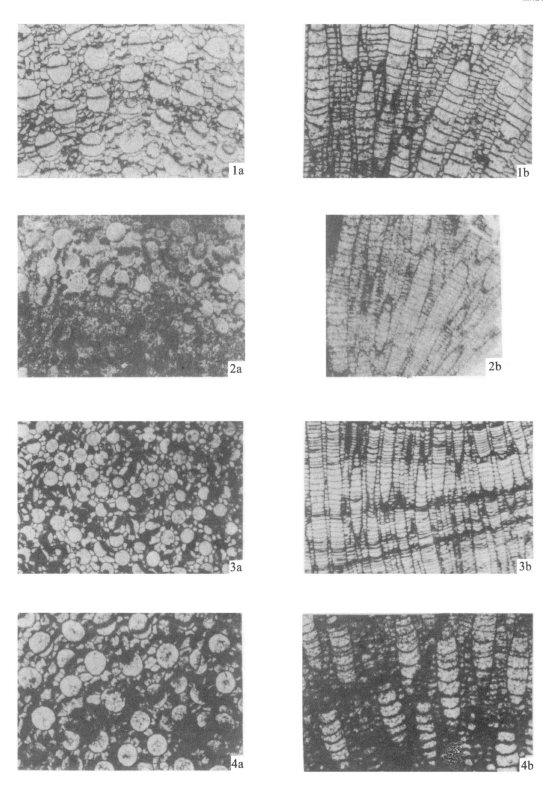

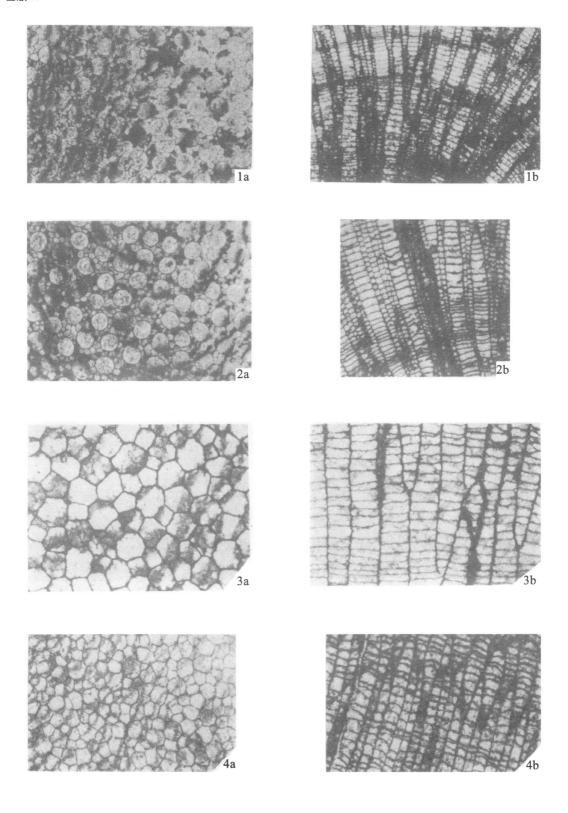

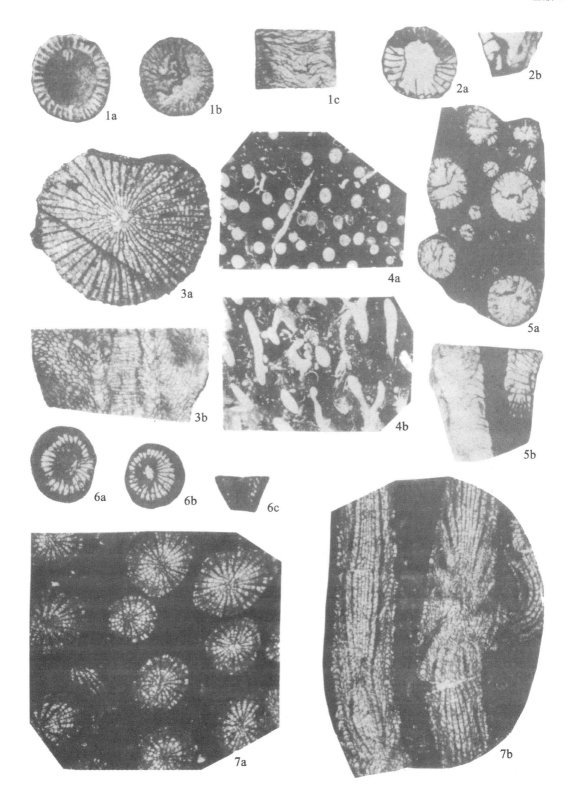

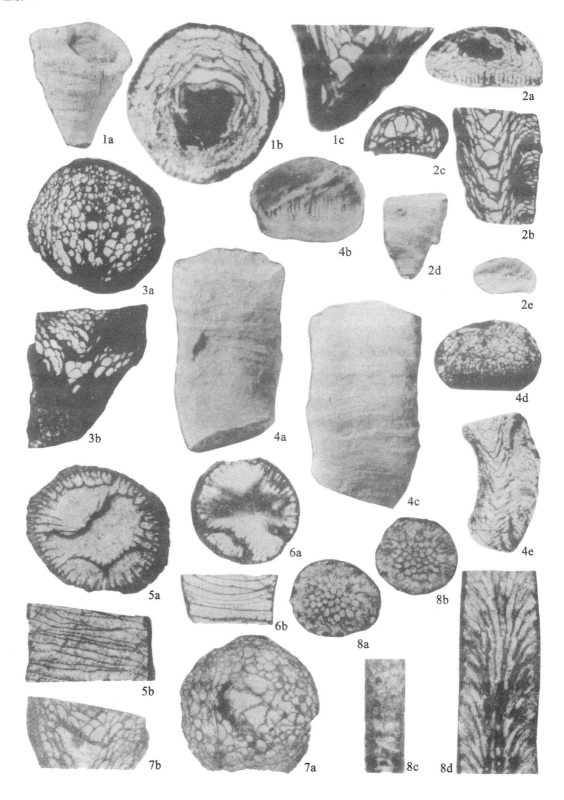

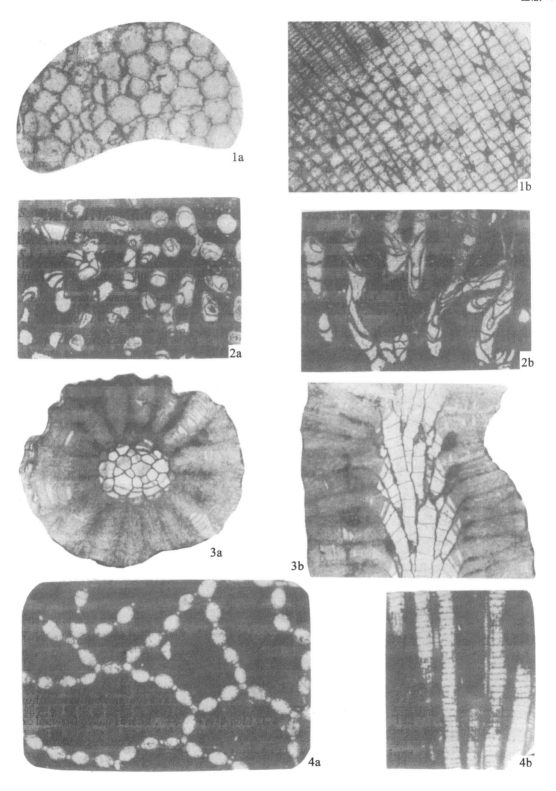

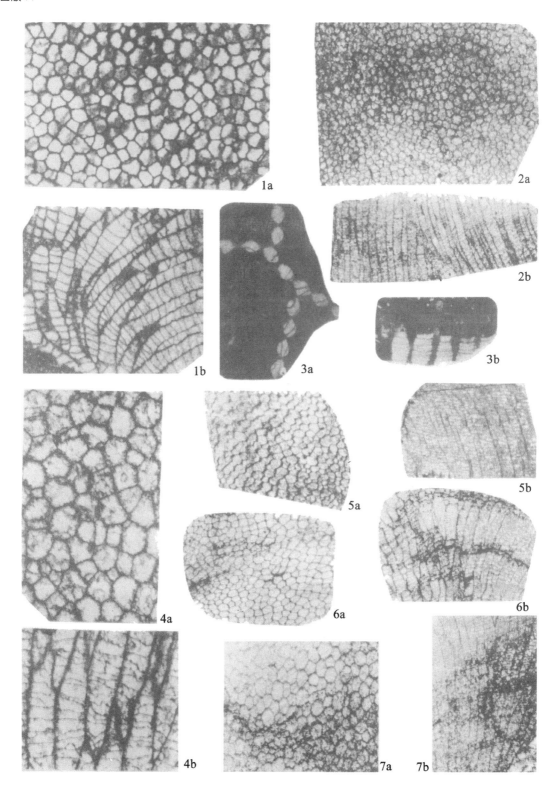

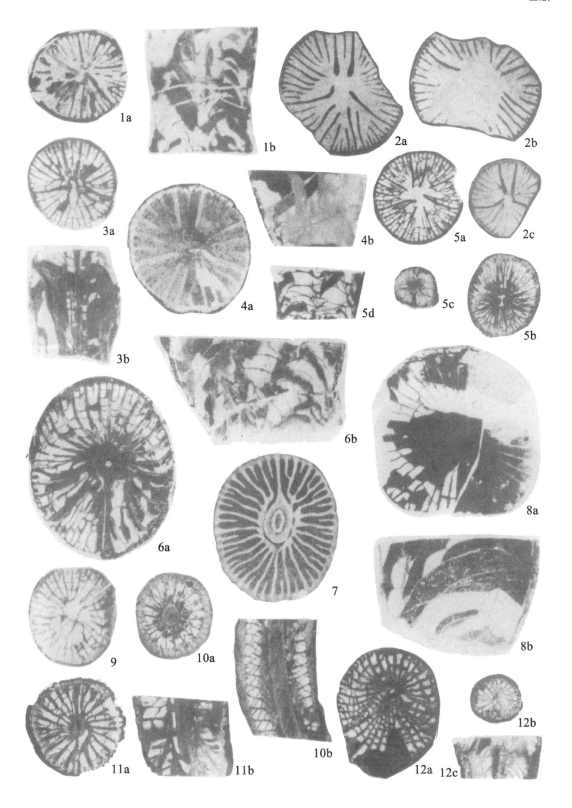

图版 16

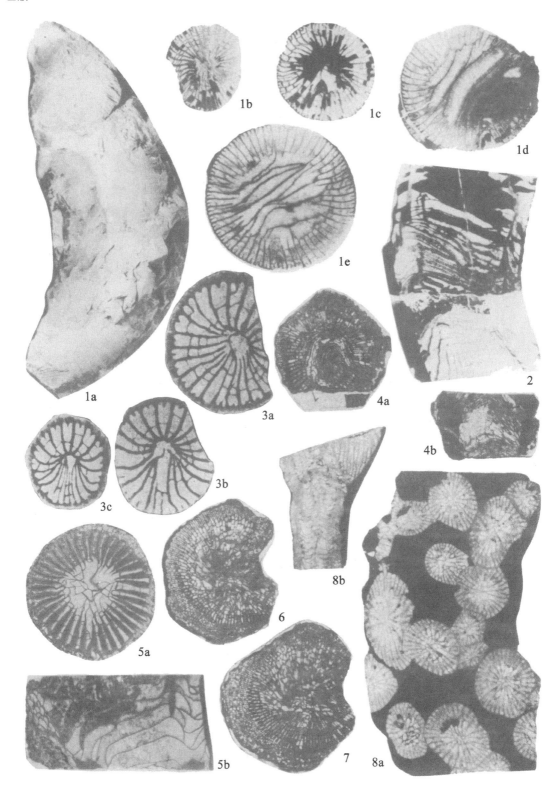

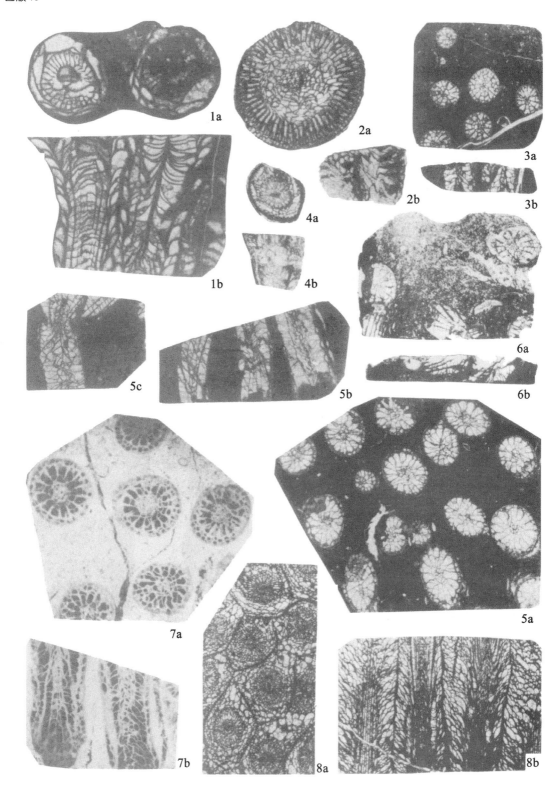

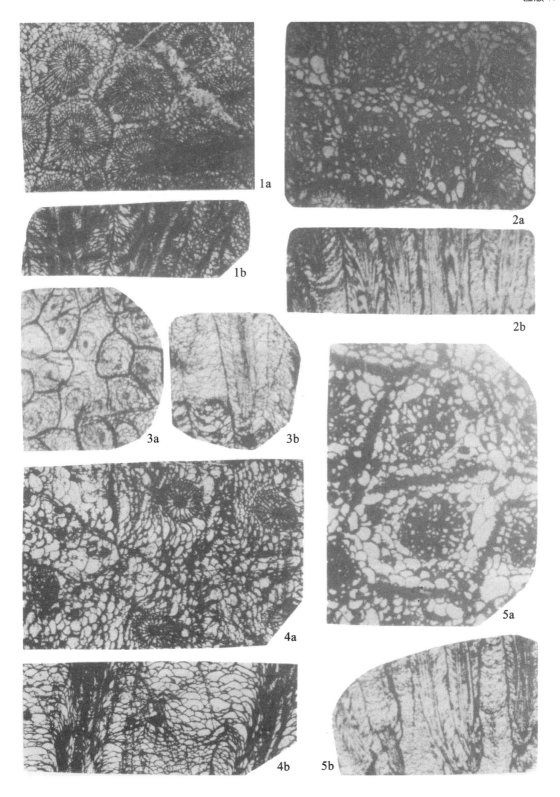

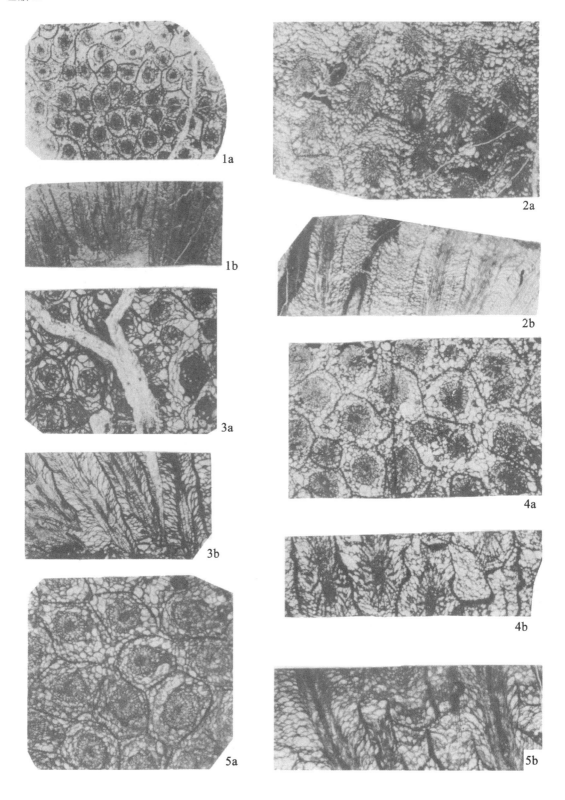

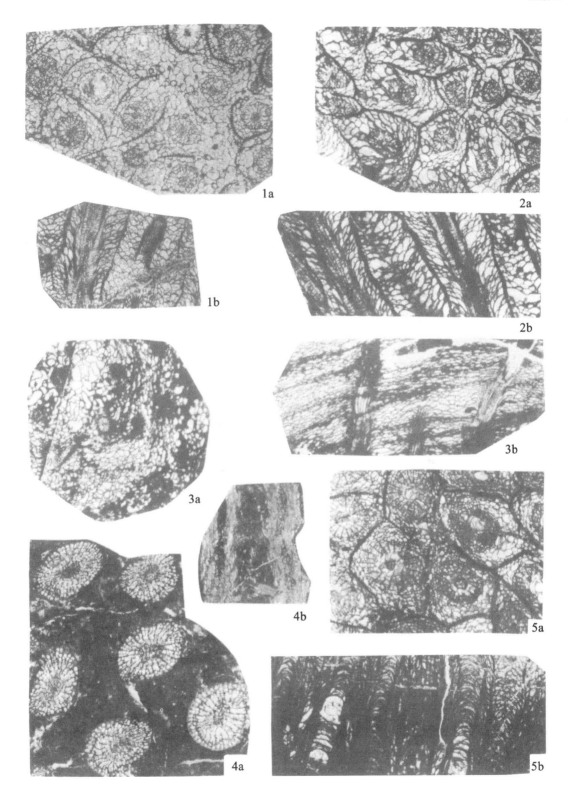

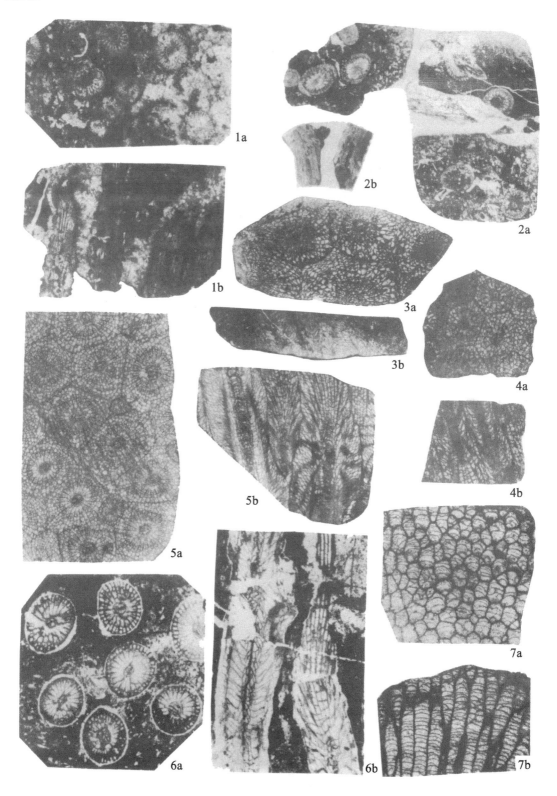

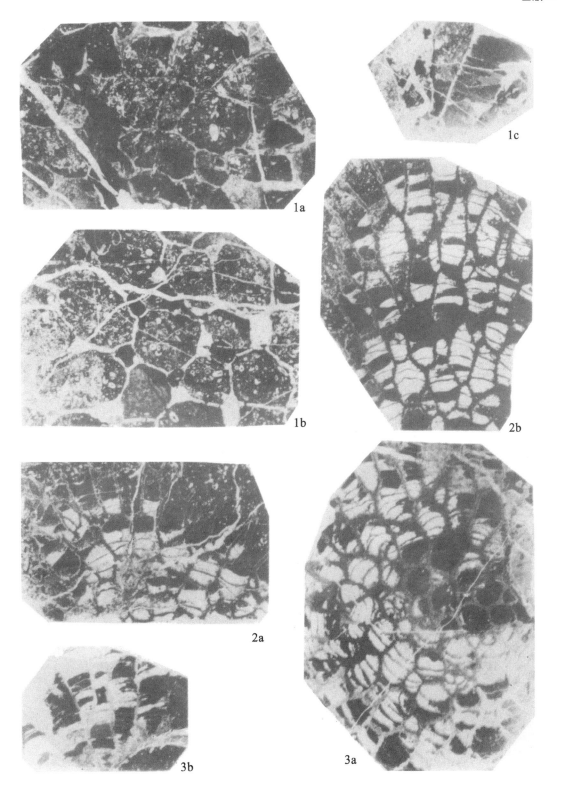

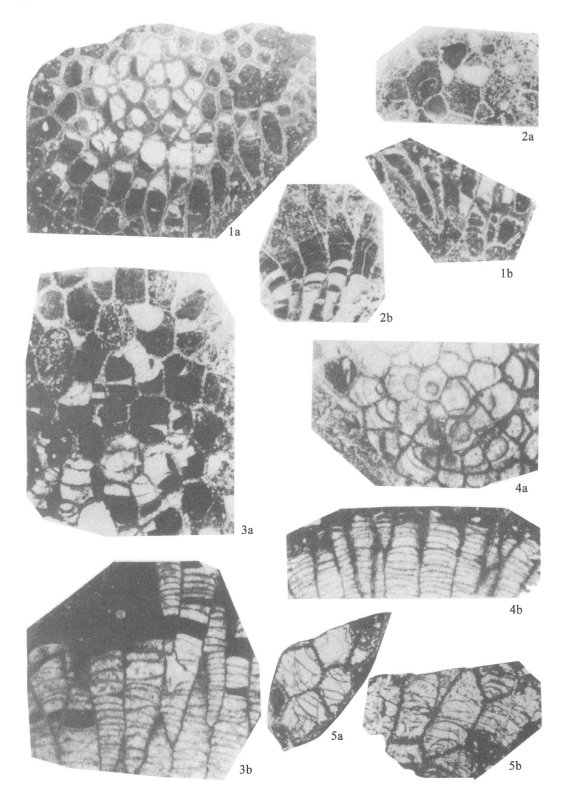

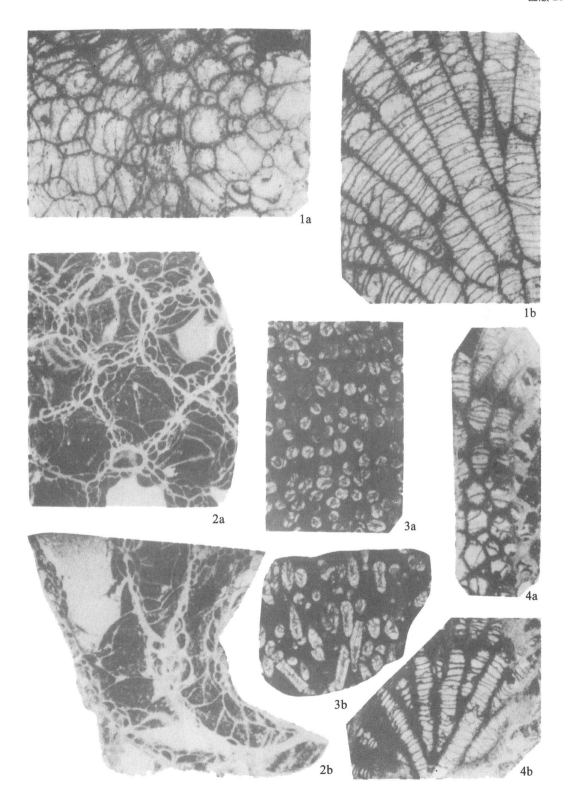

1a

1b

2a

3a

4a

2b

3b

4b

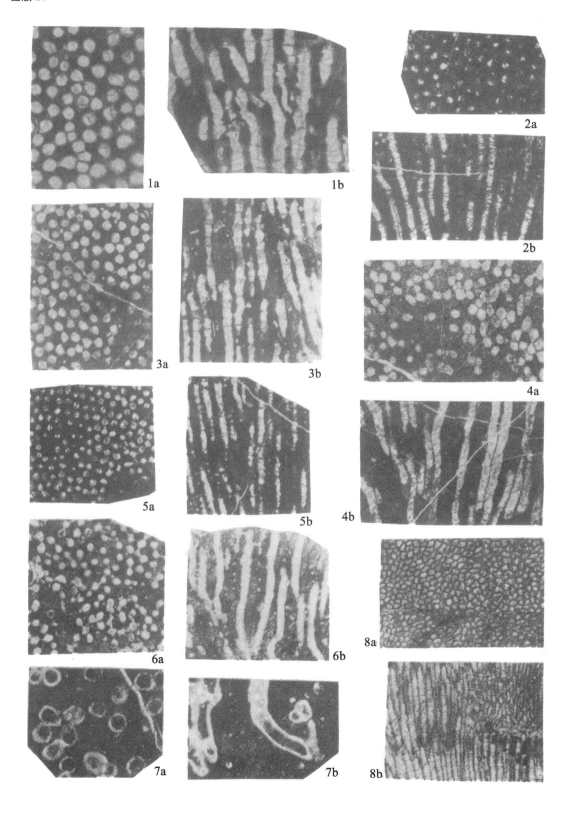

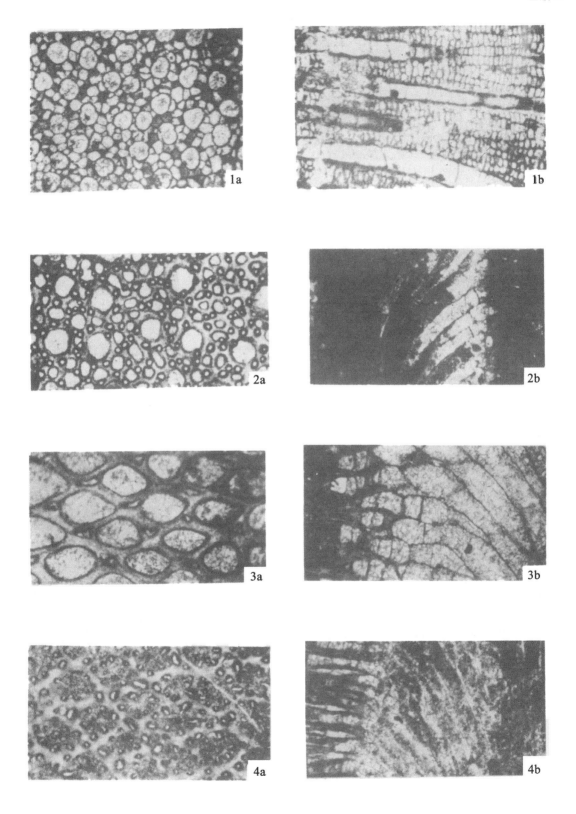

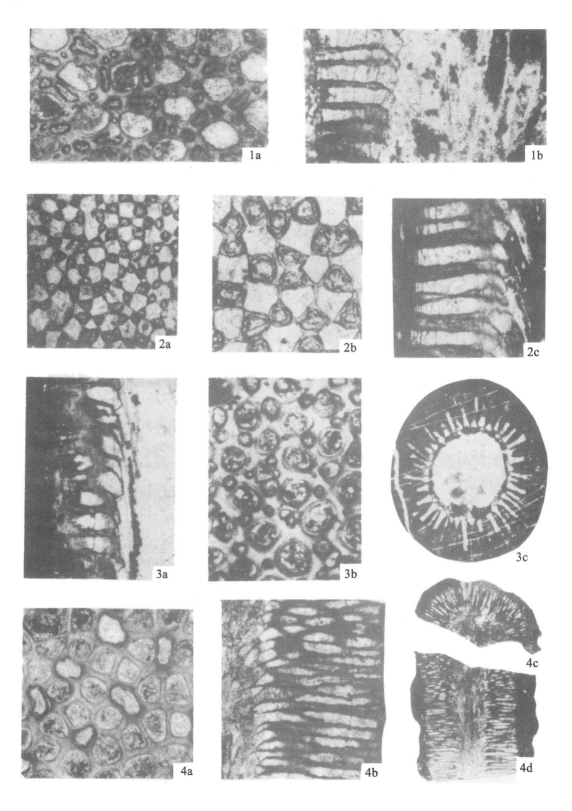

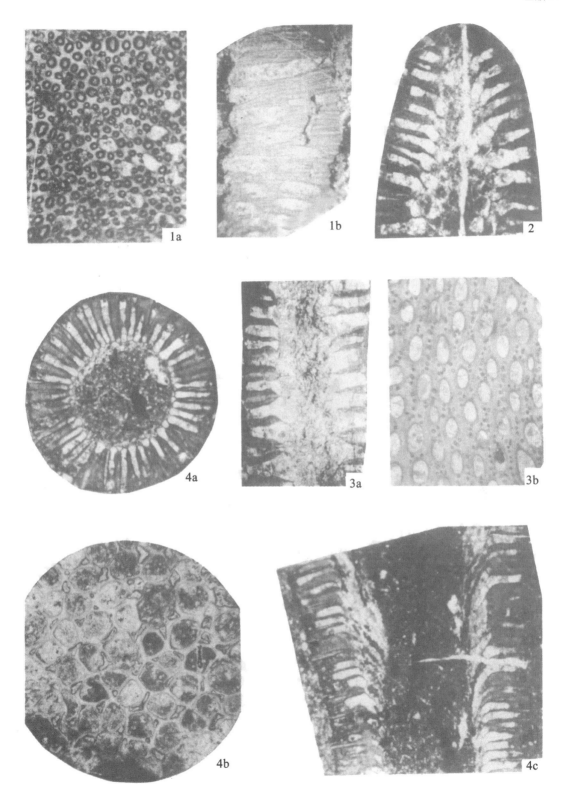

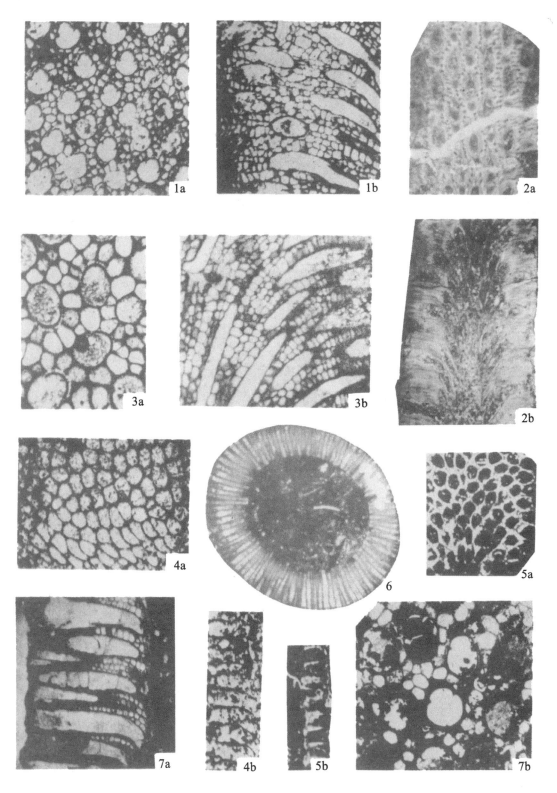

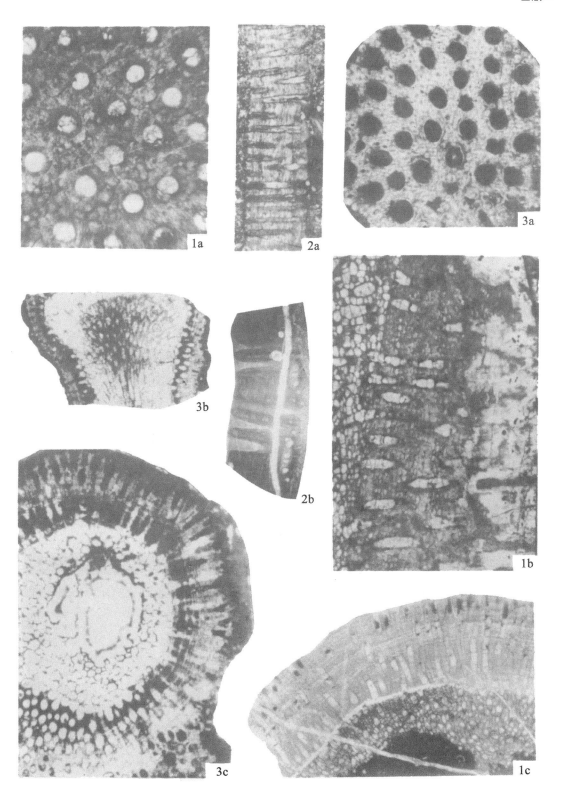

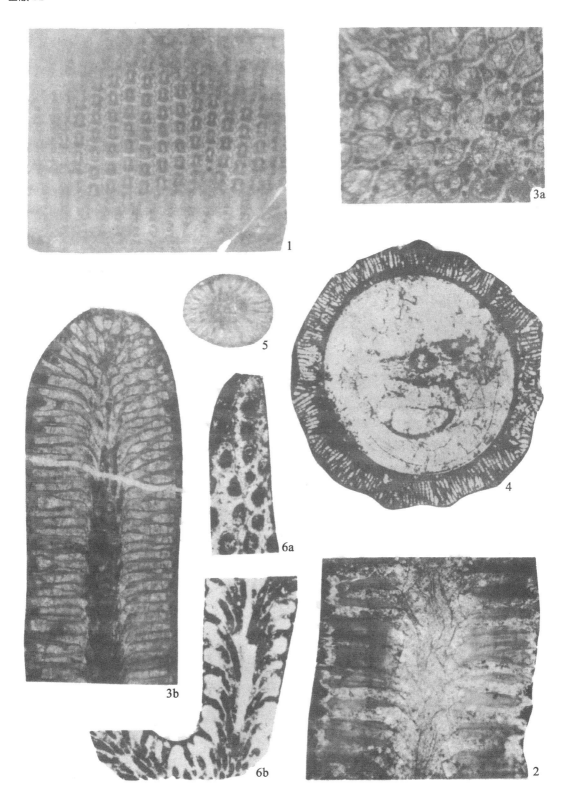

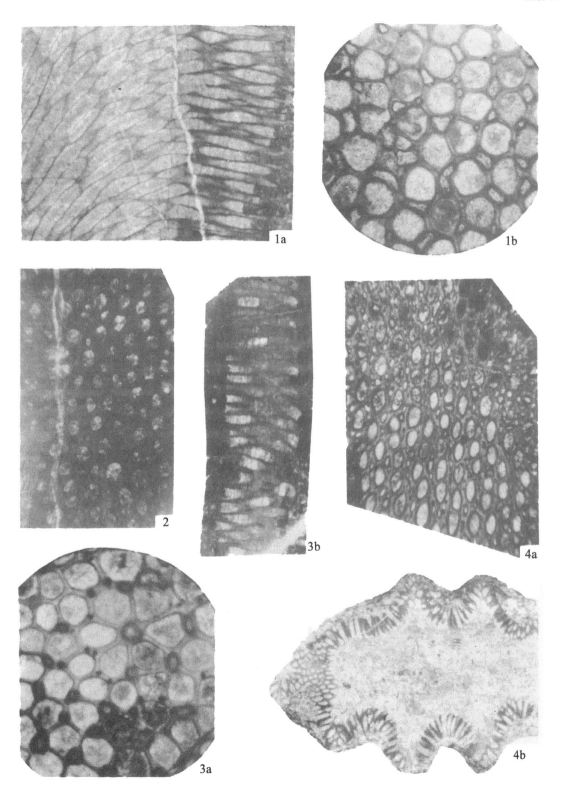

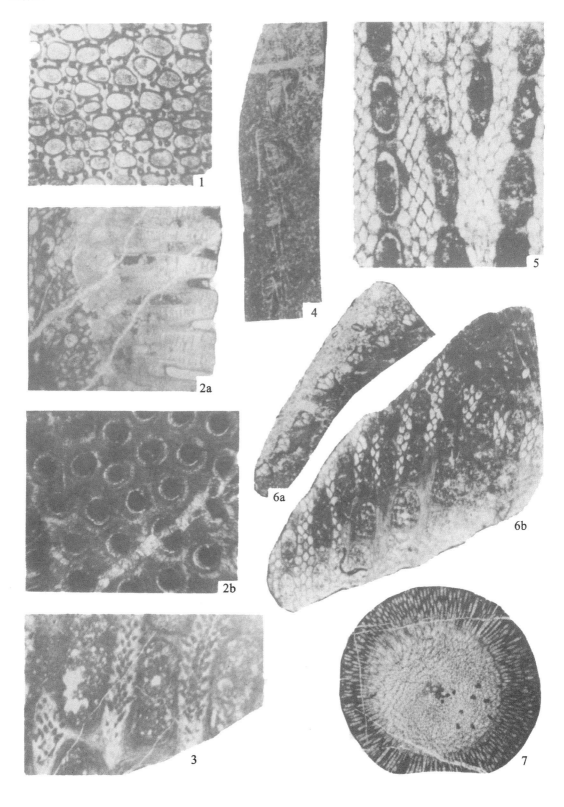

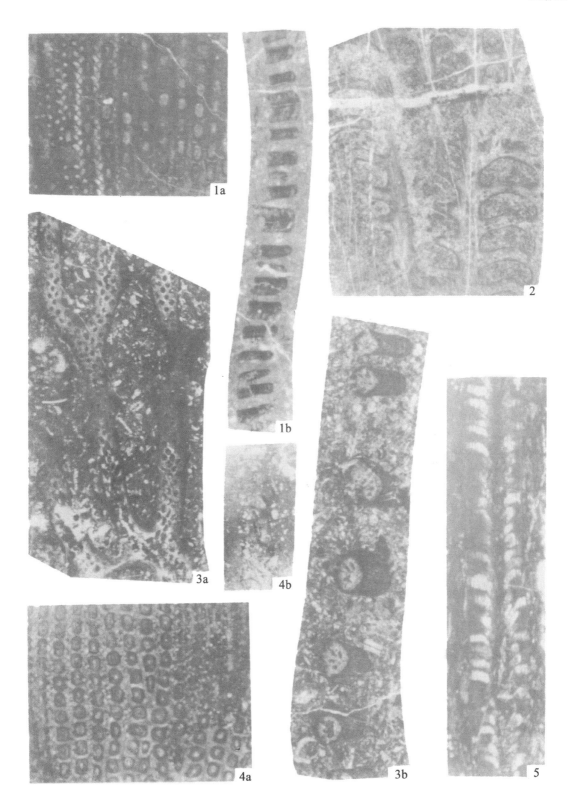

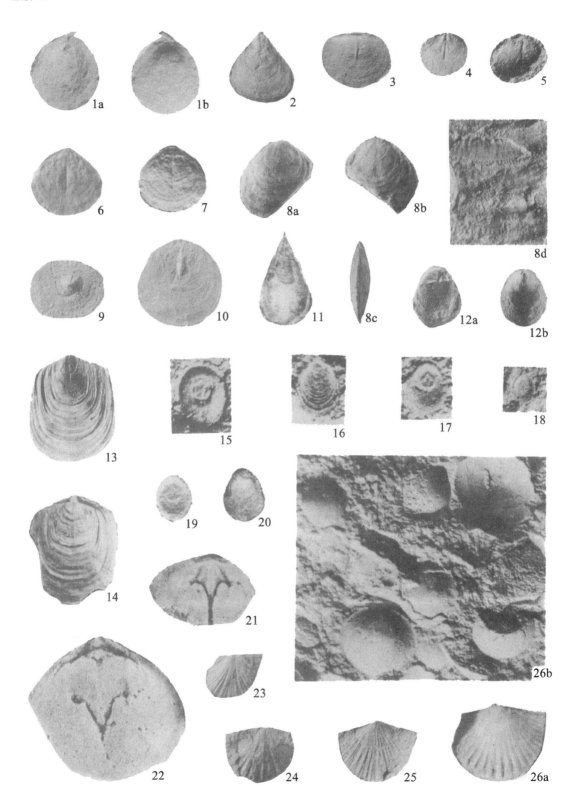

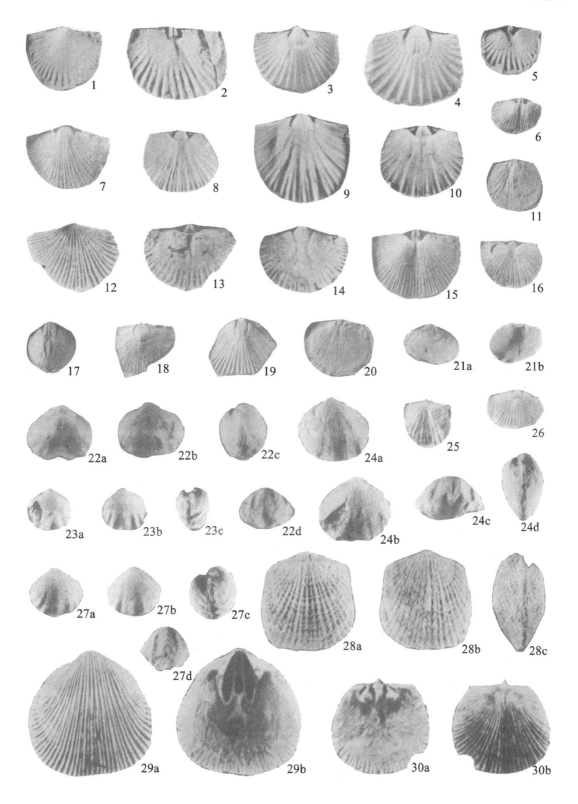

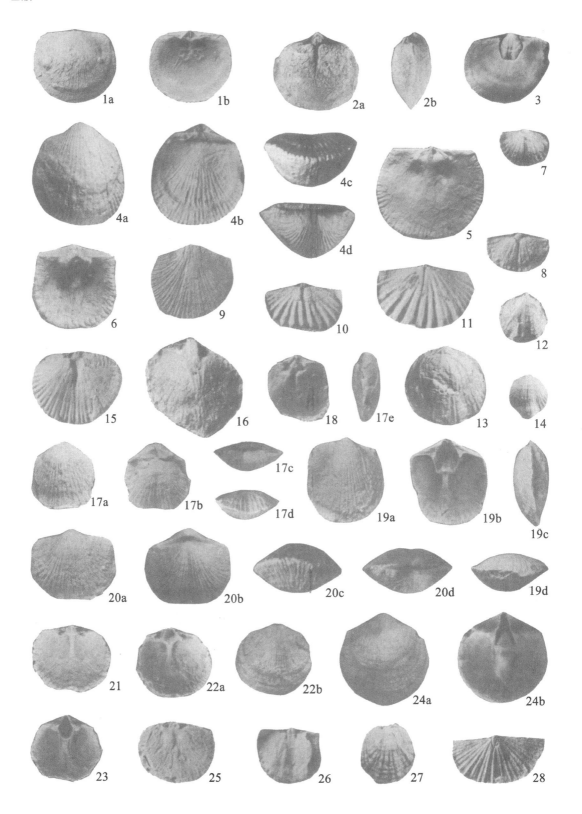

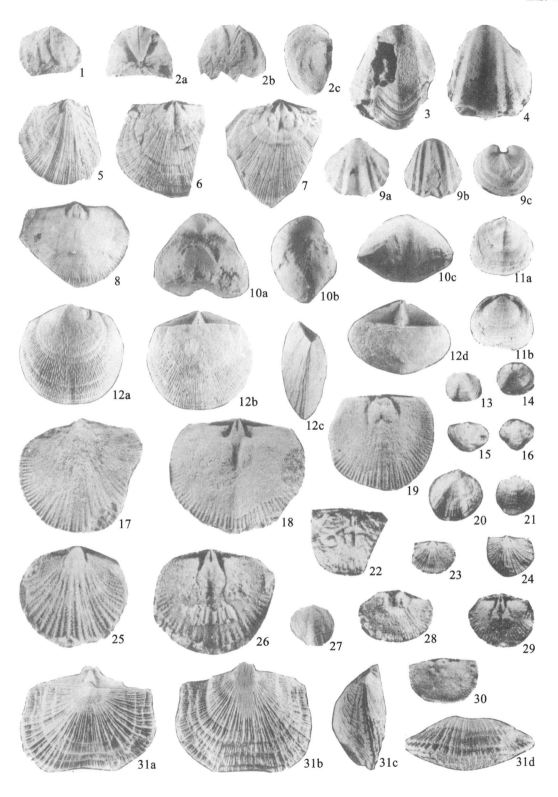

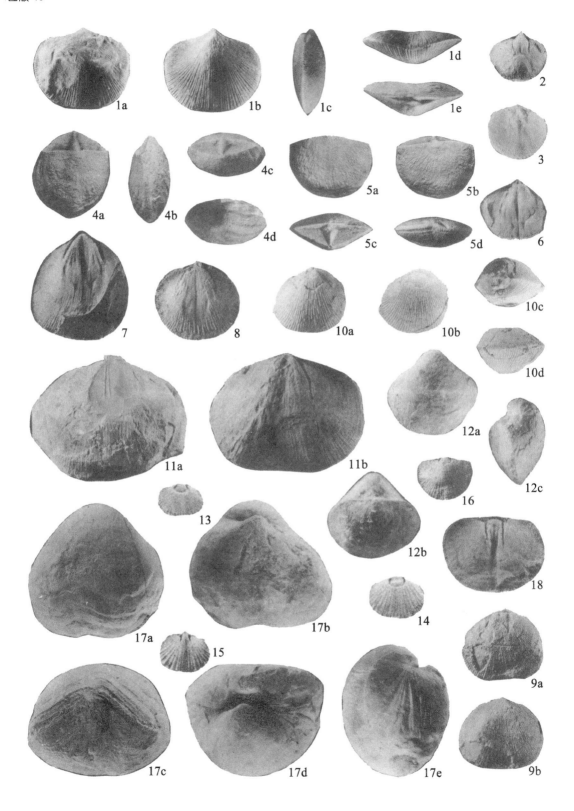

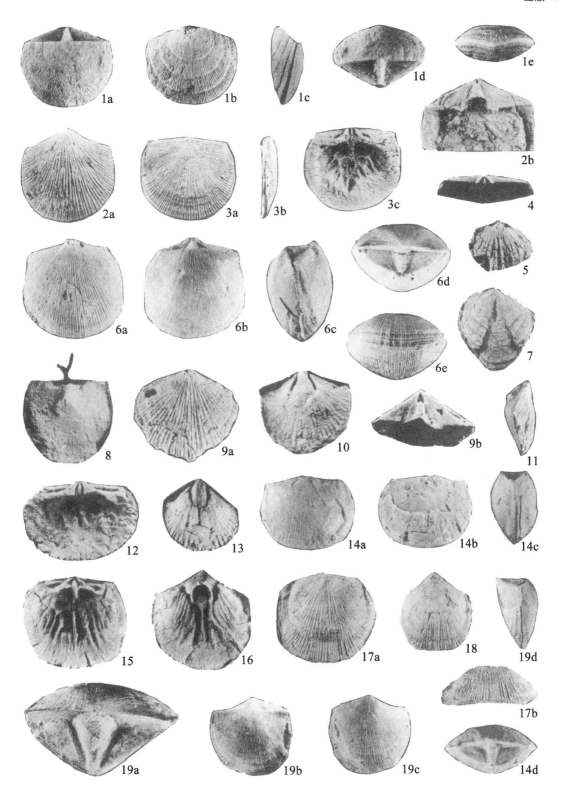

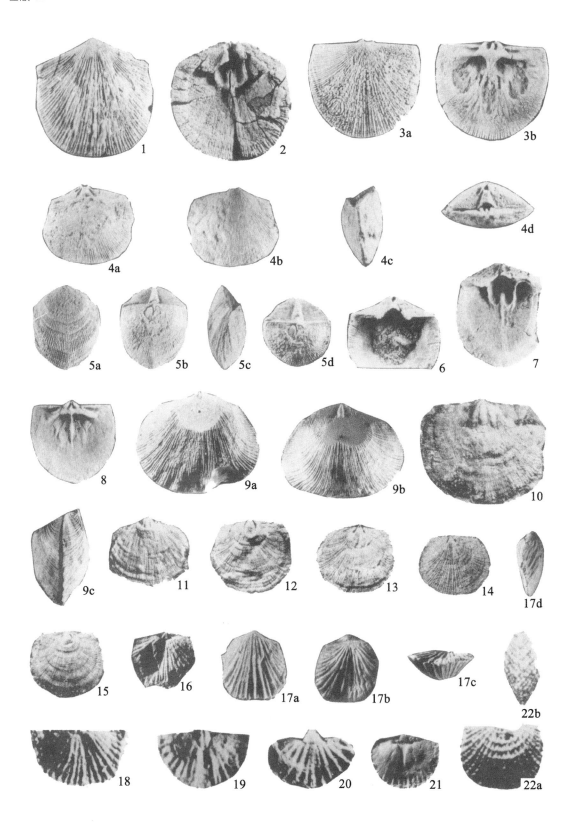

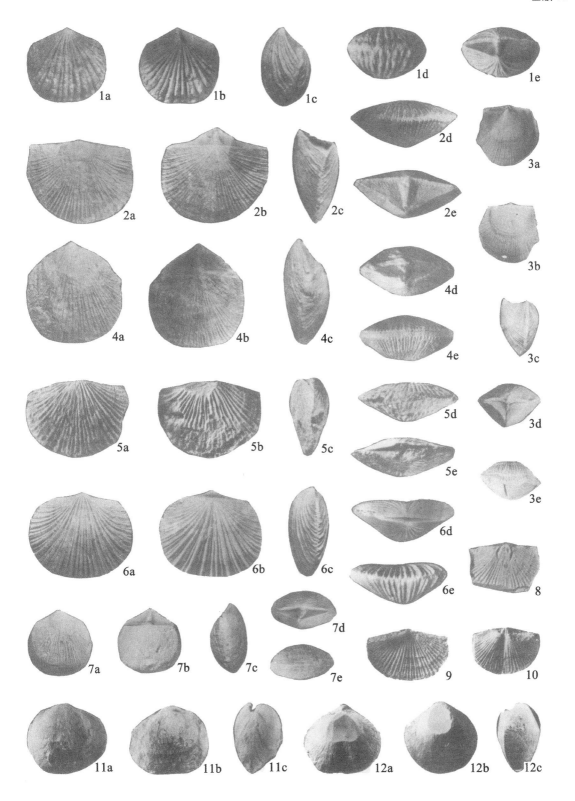

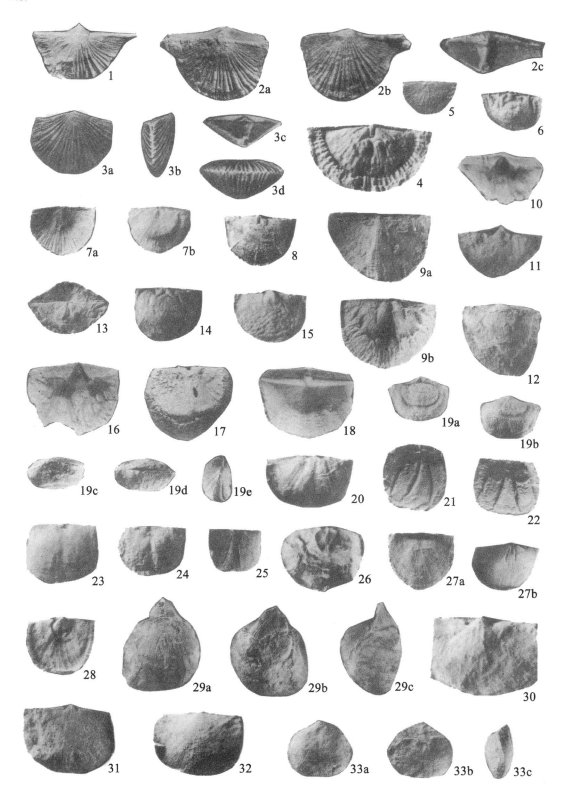

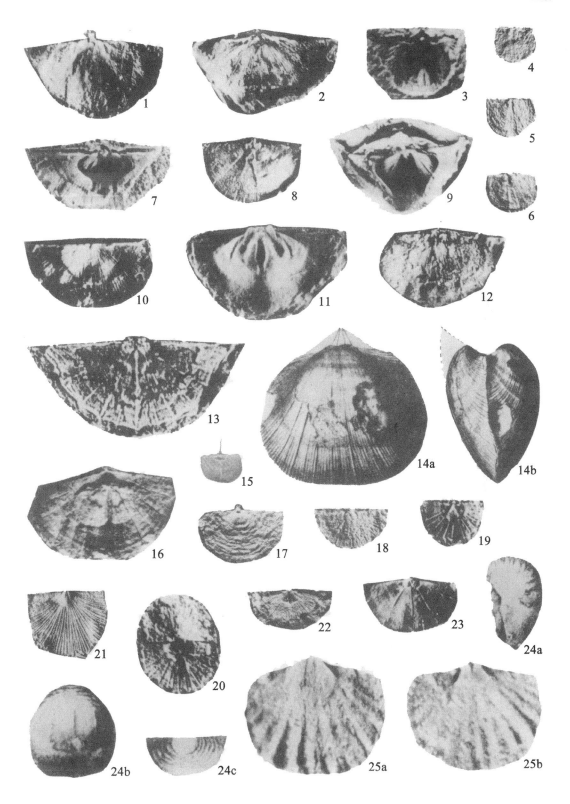

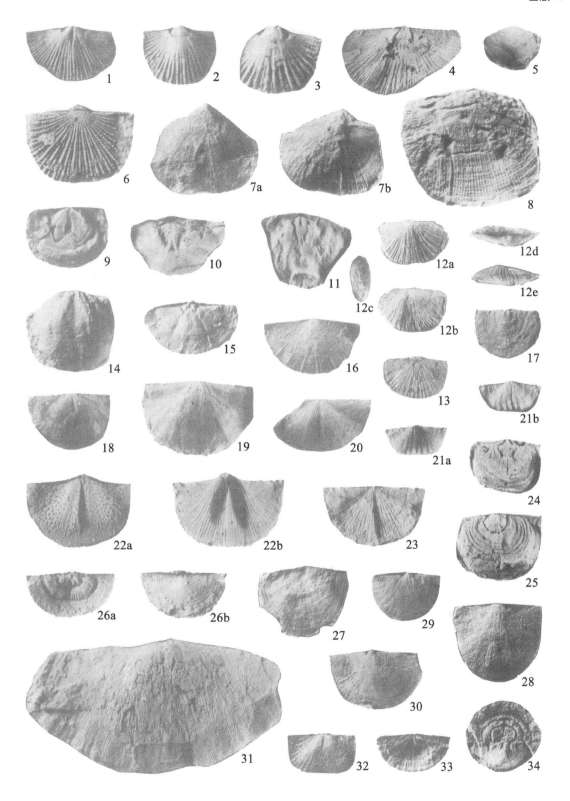

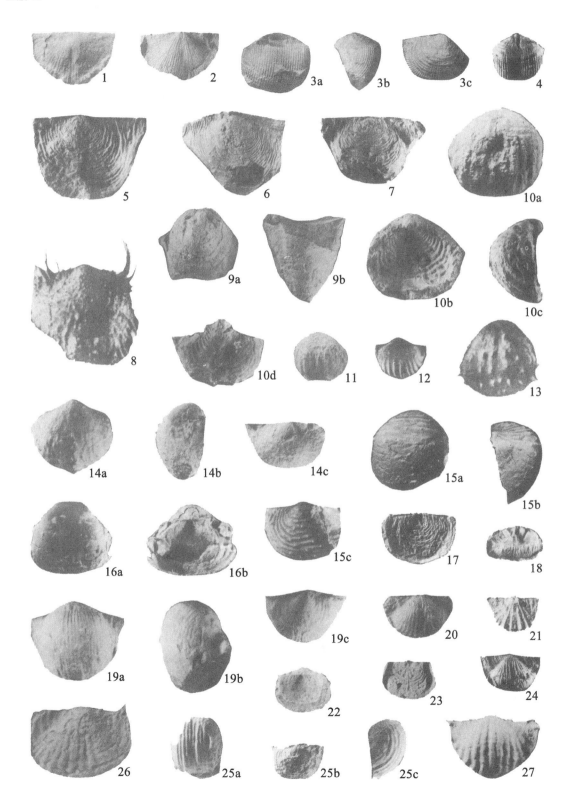

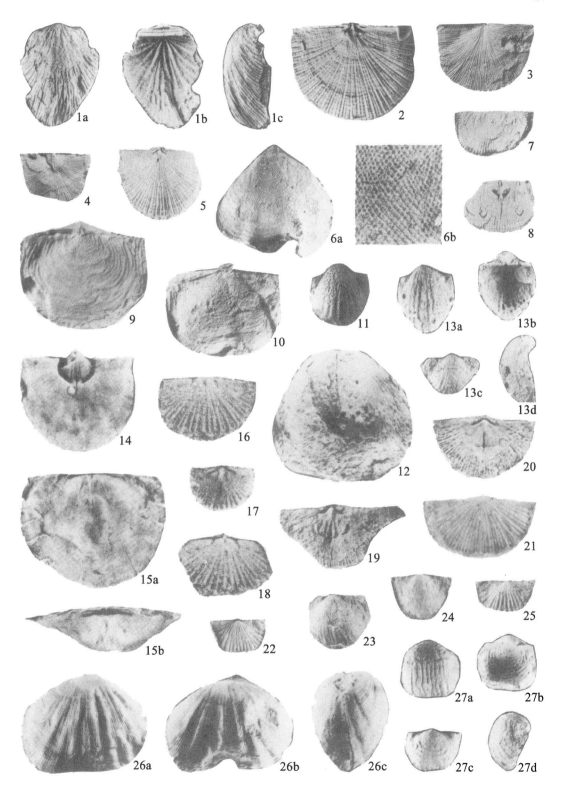

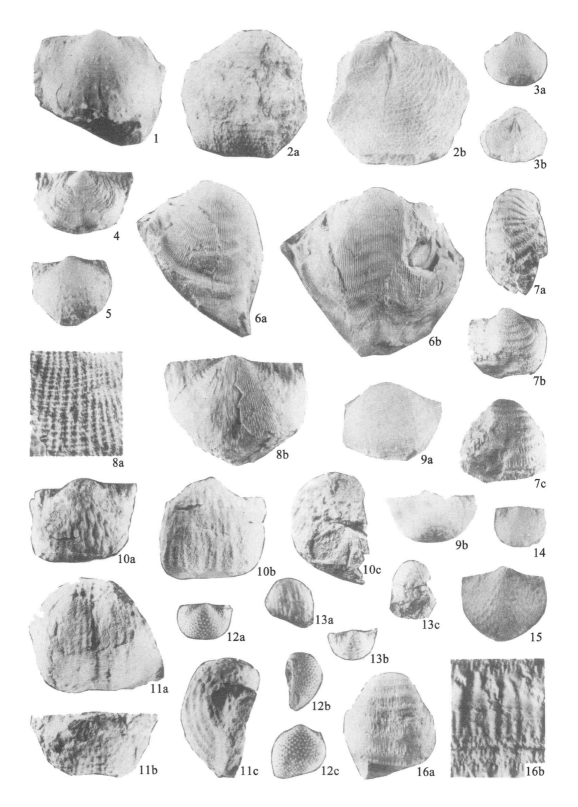

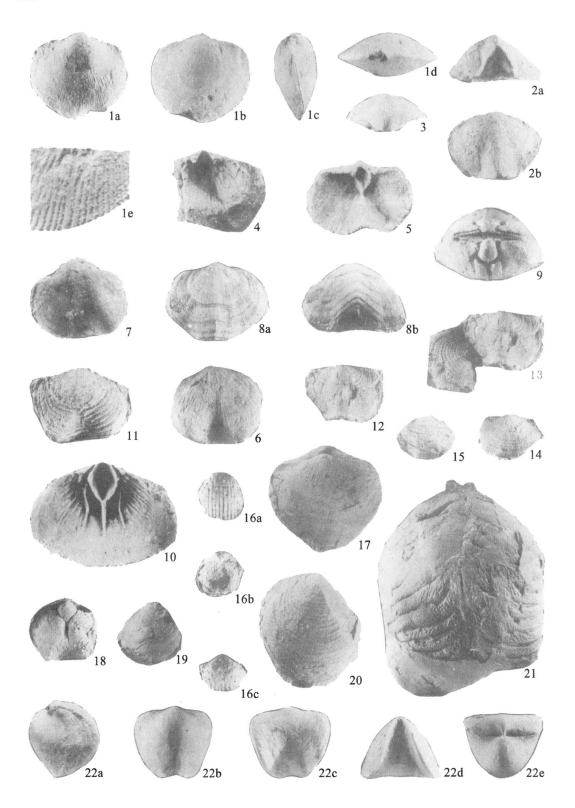

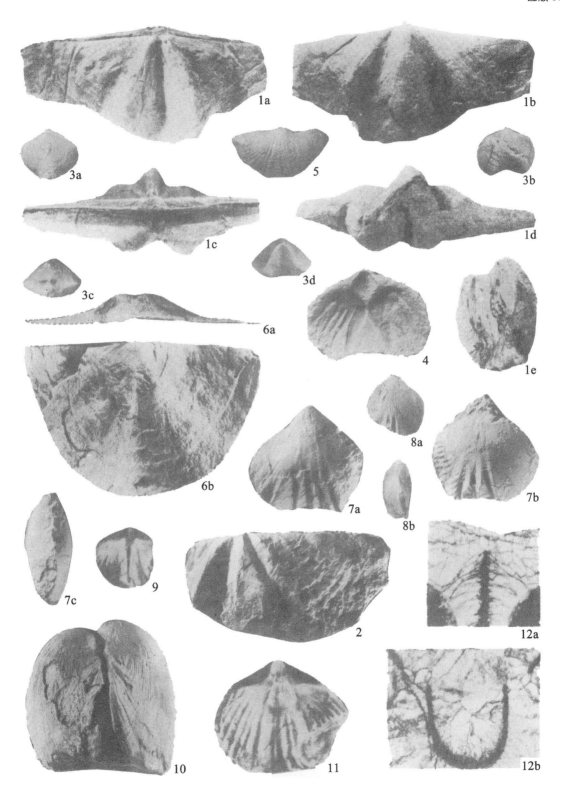

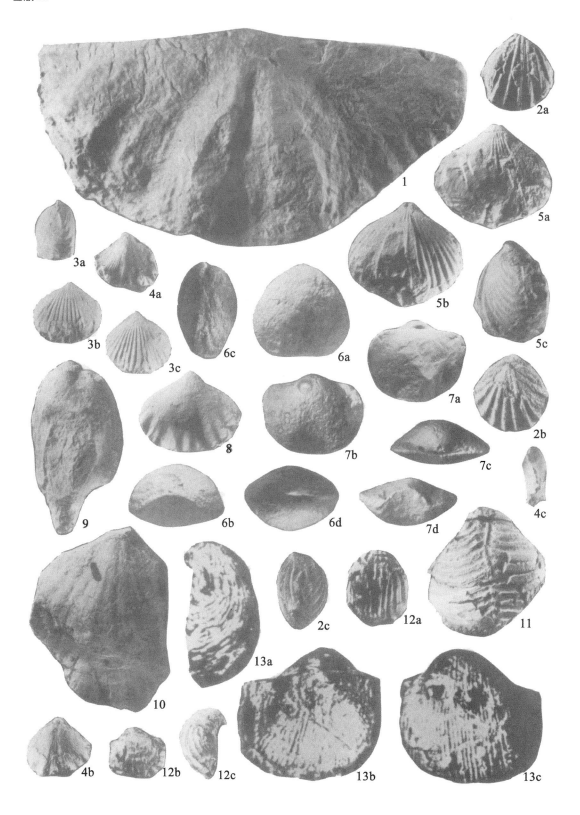

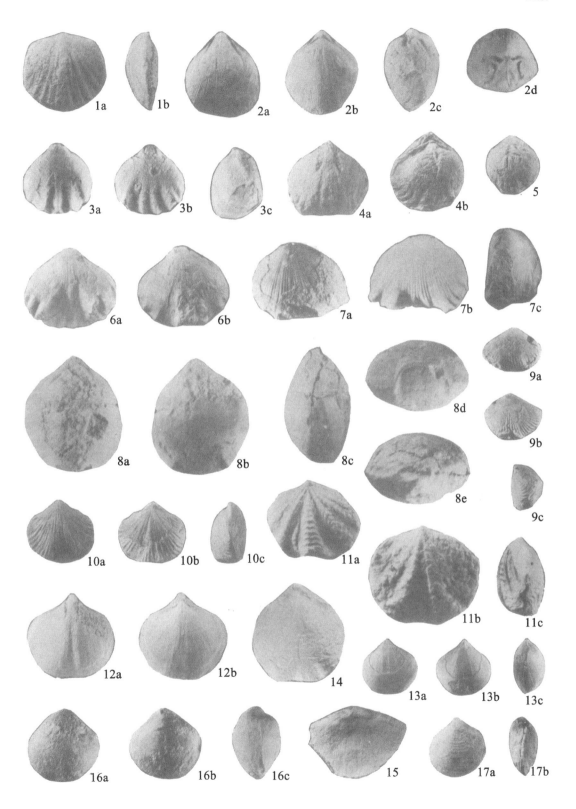

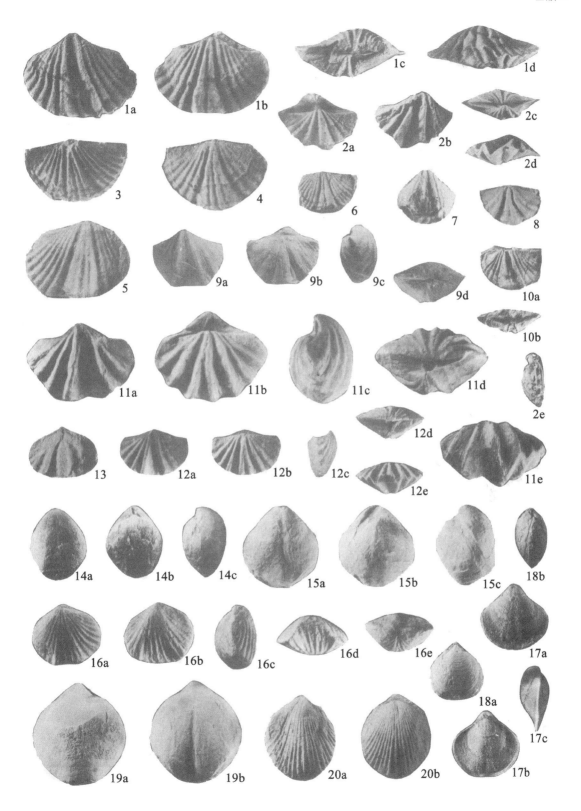

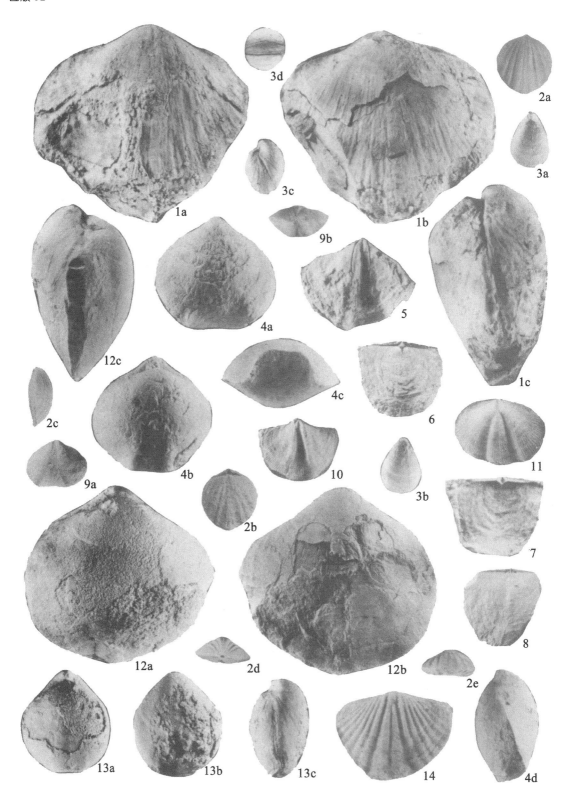

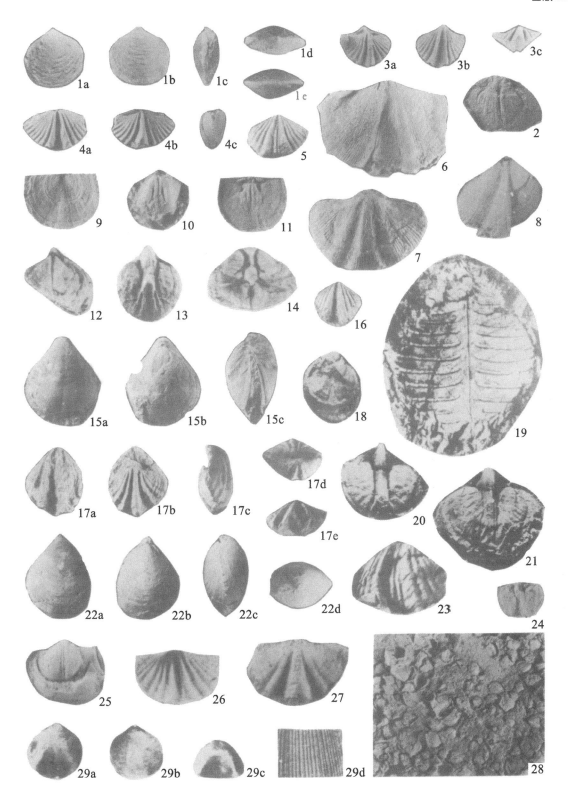

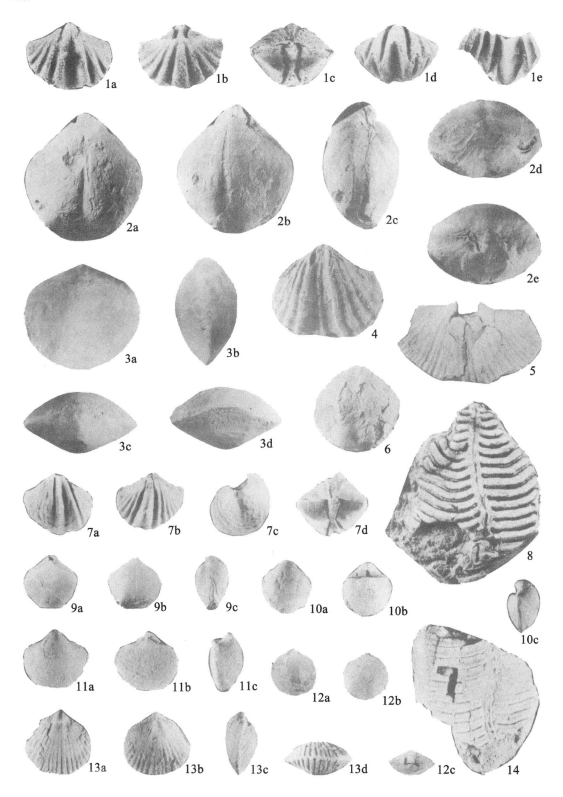

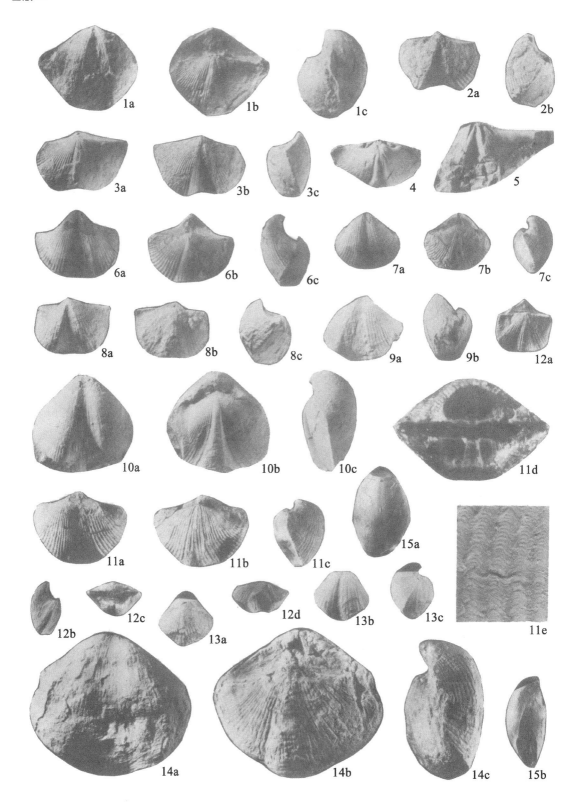

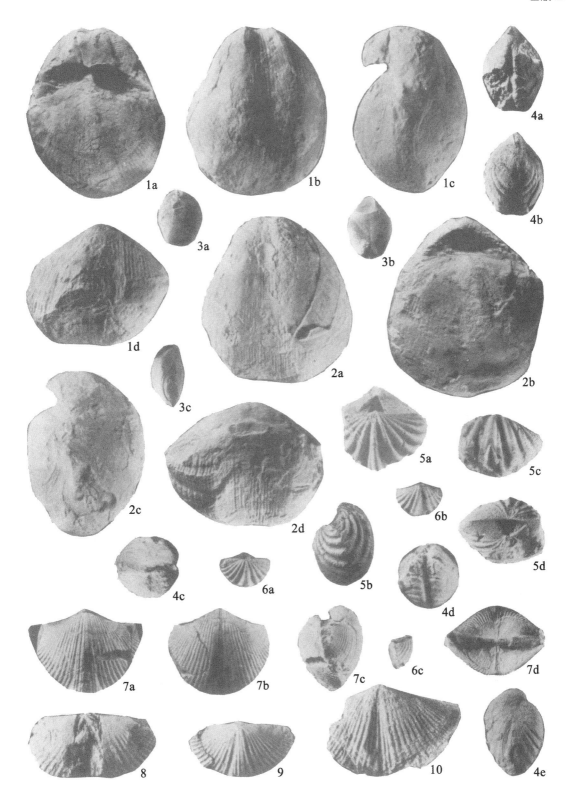

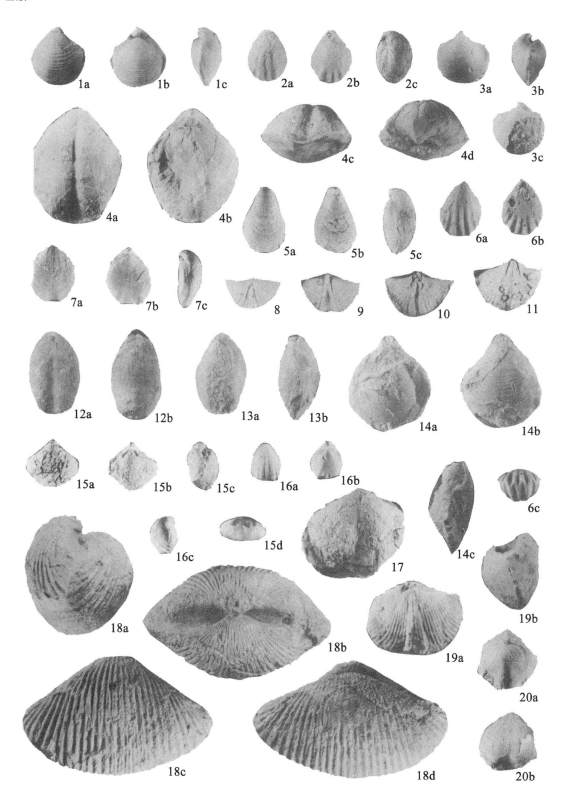

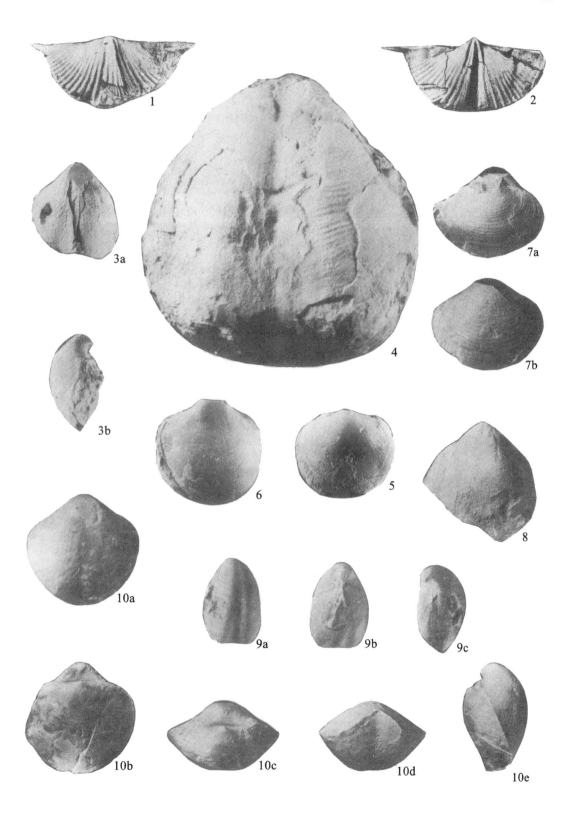

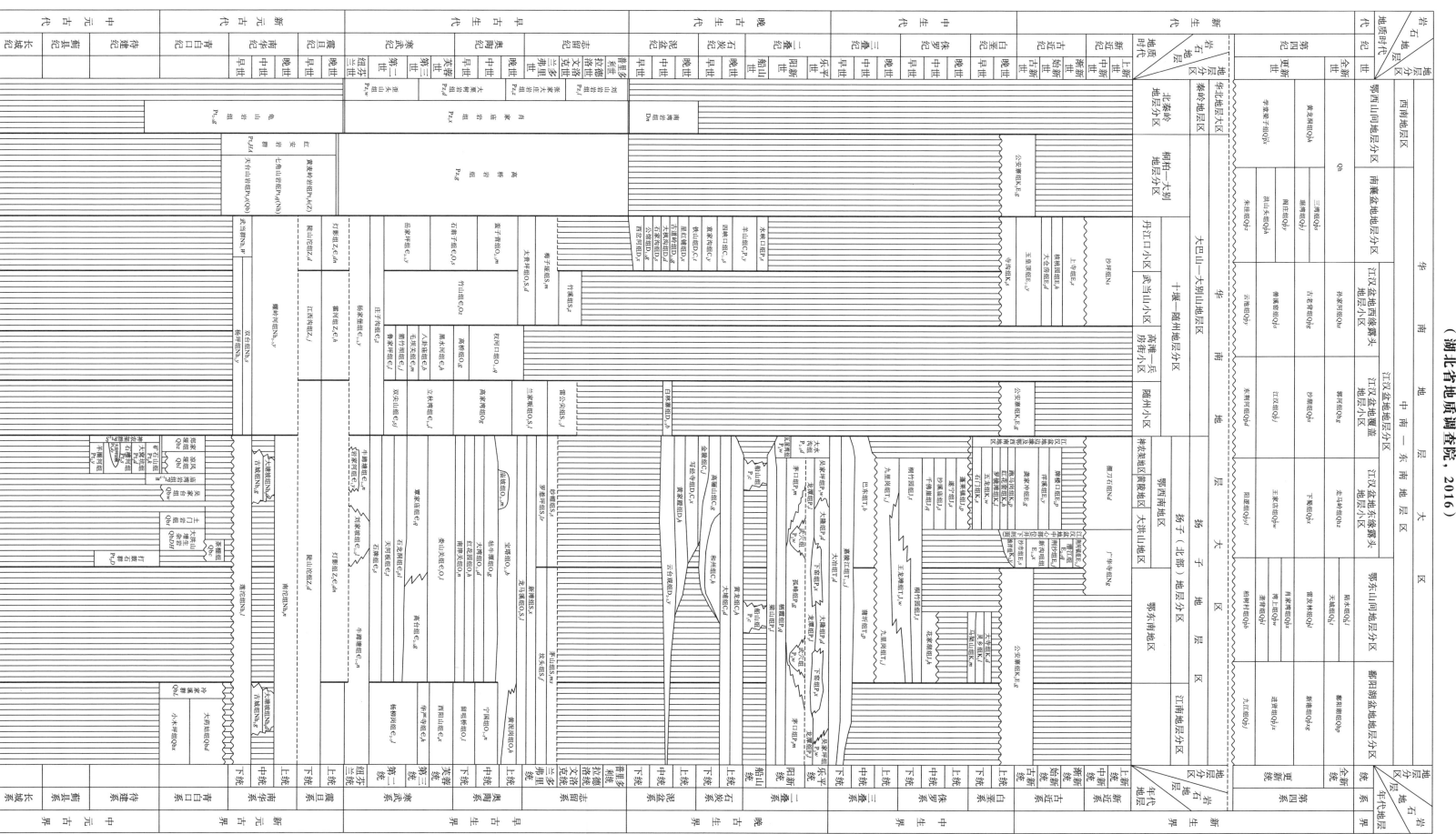

附录 湖北省岩石地层序列表
（湖北省地质调查院，2016）